# 商業概論
### 滿分總複習（上）

# 編輯大意

一、 本書根據民國107年教育部發布之十二年國民基本教育技術型高級中等學校群科課程綱要－商業與管理群「商業概論」學習內容編寫而成。

二、 本書內容與「技專校院入學測驗中心」公布的統測考試範圍相同，可供商業與管理群、外語群同學作為高一、高二課堂複習及高三升學應試使用。

三、 本書分為上下冊共十章，上冊五章、下冊五章。

四、 本書已彙整所有審定課本之重點，並將重點文字套上**粗藍色**或**粗黑色**，套**粗藍色**文字最重要、次之為套**粗黑色**文字，以幫助同學明確掌握考試重點及命題趨勢。

五、 本書各章均具有下列九大特色：

1. **本章學習重點**：列出每章的章節架構，與該章節的統測常考重點。

2. **統測命題分析**：分析各章歷年統測的命題比重。

3. ：於統測曾經出題之重點主題處標示考試年份（例如：  表示為114年統測考題）。

4. **練功一下**：供學生於重要觀念後立即練習，以掌握學習狀況。

5. **知識充電**：提供延伸學習、補充新知的教材。

6. **小試身手**：節末試題，供學生分節練習之用。

7. **滿分練習**：章末試題，供學生統整練習之用。

8. **情境素養題**：切合統測趨勢提供情境試題，供學生練習之用。

9. **統測臨摹**：整合近年統測試題，供學生練習之用。

六、 為提升本書之品質，作者在編寫過程中已向多位資深教師請益並力求精進；倘若本書內容仍有未盡完善之處，尚祈各界先進不吝指賜教，以做為改進之參考。

編者 謹誌

# 考試重點在這裡

一、 商業概論的統測題目大致可分為四種類型，針對這四種題型的研讀與準備方式如下：

1. **基本觀念題**
   以商業概論的各種基本概念為主，此部分通常不難，同學只要掌握各章的主題重點、**充分記憶各項定義**，並從定義去思考，即可獲得基本分數。

2. **綜合比較題**
   主要是測驗學生的綜合分析判斷能力，同學可在詳讀各個重點之後，多加**研習本書中的比較表**，以利獲取高分。

3. **公式計算題**
   此類型的題目通常不會太難，多屬於套用正確公式即可正確作答的題目，同學只要**熟記公式**，**反覆練習**常考範圍的題目，便可輕鬆得分。

4. **素養導向題（實務導向題）**
   亦稱「情境素養題」。商業概論非常貼近生活，加上近年來積極推廣所學內容能夠「務實致用」，因此越來越多將**時事情境融入題目**的素養導向題，學生必須根據情境敘述，結合所學之相關概念，方能判斷出正確答案。

二、 從近年統測可知，出題比重較高之章節包括：第二章、第五章、第六章、第七章、第八章等；同學們在讀完全書後，可針對上述章節進行考前最後衝刺。

### 近年統測各章出題比重

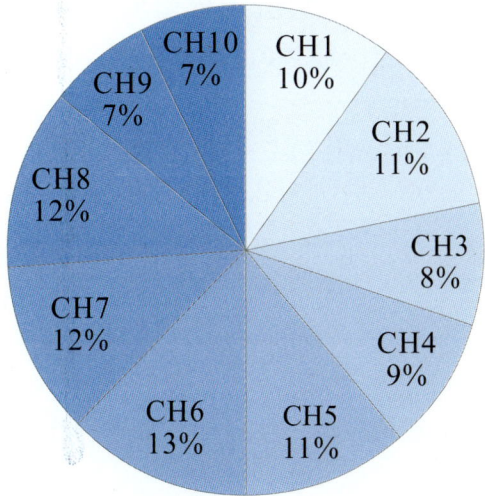

# 114年統一入學測驗
# 商業概論 試題分析

## 一、出題範圍

今年商業概論共出25題，各題均在108課綱範圍之內，其中：

1. 共有**5道題組**、包含11個題目，每道題組均有**跨章節之題目設計**，符合108課綱對於素養導向之訴求。與往年相同，今年並沒有跨科目的題組。

2. 題目難易度適中偏易，學生只要熟讀旗立參考書，就有機會得到滿分。

3. 有**7成**（18題）的題目設計了**跨章節**的選項，多著重於理解、分析及應用層面，學生必須要觀念邏輯清楚、且能統整各章之重點，方能順利作答。

4. 大部分題目都設計有情境或時事，學生應在平時持續吸收商業新知，將生活實例融入課程內容中，較有助於作答。

## 二、難易度分析

1. 簡單題共5題（20%），**中等題共16題**（64%），難題共4題（16%）。

2. 今年試題的高標預估會在96分上下，低標預估在92分左右。

## 三、題型分析

1. 基本觀念題3題（12%），**綜合比較題5題**（20%），公式計算題2題（8%），生活時事題4題（16%），並有**5道題組共11題**（44%）。

2. 近兩年均各有5道題組約11～12題，題組題占比將近5成。

## 四、配分比例

今年多數題目有跨章節選項的設計，依選項來看，上冊占36%（9題），下冊占64%（16題），各章至少有1題、最多6.5題。各章命題題數與比重如下：

| 章次 | 章名 | 題數 | 比重 | 章次 | 章名 | 題數 | 比重 |
|---|---|---|---|---|---|---|---|
| 1 | 商業基本概念 | 2.5 | 10% | 6 | 行銷管理 | 6.5 | 26% |
| 2 | 企業家精神與創業 | 1.5 | 6% | 7 | 人力資源管理 | 4 | 16% |
| 3 | 商業現代化機能 | 2 | 8% | 8 | 財務管理 | 3 | 12% |
| 4 | 商業的經營型態 | 1.5 | 6% | 9 | 商業法律 | 1.5 | 6% |
| 5 | 連鎖企業及微型企業創業經營 | 1.5 | 6% | 10 | 商業未來發展 | 1 | 4% |

總題數：25題，共計100%

# 114年統一入學測驗 商業概論 各章出題重點

| 章 | 出題重點 | |
|---|---|---|
| CH1<br>商業基本概念 | • 商業的意義<br>• 生產的效用<br>• 商業組織型態 | • 企業社會責任<br>• 社會企業 |
| CH2<br>企業家精神與創業 | • SOHO的類型<br>• 網路開業的收入來源<br>• 創業風險 | |
| CH3<br>商業現代化機能 | • 消費者保護法<br>• 通路階層<br>• 金流 | • 資訊流 |
| CH4<br>商業的經營型態 | • 專賣店的特性<br>• 無店鋪零售業<br>• 網路購物的商品種類 | • 物流中心類型 |
| CH5<br>連鎖企業及<br>微型企業創業經營 | • 連鎖組織的類型<br>• 連鎖經營的3S原則<br>• 異業結盟的型態 | |
| CH6<br>行銷管理 | • 行銷管理觀念的演進<br>• 市場區隔變數<br>• 有效市場區隔的條件<br>• 產品五層次<br>• 產品組合策略<br>• 產品生命週期 | • 品牌策略<br>• 包裝策略<br>• 價格策略<br>• 通路策略<br>• 推廣策略 |
| CH7<br>人力資源管理 | • 工作評價<br>• 工作設計原則<br>• 人員招募與甄選<br>• 員工訓練<br>• 員工福利 | • 勞動基準法<br>• 勞工退休金條例<br>• 性別平等工作法<br>• 原住民族工作權保障法 |
| CH8<br>財務管理 | • 財務比率分析<br>• 企業持有現金的動機<br>• 影響有價證券選擇的因素 | • 信用政策的考量因素 |
| CH9<br>商業法律 | • 著作權法<br>• 營業秘密法<br>• 食品安全衛生管理法 | • 個人資料保護法 |
| CH10<br>商業未來發展 | • 電子商務的類型<br>• O2O<br>• 未來商業的發展趨勢 | |

# Contents
# 目 錄

## CH1 商業基本概念

1-1 商業概述 ................................................. 1-2

1-2 商業的社會角色與企業社會責任 ............. 1-15

1-3 企業與環境的關係 ................................. 1-18

## CH2 企業家精神與創業

2-1 企業家精神與貢獻 ................................. 2-2

2-2 創業的方式與風險 ................................. 2-4

2-3 企業問題防範與解決 ............................. 2-10

2-4 企業願景 ............................................... 2-19

## CH3 商業現代化機能

3-1 商業現代化 ........................................... 3-2

3-2 現代化商業機能 .................................... 3-8

## CH4 商業的經營型態

- 4-1 業種與業態 .................... 4-2
- 4-2 零售業 ........................ 4-4
- 4-3 有店鋪零售業 ................ 4-6
- 4-4 無店鋪零售業 ................ 4-21
- 4-5 批發業 ........................ 4-26
- 4-6 重要的批發業 ................ 4-27

## CH5 連鎖企業及微型企業創業經營

- 5-1 傳統商店的經營 .............. 5-2
- 5-2 連鎖企業 ...................... 5-2
- 5-3 異業結盟 ...................... 5-15
- 5-4 微型企業的經營 .............. 5-18

素養導向題（實務導向題）示例（模擬）... 素養-1
114年統一入學測驗試題 ......................... 114-1

### 商業概論　滿分總複習（上）

| 編　著　者 | 旗立財經研究室 |
|---|---|
| 出　版　者 | 旗立資訊股份有限公司 |

| 住　　　　址 | 台北市忠孝東路一段 83 號 |
|---|---|
| 電　　　　話 | (02)2322-4846 |
| 傳　　　　真 | (02)2322-4852 |
| 劃　撥　帳　號 | 18784411 |
| 帳　　　　戶 | 旗立資訊股份有限公司 |
| 網　　　　址 | https://www.fisp.com.tw |
| 電　子　郵　件 | school@mail.fisp.com.tw |
| 出　版　日　期 | 2021/04 月初版 |
| | 2025/05 月五版 |
| Ｉ　Ｓ　Ｂ　Ｎ | 978-986-385-391-6 |

光碟、紙張用得少
你我讓地球更美好

國家圖書館出版品預行編目資料

商業概論滿分總複習/旗立財經研究室編著. -- 五
版. -- 臺北市：旗立資訊股份有限公司，
2025.05-
　　冊；　公分
ISBN 978-986-385-391-6(上冊：平裝)

1.CST: 商業教育 2.CST: 技職教育

528.8353　　　　　　　　　　　114005632

Printed in Taiwan

※著作權所有，翻印必究

※本書如有缺頁或裝訂錯誤，請寄回更換

大專院校訂購旗立叢書，請與總經銷
旗標科技股份有限公司聯絡：
住址：台北市杭州南路一段15-1號19樓
電話：(02)2396-3257
傳真：(02)2321-2545

# CH 1 商業基本概念

**114年統測重點**
商業的意義、生產的效用、商業組織型態、企業社會責任、社會企業

## 本章學習重點

| 章節架構 | 必考重點 |
|---|---|
| 1-1 商業概述　年年考！<br>　1-1-1 商業的意義與成立條件<br>　1-1-2 商業經營的基本要素<br>　1-1-3 商業的起源與發展<br>　1-1-4 商業的範圍<br>　1-1-5 現代商業的特質　常考！ | • 商業活動成立的條件<br>• 商業的範圍與比較<br>• 現代商業的特質　★★★★★ |
| 1-2 商業的社會角色與企業社會責任<br>　1-2-1 商業的社會角色<br>　1-2-2 企業社會責任　常考！ | • 企業社會責任<br>• 企業倫理　★★★★☆ |
| 1-3 企業與環境的關係 | ★☆☆☆☆ |

## 統測命題分析

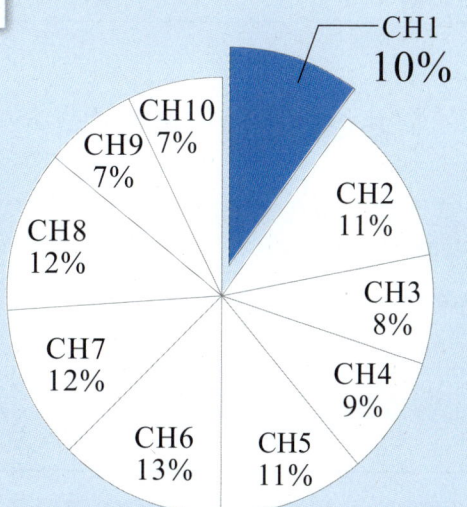

CH1 10%
CH2 11%
CH3 8%
CH4 9%
CH5 11%
CH6 13%
CH7 12%
CH8 12%
CH9 7%
CH10 7%

# 商業概論 滿分總複習（上）

## 1-1 商業概述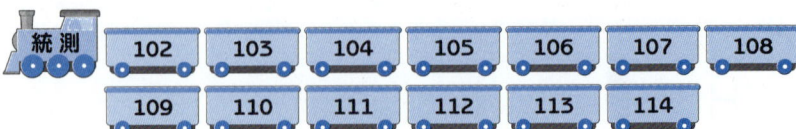

### 1-1-1 商業的意義與成立條件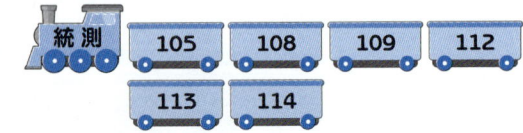

#### 一、商業的意義

| 意義 | 說明 | 實例 |
|---|---|---|
| 狹義商業<br>（固有商業） | 以營利為目的，**直接買賣**商品的行業 | 買賣業（如零售業、批發業） |
| 廣義商業<br>（固有商業＋輔助商業） | 以營利為目的，**直接買賣**商品及**間接促成**交易完成的行業 | 買賣業<br>＋<br>金融業、仲介業、運輸業、倉儲業等 → 輔助商業 |

#### 二、商業活動的成立條件

商業活動必須同時符合下列四項條件才能成立：

| 條件 | 說明 | 商業成立案例 | 商業不成立案例 |
|---|---|---|---|
| 以**營利**為目的 | 商業活動必須以**獲取利潤**為目的 | 全聯販售鮮乳 | 全聯將義賣所得全數捐贈給慈善團體 |
| 發生**交易**行為 | 商業活動必須牽涉到**所有權移轉**或**等價物品交換** | 杰倫向樂器行購買一把烏克麗麗 | 杰倫贈送一把烏克麗麗給老婆昆凌 |
| 出於雙方**自願** | 商業活動必須建立在**買賣雙方自願**的基礎上 | 胖虎與大雄雙方合意進行玩具買賣的交易 | 胖虎暴力逼迫大雄低價讓售心愛的玩具 |
| 符合**法律**規範 | 商業活動必須要**合法** | 彩券行賣大樂透 | 網友販售黃牛票 |

#### 練習一下　商業活動成立的條件

試判斷下列行為是否屬於商業活動？請在答案欄中填入「是／否」，若答案為「否」，則請寫下其不符合哪一項商業活動成立的條件。

(1) 某藝人向藥頭購買毒品。
　　答：<u>否，因為不符合法律規範</u>。

(2) 妮妮在KKBOX購買線上數位單曲「我不會」。
　　答：<u>是</u>。

(3) 花蓮發生大地震後，民眾捐贈了超過12億元，協助當地重建家園。
　　答：<u>否，因為不是以營利為目的</u>。

CH1 商業基本概念

## 三、生產的種類與效用  統測 105 108 112 113 114

生產是指能**創增商品效能**的活動，為商業活動的源頭，可分為以下四種：

| 生產種類 | 說明 | 創增效用 | 代表行業（釋例） | 釋例 |
| --- | --- | --- | --- | --- |
| 原始生產（原料生產） | 直接利用自然資源所從事的生產 | 原始效用（本源效用） | 農、林、漁、牧、礦業等 | 礦工在礦區開採煤礦 |
| 形式生產（工業生產） | 將原料加工並改變其形式或性質，使成為另一種商品的生產 | 形式效用 | 加工業、製造業等 | 將芒果製成芒果乾 |
| 勞務生產 | 提供勞務（服務）以獲得報酬的生產 | 勞務效用 | 服務業等 | 老師教書 醫生行醫 |
| 商業生產（效用生產） | 從事商品所有權移轉的生產 | 所有權效用（產權效用）（占有效用） | 零售業等 | 超市將葡萄販售給消費者 |
| | 改變商品儲存地點的生產 | 地域效用（空間效用）（地方效用） | 運輸業等 | 鳳梨從中南部產地運送至台北的超市販售 |
| | 改變商品使用時間的生產 | 時間效用 | 倉儲業等 | 將產季水果冷凍至非產季時銷售 |

# 1-1-2 商業經營的基本要素  統測 102 112

| 基本要素 | 說明 |
| --- | --- |
| 商品 | 商業經營之標的物，即企業用來販售獲利的物品；包括有形物品（如手機、球鞋等）與無形勞務（即服務，如舞台劇表演等） |
| 勞力 | 從事商業活動的各種心力付出；包括體力的勞動、經營者的經驗、知識及技能（如技能證照等）等 |
| 資本 | 供生產或營利使用的工具；包括有形資本（如資金、機器、原料等）與無形資本（如商標及專利權等） |
| 商業信用 | 債權人信賴債務人的償債能力，而給予的資金融通，如商品賒購、金錢借貸等 |
| 商業組織 | 結合並運用商品、勞力、資本、商業信用等要素，以順利運作之營利組織 |

↳ 亦有審定課本稱之為「商譽」。此處的「商譽」，與會計科目中的「商譽」，意義不太相同。
會計處理準則中的商譽，是屬於不可辨認的無形資產。（商標、專利等，則是屬於可辨認的無形資產）。

# 1-1-3 商業的起源與發展

## 一、起源

商業發生的原因大致上可歸納為以下幾點：
- **牟利**（主要動機）
- 人類慾望無窮
- 資源分布差異
- 生產技術進步
- 交通運輸便利
- 人類智能與技能差異

## 二、發展

### 1. 以**交易方式的演進**區分

| 時期 | 說明 | 優點 | 缺點 |
|---|---|---|---|
| **物物交易**時期（直接交換時期） | **以物易物**，直接進行商品交換 | (1) 無需透過交易媒介<br>(2) 以生產之有餘補需求之不足 | (1) 沒有共同的價值計算標準<br>(2) 不易儲存、攜帶<br>(3) 交易過程複雜 |
| **貨幣交易**時期（間接交換時期） | 以**大眾願意接受**、具**一定價值**的交易媒介（即**貨幣**）進行交易 | 存在共同的價值計算標準 | (1) 攜帶風險高<br>(2) 點收不便 |
| **信用交易**時期 | 以**信用**為基礎的交易工具進行交易 | (1) 交易方便迅速<br>(2) 支票、信用卡等具**延期支付**功能 | 易過度消費，造成**財務透支** |

### 知識充電　貨幣的演進

商業的發展過程與貨幣的演進息息相關，如下表所示：

世界上最早使用紙幣的國家：中國（北宋時期的「交子」）

| 交易工具 | — | 貝殼皮革 | 黃金白銀 | 鑄幣紙鈔 | 支票 | 信用卡簽帳卡 | 儲值卡 | 電子錢包 | 比特幣乙太幣 |
|---|---|---|---|---|---|---|---|---|---|
| 時期 | 物物交易 | 貨幣交易 | | | 信用交易 | | | | |
| 貨幣演進（商業） | — | **商品**貨幣 | **金屬**貨幣 | **信用**貨幣 | **塑膠**貨幣 | | | **電子**貨幣 | **數位**貨幣 |
| 貨幣與否（經濟學） | — | ✓ | ✓ | ✓ | ✓支票存款 | ✗ | ✓存於儲值卡（或電子錢包）內的款項 | | ✗ |

## CH1 商業基本概念

### 2. 以產銷經營的觀點區分

| | 時期 | 重點 | 說明 |
|---|---|---|---|
| 5～15世紀 | 家庭生產時期 | 自給自足 | (1) 家庭成員為主要生產者、以農產品為主<br>(2) 生產與消費合一，多餘產品再行物物交換 |
| 5～15世紀 | 手工業生產時期 | 出現類似同業公會組織 | (1) 專業性工人為主要生產者，自備生產工具，為消費者量身製作產品，生產與消費分離　產「消」分離<br>(2) 出現類似同業公會組織以共同維護生產者利益 |
| 16～17世紀 | 茅舍生產時期（工廠前身時期） | 產銷逐漸分離 | (1) 商人提供原料、設備，並負責銷售製成品，工人僅負責加工製造，生產與銷售逐漸分離，發展出代產包銷或代產加工制度　產「銷」分離<br>(2) 生產初具規模，開始實施生產管理制度，會計制度也開始萌芽發展 |
| 18世紀 | 工廠生產時期 | 複式簿記制度產生 | (1) 機器逐漸取代人力，形成專業分工，生產效率大增，銷售市場迅速擴大，為經濟發展的重要基礎<br>(2) 開始重視成本與效益，複式簿記[註]制度產生 |
| 19世紀後 | 現代化生產時期（多角化經營時期） | 出現大量公司組織 | (1) 商業競爭激烈使得專業化、自動化及高效率的公司組織型態大量出現<br>(2) 趨勢：多角化、國際化、網路化、資本大眾化 |

註：複式簿記是指將每筆交易的借貸科目紀錄下來，有借方科目就有貸方科目，且借方與貸方的金額必定相等。

### 3. 以商業（經濟）價值區分　統測 111

| 發展時期 | 農業經濟（第一級產業） | 工業經濟（第二級產業） | 服務業經濟（第三級產業） | 體驗經濟（第四級產業[註]） |
|---|---|---|---|---|
| 生產形式 | 原始生產 | 形式生產 | 勞務生產 | 豐富顧客經驗 |
| 產品特色 | 初級產品 | 標準化產品 | 客製化產品 | 個性化、感受化產品 |
| 行銷訴求 | 純粹自給自足 | 重視產品功能 | 重視服務品質 | 重視感受體驗 |
| 附加價值 | 低　　　　　　　　　　　　　　　　　　　　　　　　　　　　　　　　　高 ||||
| 釋例 | 農夫養蠶織布自製衣服 | 工廠將布匹加工，製成一致性、標準化的衣服 | 服飾店推出量身訂製、照片轉印等客製化服務 | 企業成立服飾觀光工廠，讓顧客親自體驗衣服製作的過程 |

註：亦有人將「知識經濟」（以知識來創造經濟價值）稱為第四級產業。

1-5

商業概論 滿分總複習（上）

## 小試身手　1-1-1～1-1-3

( B )1. 以營利為目的，直接或間接提供貨物、金錢或勞務給他人，而引起商品與貨幣移轉並滿足消費者需求的行業，稱為
(A)工業　(B)商業　(C)農業　(D)製造業。

( D )2. 下列何種商業類型不屬於輔助商業？
(A)宅配業　(B)銀行業　(C)倉儲業　(D)買賣業。

( B )3. 商業活動成立的條件不包括下列哪一項？
(A)符合法律規範
(B)出於買家單方自願
(C)以營利為目的
(D)發生交易行為。

( D )4. 小明上網購買盜版遊戲公仔，是否屬於商業活動？
(A)屬於商業活動，因為發生交易行為
(B)屬於商業活動，因為出於雙方自願
(C)不屬於商業活動，因為雙方未發生交易行為
(D)不屬於商業活動，因為不符合法律規範。

( D )5. 下列何者屬於商業活動？
(A)企業贈送救災物資給遭逢百年大地震的土耳其
(B)歌手舉辦義賣表演，資助弱勢團體
(C)商家提供免費麵包給街友取用
(D)販售自家種植的農產品。

( C )6. 將木材製成桌子，主要是創造了
(A)生產效用　　　　　　　(B)地方效用
(C)形式效用　　　　　　　(D)時間效用。

( B )7. 商人常因牟利而變更貨物位置，由供給多而需求少的地方移至供給少而需求多的地方，以增加貨物的效用，此乃商人所創造的
(A)時間效用　　　　　　　(B)空間效用
(C)占有效用　　　　　　　(D)再生效用。

( B )8. 韓國團體EXO的歌聲深受青少年喜愛，他們的歌聲創造了何種效用？
(A)本源效用　　　　　　　(B)勞務效用
(C)地域效用　　　　　　　(D)形式效用。

( D )9. 下列何者為商業經營的主要目的？
(A)犧牲奉獻
(B)善盡社會責任
(C)削價競爭
(D)牟利。

CH1 商業基本概念

( D )10. 商業經營所需具備的要素有
(A)勞力、資本、土地、商品、商業信用
(B)勞力、資本、商品、經紀人、商業信用
(C)勞力、商品、合夥人、商業組織、商業信用
(D)勞力、資本、商品、商業組織、商業信用。

( A )11. 物物交易時期多發生在
(A)家庭生產時期
(B)手工業生產時期
(C)茅舍生產時期
(D)工廠生產時期。

( C )12. 有關貨幣交易時期，下列敘述何項錯誤？
(A)紙鈔與硬幣在點收上較不方便
(B)透過交易媒介從事交易
(C)又稱直接交換時期
(D)不具有延遲支付的功能。
C：物物交易時期又稱直接交換時期。

( B )13. 同業公會第一次出現於下列哪一個時期？
(A)家庭生產時期
(B)手工業生產時期
(C)茅舍生產時期
(D)工廠生產時期。

( B )14. 有關「工廠生產時期」的敘述，何項錯誤？
(A)複式簿記制度產生
(B)多角化、國際化成為趨勢
(C)生產效率提高
(D)銷售市場迅速擴大。
B：為現代化生產時期的特點。

( D )15. 商業活動在下列哪一個商業發展時期所能創造的經濟附加價值最高？
(A)農業經濟時期
(B)工業經濟時期
(C)服務業經濟時期
(D)體驗經濟時期。

1-7

商業概論 滿分總複習（上）

# 1-1-4 商業的範圍　統測 106 108 112 114

## 一、依商業組織的型態分類　統測 108 112 114

1. **獨資、合夥、有限合夥**

| 型態 | 獨資 | 合夥 | 有限合夥 ||
|---|---|---|---|---|
| 登記成立之法源 | 商業登記法 | 商業登記法 | 有限合夥法 ||
| 意義 | 個人獨自出資、擁有所有權和經營權、須自負盈虧 | 2人以上共同出資並負擔損益 | 1人以上之普通合夥人與1人以上之有限合夥人共同組成 ||
| 法人資格 | 無 | 無 | 社團法人 ||
| 出資人數 | 1人 | 2人以上 | 普通合夥人 1人以上 | 有限合夥人 1人以上 |
| 出資型態 | 金錢 其他財產 | 金錢 其他財產 信用、勞務 其他利益 | 現金 現金以外之財產 信用 勞務 其他利益 | 現金 現金以外之財產 |
| 對債務清償責任 | 無限 | 連帶無限 | 連帶無限 | 以其出資額為限 |
| 股權轉讓 | 可自由轉讓 | 全體合夥人同意 | 其他合夥人全體同意，或依契約約定 ||
| 表決權 | 獨自決定 | 1人1權 | 1人1權 ||
| 登記家數（2025年3月止） | 942,915家 | 46,109家 | 196家 ||

### 知識充電　法人

法人是指依法成立並具備「享受權利、負擔義務」能力的組織，包括：
1. 社團法人：以社員為基礎，依營利或公益為目的而成立的組織。如：公司、政黨等。
2. 財團法人：以財產為基礎，以從事公益（非營利）為目的而成立的組織。如：基金會等。

1-8

CH1 商業基本概念

2. **公司**

| 型態 | 無限公司 | 有限公司 | 兩合公司 || 股份有限公司 ||
|---|---|---|---|---|---|---|
| | | | | | 一般 | 閉鎖性 |
| 登記成立之法源 | 公司法 |||||||
| 意義 | 依公司法成立，以營利為目的所成立的商業組織 |||||||
| 法人資格 | 社團法人 |||||||
| 出資人數 | **2**人以上 | **1**人以上 | 無限責任股東 **1**人以上 | 有限責任股東 **1**人以上 | **2**人以上 或 政府、法人股東**1**人 | **2**人以上 或 政府、法人股東**1**人 且 股東≤**50**人 |
| 出資型態 | 現金 其他權利 勞務 | 現金 貨幣債權 財產 技術 | 現金 其他權利 勞務 | 現金 其他權利 | 現金 貨幣債權 財產 技術 | 現金 財產 技術 勞務 |
| 對債務清償責任 | 連帶無限 | 以其出資額為限 | 連帶無限 | 以其出資額為限 | 以其出資額為限 | 以其出資額為限 |
| 股權轉讓 | 其他股東全體同意 | 其他股東過半數同意 | 其他股東全體同意 | 無限責任股東過半數同意 | 可自由轉讓 | 章程須明定轉讓限制 |
| 表決權 | 1人1權 | 1人1權（亦可於章程訂定按出資比例分配） | 1人1權 || 1股1權（非公開發行股票之公司可於章程訂定1股多權） | 1股1權（得於章程訂定1股多權） |
| 登記家數（2025年3月止） | 7家 | 596,501家 | 4家 || 193,143家（閉鎖性：6,582家） ||

註：股份有限公司的股票可公開發行，亦可不公開發行，其中：
公開發行股票：有助於**資本大眾化**，促使**所有權與管理權分離**。
閉鎖性股份有限公司：**不可公開發行股票**。

登記家數資料來源：全國商工行政服務入口網
（https://gcis.nat.gov.tw/mainNew/）

 **債務清償責任**

商業組織的債務清償責任，是指對於債務，出資者所需負擔之償還責任，包括：
1. **無限清償責任**：出資者必須**負擔所有債務**的全部清償責任。
2. **連帶無限清償責任**：多位出資者**共同負擔所有債務**的全部清償責任，若其中有一人無力償還債務時，其他人仍須清償所有的債務。
3. **有限清償責任**：出資者**負擔一定額度**內（例如其出資額）債務的清償責任。

1-9

## 二、依經營資本的來源分類

| 類別 | 說明 | 案例 |
|---|---|---|
| 公營企業 | 由政府出資經營、且持股比例＞50%之商業組織 | 台灣電力公司、台灣中油公司 |
| 民營企業 | 由私人出資經營之商業組織，包括獨資企業、合夥企業、及公司組織 | 全聯實業公司、義美食品公司 |

 　　　　　公私合營

公私合營是指由政府與私人企業共同出資經營的商業組織，包括許多公營轉民營的企業（如中華電信、中國鋼鐵公司等），及常聽到的BOT等。所謂的BOT是指：

- Build：公共建設由民間部門興建。
- Operate：特許期間由民間部門營運。
- Transfer：在特許期滿後將公共建設資產移轉給政府。

案例 台北101金融大樓、高速公路電子收費系統（ETC）、台北公共自行車YouBike租賃系統、秀泰生活台中站前店等，都是採用BOT模式。

## 三、依通商區域分類

1. **國內交易**：是指買賣雙方在**同一個國家**進行交易的商業活動。
   案例 台東的西瓜運送至台北果菜市場販售。

2. **國際貿易**：是指買賣雙方在**不同的國家**進行交易的商業活動；包括出口貿易與進口貿易。
   案例 台灣出口主機板至美國銷售；從南非進口黃金進行買賣。

3. **過境貿易**：是指賣方**借道第三國**將商品轉運至買方國家進行交易，對第三國而言，即屬於過境貿易。
   案例 台灣的商品借道巴拿馬轉運至美國銷售，此即為巴拿馬的過境貿易。

 　　　　　轉口貿易

若商品從賣方的國家出口時，先運往第三國進行加工或包裝等作業，完成後再運往買方的國家，則此種型態稱為轉口貿易。

過境貿易與轉口貿易的區別，在於過境貿易是商品在第三國「借道」過境，而轉口貿易則是商品在第三國經加工或改包裝後再運送到買方的國家。

CH1 商業基本概念

## 四、依中華民國行業統計分類

資料來源：行政院主計總處
（https://ppt.cc/fm2Nvx）

根據行政院主計總處公布之行業統計分類，行業類別可分為下列19大類：

| 中華民國行業統計分類（110年1月修訂） |||
|---|---|---|
| A. 農、林、漁、牧業 | B. 礦業及土石採取業 | C. 製造業 |
| D. 電力及燃氣供應業 | E. 用水供應及污染整治業 | F. 營建工程業 |
| G. 批發及零售業（為**商業**的主要範疇） |||
| H. 運輸及倉儲業 | I. 住宿及餐飲業 | J. 出版影音及資通訊業 |
| K. 金融及保險業 | L. 不動產業 | M. 專業、科學及技術服務業 |
| N. 支援服務業 | O. 公共行政及國防；強制性社會安全 | P. 教育業 |
| Q. 醫療保健及社會工作服務業 | R. 藝術、娛樂及休閒服務業 | S. 其他服務業 |

1. **批發業**：從事**商品批發**業務的行業，如服飾及配件批發業、蔬果批發業等。
2. **零售業**：從事**商品零售**業務的行業，包括**綜合商品零售業**（如超商、超市等）與**專賣零售業**（如文具店、眼鏡行等）。

 **依經營方式區分** 各版審定本均未提及此區分方式，老師可自行斟酌補充

| 類別 || 說明 | 案例 |
|---|---|---|---|
| 自營商 || 擁有商品所有權，自行經營、自負盈虧風險 | 雜貨店 |
| 經紀商 || 不擁有商品所有權，以自己或他人名義從事商業活動，包含下列四種 ||
| | 代理商代辦商 | 以委託人名義從事商業活動，從中賺取佣金 | 廣告代理公司 |
| | 行紀商牙行 | 以自己名義設立組織，接受委託經營動產買賣或從事商業交易 | 報關行 |
| | 居間商捐客 | 居間協調買賣雙方完成交易，從中賺取佣金或介紹費 | 房屋仲介公司 |
| | 承攬商 | 以自己名義接受他人委託，從事運送業務 | 快遞公司 |

1-11

## 1-1-5 現代商業的特質

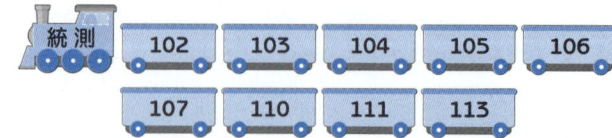

### 一、分工專業化（技術專業化）

企業為了提升品質與效率，工作的作業程序朝簡單化、標準化發展，而職責分工則往**專業分工**發展，並透過**策略性外包**方式將非專業的部分委託專業廠商執行。

**案例** 統一超商成立捷盟行銷，專門負責配送該企業的商品。

### 二、生產標準化

現代企業對於商品的型式、尺寸、規格或製作程序等均有明確的標準，以作為生產的依據。生產標準化不僅有利於企業的行銷與管理，且可達到**大量生產**、**降低成本**與**品質兼顧**的目標。

### 三、資本大眾化

現代企業的規模日益龐大，管理日趨複雜，業主必須仰賴**專業人才**經營管理，形成**所有權與管理權分離**的經營模式，並利用**發行股票**的方式向大眾募集資金，使家族企業轉變為大眾企業。

### 四、經營領域國際化

由於科技的進步、交通與通訊的便利、企業規模的擴大，許多企業積極拓展國際市場，使經營領域走向國際化發展。

**案例** 台塑企業到南亞、印尼、美國等地區投資設廠。

### 五、業際整合化

企業利用各自在**不同領域的專長**及**接觸顧客的管道**，透過跨業整合經營的方式進行合作，提供消費者更有價值的服務，以達到**擴大市場規模**，增加營業利潤的目的。

---

**知識充電　　水平整合與垂直整合**

有些企業透過合併的方式，來拓展其企業版圖，而合併的方式包括**水平整合**（同業間的合併）以及**垂直整合**（異業間或上下游廠商間的合併）。

**案例** 全聯福利中心積極拓展企業版圖，多年來陸續併購楊聯社、善美的超市、台北農產超市、松青超市等，成功拓展超商通路達一千多家。近年來更以併購大潤發的方式，跨足量販店市場。

CH1 商業基本概念

## 六、管理人性化

現代企業內部管理多採用人性化的管理方式,在擬定管理制度時,將**員工的需求**(如工作與家庭兼顧等)納入考量,以期在工作順利推動的同時也能滿足員工的需求。

## 七、商品客製化

現代企業為迎合顧客多樣化的需求,多採取客製化生產,替顧客**量身訂做**商品,以**小量多樣**的生產方式取代以往大量生產的方式。

**案例** 直人木業傢俱公司提供客製化家具的服務,顧客只要量好家中空間大小,該公司便可依顧客需求量身訂做傢俱,更可幫顧客規劃家裡的傢俱布置。

## 八、經營多角化

企業基於**分散風險、擴大企業版圖、賺取更多利潤**的原則,以研發創新、兼營副業、銷售多樣化跨領域商品、開拓新市場等方式,來滿足消費者多樣化的需求。

**案例** 台塑企業以生產石化原料起家,後來擴及貨運、醫療、教育、加油站等領域。

## 九、資訊數位化

現代企業多使用**電腦系統**處理各類資訊,取代紙本作業流程,不僅可降低成本,更能提高營運效率。此外,近年來網際網路的快速發展,企業也積極朝電子商務模式發展,並透過數位科技來進行**網路行銷**(**數位行銷**),如架設官方網站、開設社群網站粉絲專頁、建立通訊軟體官方帳號、設置應用程式APP等,以增加與消費者的互動。

**案例** 屈臣氏不僅設置「屈臣氏購物APP」,方便消費者透過手機直接購物,更建立LINE官方帳號,藉由資訊系統分析每位會員需求,提供分眾活動訊息。

 **知識充電** 商業的科技創新與應用

網際網路的普及與科技的發展,突破了許多傳統商業活動的限制,許多企業為了掌握未來趨勢,應用了下列多種創新科技與概念,以期確保經營優勢。

1. **大數據**(big data):透過**分析龐大資訊量**來獲得具有價值的商業資訊。
2. **金融科技**(FinTech):泛指任何與**金融相關**的科技。
3. **物聯網**(IoT):透過網路,讓物品之間能有效連結以進行控制、管理。
4. **人工智慧**(AI):讓機器具備與人類相同的思考邏輯與行為模式。
5. **共享經濟**:將個人資源或商業資源分享給有需求者,以換取報酬。
6. **工業4.0**:透過機器與機器之間自動傳輸訊息的方式來進行生產與銷售。
7. **無人商店**:透過人工智慧、物聯網等各項技術,讓消費者可以自行完成購物。

1-13

## 小試身手 1-1-4～1-1-5

( B )1. 依據我國法律規定,下列哪一種企業組織不具有法人資格?
(A)無限公司  (B)獨資企業  (C)兩合公司  (D)有限公司。

( C )2. 若依通商區域區分,我國出口筆記型電腦到美國,自美國進口牛肉,是屬於哪一種商業型態?
(A)國內交易  (B)過境貿易  (C)國際貿易  (D)輔助商業。

( C )3. 台塑企業在股票市場上市,公開發行股票向社會大眾募集資金,反映了現代商業的哪一項特質?
(A)分工專業化  (B)經營多角化  (C)資本大眾化  (D)業際整合化。

( A )4. 全省的「EASY SHOP」女性內衣專賣店,從招牌名稱、店面裝潢、行銷手法都非常相似,請問這反映了現代商業的哪一項特質?
(A)生產標準化  (B)經營領域國際化  (C)資本大眾化  (D)經營多角化。

( B )5. 休閒企業公司成功在手搖飲市場占有一席之地後,陸續開發披薩專賣店、咖啡蛋糕專賣店、鹹酥雞專賣店等多種不同餐飲品牌店,請問這反映了現代商業的哪一項特質?
(A)資本大眾化  (B)經營多角化  (C)商品客製化  (D)資訊數位化。

( A )6. 下列敘述,何者正確?
(A)獨資企業之出資人對企業債務負無限責任
(B)合夥企業具有法人資格
(C)閉鎖性股份有限公司的股東人數必須在50人以上
(D)合夥企業之合夥人對企業債務的清償責任是以其出資額為限。
B:合夥企業不具法人資格。C:不超過50人。D:連帶無限清償責任。

( B )7. 台糖除了製糖本業外,亦跨足超商、量販店、加油站、休閒農場、生物科技產品等領域,請問這反映了現代商業的哪一項特質?
(A)資本大眾化  (B)經營多角化
(C)商品客製化  (D)管理人性化。

( B )8. 「宏碁電腦公司」透過公開發行股票,使其資本額可不斷擴增,是為何種型態的公司?
(A)有限公司  (B)股份有限公司  (C)無限公司  (D)兩合公司。

( A )9. 現代化商業何項特質促使企業之「所有權」與「管理權」分離?
(A)資本大眾化  (B)自由競爭化  (C)經營國際化  (D)多角化。

( D )10. 下列何者不是依照「組織型態」所區分的企業類型?
(A)獨資  (B)合夥  (C)有限合夥  (D)國際企業。

# 1-2 商業的社會角色與企業社會責任

統測 103 104 106 107 109 111 113 114

## 1-2-1 商業的社會角色

1. 對**個人**而言：滿足生產者與消費者的慾望，增加選擇機會；賺取個人所得。
2. 對**社會**而言：促使專業分工，創造就業機會；有效調節社會資源與貨物供需、平衡物價。
   → 97年統測試題，惟部分版本寫於個人
3. 對**國家**而言：拓展國際貿易，累積外匯、增強國力；提高國民所得，促進經濟繁榮。
4. 對**世界**而言：協助國際分工、提升各國生活水準；促進世界文化交流。

## 1-2-2 企業社會責任

### 一、社會責任的意義

**企業社會責任**是指**企業必須承擔其對社會所造成影響的責任**。越來越多的企業經營者都認同透過善盡社會責任不僅可「取之於社會、用之於社會」，同時也能為企業建立公共形象、獲得社會大眾認同，進而提升企業競爭力。

### 二、企業社會責任觀念的發展

|  | 1930年代之前 | 1930年代 | 1960年代 |
|---|---|---|---|
| 階段 | 個人責任時期（商人時期） | 管理者責任時期（商業時期）（信託管理階段） | 廠商責任時期（企業時期）（生活品質階段） |
| 觀念 | 對企業主有利就對社會有利，企業收入愈多，國家稅收就愈多 | 1. 對企業有利就對社會有利<br>2. 兼顧企業利潤、員工福利、顧客需求 | 1. 對社會有利也會對企業有利<br>2. 企業必須提撥部分利潤作為改善社會問題之用 |
| 營運目標 | 賺取最大利潤 | 1. 賺取最大利潤<br>2. 提升經營管理績效 | 1. 賺取利潤<br>2. 積極參與改善社會問題 |
| 負責對象 | 僅對企業主負責 | 對顧客、員工、企業主負責 | 對整個社會負責 |

## 三、企業社會責任的內容

| | 內容 | 說明 | 案例 |
|---|---|---|---|
| 義務性責任 | 經濟責任 | 1. 以合理報酬聘僱員工、賺取合理利潤回饋股東、以合理價格銷售優質商品給消費者<br>2. 為最基本的社會責任 | 某主打女性專屬健身房的健身中心，因營運不善，宣布關閉全台門市，導致員工失業，此即未善盡經濟責任 |
| 義務性責任 | 法律責任 | 企業經營必須符合法律規範 | 某企業進口大陸製口罩後加工標示為「Made in Taiwan」以利販售，該欺騙行為已違反商品標示法，此即未善盡法律責任 |
| 義務性責任 | 倫理責任（道德責任） | 在符合法律規範的前提下，企業經營應符合倫理道德與社會期待 | 某手搖飲料店主張健康天然，卻使用食用色素當原料，雖然並未違法，然其做法與社會期待不符，此即未善盡倫理責任 |
| 自願性責任 | 自由裁量責任（慈善責任） | 企業自願主動積極參與對社會有益、可增進社會福祉的活動 | Covid-19疫情蔓延初期，台積電、3M等企業捐贈防疫物資給醫檢單位，以行動支持前線醫療人員，此即善盡自由裁量責任 |

促使企業負起企業責任的力量：法律、教育、輿論、宗教、人際、自我規範。

 企業社會責任的判斷原則

| 內容 | 判斷原則 |
|---|---|
| 經濟責任 | 涉及「金錢、報酬」 |
| 法律責任 | 涉及「法律規範」 |
| 倫理責任 | 涉及「社會期待」，無觸法問題；被動回應，沒做到較易被譴責 |
| 自由裁量責任 | 涉及「增進社會福祉與利益」；主動自願，沒做到並不會被譴責 |

## 四、企業對社會責任應有的認識

1. **企業與社會存在共存共榮的關係**：企業在賺取利潤的同時應積極回饋社會，讓社會肯定並認同企業，使得企業與社會相互信任、共存共榮。

2. **企業承擔社會責任應量力而為**：企業應衡酌本身能力，在賺取合理利潤的前提下，適度投入承擔社會責任的資源。

3. **消費者運動提供消費者與企業之間的良性互動**：消費者對企業提出意見能督促企業改進缺失，同時也能拉近消費者與企業的距離，有助於企業掌握消費者的需求。

4. **社會問題是企業發展的契機**：社會問題的發生代表社會上存在著某些仍然未被滿足的需求，對企業而言，這些未被滿足的需求，也是可待開發的商機。

# CH1 商業基本概念

## 五、企業倫理

### 1. 意義

企業倫理是指企業經營時**應遵守的道德標準**。企業應建立企業倫理規範,讓企業成員共同遵守並形成企業文化,以降低營運風險、強化企業形象。

### 2. 範圍

依據「涉及對象」可分為:

#### (1) **內部**倫理規範

| 涉及對象 | 重點項目 |
| --- | --- |
| 員工 | • 建立良好的工作環境與福利制度<br>• 提供合理的工作條件、報酬及晉升機會<br>• 重視勞工權益,關懷員工生活 |
| 股東<br>(投資者) | • 善盡管理職責,謀取更多利潤<br>• 提供營運資訊,維護股東權益 |

#### (2) **外部**倫理規範

| 涉及對象 | 重點項目 |
| --- | --- |
| 消費者 | • 秉持誠信原則,提供良好產品品質與服務<br>• 滿足消費者需求,重視消費者回饋 |
| 供應商<br>(廠商) | • 遵守契約約定,重守信諾<br>• 與善盡社會責任的供應商合作 |
| 競爭者 | • 保持良性競爭,遵守競爭規範,尊重智慧財產權 |
| 政府 | • 遵守政府法規,配合政府政策 |
| 社會 | • 善盡社會責任,參與公益活動<br>• 珍惜資源、保護環境,追求永續發展 |

### 知識充電 企業的不道德行為與對經營的影響

為了營利,有些不肖企業會做出違反企業倫理的不道德行為,這些行為包括:
1. **欺騙**:以誇大不實廣告欺瞞消費者。
2. **賄賂**:利誘廠商或官員,使其作出有利企業的行為。
3. **侵權**:非法使用他人的智慧財產權,以賺取利潤與減少成本。
4. **囤積貨品**:在物資缺乏時囤積商品,哄抬物價賺取不當利潤。
5. **汙染環境**:生產過程中破壞自然生態,造成環境汙染。

企業不道德行為會使企業**商譽受損**、**競爭力下降**、面臨**法律制裁**,嚴重時更會**陷入經營危機**。

## 六、企業永續經營

### 1. ESG原則

現代企業除了遵循企業倫理之外,更追求永續經營,因此企業可透過**ESG原則**來做為永續經營的衡量指標,同時為社會與環境帶來正面效益。

| | 原則 | 簡稱 | 說明 | 涵蓋項目 |
|---|---|---|---|---|
| E | 環境保護（Environmental） | 環境 | 是指企業對於**環境保護**的重視 | 產品包裝、水資源利用、綠色能源運用、碳足跡、廢棄物管理等 |
| S | 社會責任（Social） | 社會 | 是指企業對於各項**社會議題**的重視,即對於**企業社會責任的落實** | 勞工權益、多元職場、客戶關係、社會參與等 |
| G | 公司治理（Governance） | 治理 | 是指企業對於**管理營運**的重視 | 財務透明、內部管控、股東權益、風險評估、供應鏈管理等 |

### 2. 永續發展目標（SDGs）

| 提出者 | 聯合國 |
|---|---|
| 提出時間 | 2015年 |
| 名稱 | 永續發展目標（Sustainable Development Goals, SDGs） |
| 目的 | 促進世界永續發展 |
| 內容 | 包括17項核心目標、169項細項目標、230項指標。17項核心目標分別為:<br>1. 消除貧窮　　　　2. 終結飢餓　　　　3. 健康與福祉<br>4. 優質教育　　　　5. 性別平等　　　　6. 淨水與衛生<br>7. 可負擔的永續能源　8. 就業與經濟成長　9. 永續工業與基礎建設<br>10. 消弭不平等　　　11. 永續城鄉　　　　12. 責任消費與生產<br>13. 氣候行動　　　　14. 永續海洋與保育　15. 陸域生態<br>16. 制度的正義與和平　17. 永續發展夥伴關係 |
| 實踐方法 | 1. 個人可在**日常生活**中落實,例如:<br>　● 捐贈衣物→SDGs1 消除貧窮<br>　● 隨手關燈→SDGs7 可負擔的永續能源<br>　● 自備購物袋與環保杯→SDGs12 責任消費與生產<br>2. 企業可藉由**ESG原則**落實,例如:<br>　● 回收再利用水資源→SDGs6 淨水與衛生<br>　● 建教合作→SDGs4 優質教育、SDGs8 就業與經濟成長<br>　● 減少碳排放→SDGs13 氣候行動 |

# 1-3 企業與環境的關係

## 一、企業在社區的角色及任務

企業應積極扮演**社區照護者**、**企業公民**的角色，並從以下三大方向著手，以**促進社區發展，提升社區生活水準**。

1. **環境保護**：透過實際的環保行動，維護社區環境品質。
2. **社會參與**：主動關懷社區發展，協助解決社區問題。
3. **教育文化**：提供資源給社區民眾、或舉辦活動讓民眾參與，以提升教育文化水準。

## 二、企業參與贊助公益活動

企業參與公益活動的動機包含：

1. **對社會有利**：企業從**利他**的角度出發，**負起社會責任**。
2. **對企業有利**：企業從**利己**的角度出發，塑造企業形象、擴大企業影響力。

而企業投入公益活動的方式則包含：

1. **資金贊助**：如贊助藝文活動、體育活動、災區建設、社福團體、教育文化等。
2. **親身投入**：如參與環保活動、進行社區關懷、擔任社福志工等。

## 三、以改善社會問題為目標的企業－社會企業（social enterprise）

1. **社會企業的定義**：**社會企業**是指以**改善社會問題**為營運目標的商業組織，其不以利潤極大化為目的，所賺取的利潤多是用來維持運作之用。

   **案例** 大誌（The Big Issue）提供街友謀生機會，聘請街友在街頭販售雜誌，並可獲得銷售金額的一半做為收入。

2. 社會企業是一種結合「非營利組織之營運目標」與「承擔社會責任企業之經營方法」的組織形式。

   承擔社會責任之企業、社會企業、非營利組織的差異如下表所示：

| 組織型態 | 承擔社會責任之企業 | 社會企業 | 非營利組織 |
|---|---|---|---|
| 營運目標 | • 賺取利潤<br>• 改善社會問題 | 改善社會問題 | 改善社會問題 |
| 經營方法 | • 透過營運自給自足<br>• 提撥部分利潤用以改善社會問題 | • 透過營運自給自足<br>• 利潤投入運作以改善社會問題 | 收受捐款及補助並用以改善社會問題 |

## 小試身手 1-2～1-3

( B )1. 我國向日本輸出香蕉，日本對我國輸出高級家電產品，兩國進行國際貿易使商品互通有無。對世界而言，這是屬於商業在現代社會中的哪一種角色？
(A)提高國民所得，繁榮經濟
(B)協助國際分工，提升各國生活水準
(C)個人所得的來源
(D)促進社會繁榮，專業分工。

( D )2. 我們透過從外國輸入的電影，可以了解該國的語言文化與風俗習慣，這主要是商業在現代社會扮演的哪一種角色？
(A)滿足個人的慾望
(B)提高國民所得，繁榮經濟
(C)個人所得的來源
(D)促進世界文化交流。

( A )3. 某工廠未遵守勞基法的規定，隨意解雇懷孕的女工，是未善盡下列哪一種社會責任？
(A)法律責任　　(B)自由裁量責任
(C)倫理責任　　(D)經濟責任。

( C )4. 森森集團成立慈善基金會，幫助弱勢團體，其負起了下列哪一種社會責任？
(A)經濟責任　　(B)倫理責任
(C)自由裁量責任　　(D)法律責任。

( B )5. 由於東南亞地區勞工的工資較為低廉，因此許多企業遷移至東南亞國家設廠投資，國內許多勞工因而失業，生活陷入困境。請問這些企業是未考量何種社會責任？
(A)自由裁量責任　　(B)經濟責任
(C)法律責任　　(D)倫理責任。

( D )6. 某企業捐款供政府做防治流感疫情之用，是在善盡下列哪一種社會責任？
(A)經濟責任　　(B)法律責任
(C)倫理責任　　(D)自由裁量責任。

( A )7. 關於企業的社會責任，下列敘述何者有誤？
(A)是企業的經營者在法律約束與市場經濟運作因素的督促下，不得不對社會所盡的義務
(B)在傳統社會中，大部分的經營者並沒有社會責任的觀念
(C)近年來大多數的經營者都認同：商業所獲得的利潤，並不單是由於商業經營的成果，而是由於消費者、環境文化及政治等因素互動的結果
(D)企業應主動積極地參與社會活動。

CH1 商業基本概念

( C )8. 廠商的社會責任在
(A)個人責任的時期（商人時期）是為社會謀取整體的利益
(B)管理者責任的時期（商業時期）是為社會謀取整體的利益
(C)廠商責任的時期（企業時期）是為社會謀取整體的利益
(D)僱員責任的時期（工業時期）是為社會謀取整體的利益。

( C )9. 台灣櫻花公司成立櫻花安全守護隊，提供該廠牌熱水器免費到府安檢服務。請問上述的企業倫理規範主要涉及的對象是
(A)員工 (B)股東 (C)消費者 (D)供應商。

( C )10. 某一商業網站因為違法而被停止一切商業活動，針對該網站擔任的商業角色與社會責任，下列敘述何者較不適當？
(A)該網站的商業角色是擔任生產者與消費者間傳遞商品的橋樑
(B)該網站的社會責任是促進社會大眾的整體利益
(C)該網站從事商業活動，在商言商，任何商品均可銷售
(D)該網站銷售仿冒品牌之商品是違反法律責任。
企業一切行為都須遵循法律的規定。

( D )11. 下列哪一項最不可能是企業不道德行為對企業產生的影響？
(A)競爭力下降　　　　　(B)企業商譽受損
(C)面臨法律制裁　　　　(D)降低營運風險。

( B )12. 某企業在其ESG永續報告書中，說明該企業在致力於提高企業營收、為股東謀取最大利益的同時，也相當重視員工的權益。請問上述情形依序提及了ESG原則中的哪幾項？
(A)環境保護、社會責任　　　　(B)公司治理、社會責任
(C)環境保護、公司治理　　　　(D)環境保護、社會責任、公司治理。

( B )13. 有關永續發展目標的敘述，下列何者錯誤？
(A)為聯合國在2015年提出
(B)目的在於促進企業的永續經營
(C)包含17項核心目標
(D)核心目標包含了教育、經濟、環境等面向。

( C )14. 社會企業是指以 _____ 為營運目標，透過商業活動賺取利潤來維持運作的商業組織。請問 _____ 應填入？
(A)賺取利潤　　　　　　(B)降低營運成本
(C)改善社會問題　　　　(D)獲取社會支持。

( B )15. 企業在廠房增設污染防治的設備，是在履行下列何種方向的任務？
(A)推動產業發展 (B)環境保護 (C)贊助公益活動 (D)賺取利潤。

# 滿分練習

## 1-1 商業概述

( B )1. 以下有關於商業的敘述，何者正確？
(A)運輸業屬於固有商業
(B)零售業屬於狹義的商業
(C)金融業不屬於廣義的商業
(D)批發業屬於輔助商業。

( D )2. 關於商業，下列敘述何者錯誤？
(A)狹義的商業即一般的買賣業
(B)狹義的商業又稱固有商業
(C)廣義的商業包括固有商業與輔助商業
(D)仲介業屬於固有商業。
仲介業是為了幫助交易的完成，以「間接」方式提供他人商品、勞務、或金錢的行業，屬於輔助商業。

( C )3. 下列何者不是商業成立的要件？
(A)必須以營利為目的
(B)必須有出於雙方意願之交易行為
(C)必須有固定的營業場所
(D)必須運用合法的方法。

( B )4. 下列何者屬於商業活動？
(A)在車站免費施打流感疫苗
(B)販售防災用品
(C)舉辦義賣演出，資助海地災民
(D)寺廟提供免費茶水供香客取用。
在車站免費施打流感疫苗、舉辦義賣演出，資助海地災民、寺廟提供免費茶水供香客取用：均不以營利為目的，不屬於商業活動。

( A )5. 職棒簽賭的行為不能視為商業活動，主要是因為違反商業行為的哪一項要件？
(A)符合法律規範
(B)發生交易行為
(C)出於雙方自願
(D)以營利為目的。

( C )6. 何者才是商業行為？
(A)嚴重特殊傳染性肺炎疫情蔓延期間，捐贈口罩防疫物品給外國
(B)上網販售知名藝人演唱會的黃牛票
(C)清潔公司向報社刊登廣告，約定不付費但以替報社清潔相抵
(D)向朋友借用跑車來試開。
捐贈防疫物品：非以營利為目的。販售黃牛票：非法行為。借用車輛：未發生交易行為。

CH1 商業基本概念

( A )7. 傳說九份與金瓜石仍蘊藏豐富的金礦，引起企業開挖的興趣。假設某企業聘請礦工在當地開採金礦，試問這種生產是屬於
(A)原料生產 (B)形式生產 (C)效用生產 (D)時間生產。

( A )8. 將遠地之貨物運售至本地，或將本地之產品運銷至遠地，此種變異商品的位置，調節商品供需之用，是產生：
(A)地域效用 (B)人際效用 (C)時間效用 (D)分散效用。

( D )9. 所謂商業經營的「標的物」，就廣義而言，指的是：
(A)商譽 (B)商人 (C)商業組織 (D)有形或無形的勞務。
商業經營的標的物，指的是有形或無形的勞務。

( B )10. 下列何者不是商業經營上不可或缺的要素？
(A)資本 (B)土地 (C)勞力 (D)商業信用。

( B )11. 針對商業的要素，下列敘述何者錯誤？
(A)商業要素是指一般商業在營運上不可或缺的要件
(B)企業的商標與專利權是屬於企業的商品
(C)勞力是指商人及商業從業人員所提供一切具有經濟意義的活動
(D)銀樓業的金飾是屬於商品。
企業的商標與專利權是屬於企業的資本。

( B )12. 有關商業發生的原因，下列選項何者屬之？
①為求自給自足 ②人類慾望無窮 ③交通運輸便利 ④建立商業秩序
(A)②④ (B)②③ (C)①② (D)①④。

( C )13. 下列何項不是物物交易時期的缺點？
(A)交易過程複雜 (B)交換比率計算不易
(C)容易發生財務透支 (D)不易隨身攜帶、隨時交易。
C：為信用交易時期的缺點。

( D )14. 以支票做為交易支付工具的時期，是屬於商業發展過程的哪一時期？
(A)自給自足時期 (B)物物交易時期
(C)貨幣交易時期 (D)信用交易時期。

( D )15. 「王老先生拎著一隻鴨，到街上和李大嬸交換3件簑衣」，對於上述情況，下列選項何者正確？
(A)兩人的交易型態是屬於信用交易
(B)兩人絕對可以達成交易
(C)兩人絕對不可能達成交易
(D)兩人沒有共同的價值計算標準。
A：屬於物物交易。B、C：不能斷言兩人是否能完成交易。

( B )16. 在某個社會，大眾願意接受以金屬鑄幣或紙幣等作為交易媒介，以從事商業活動，此時表示商業的發展在哪個階段？
(A)物物交易時期 (B)貨幣交易時期
(C)信用交易時期 (D)無現金交易時期。

1-23

( B )17. 有關物物交易、貨幣交易、信用交易時期的比較,下列敘述何者正確?
(A)信用交易時期的優點是以有餘補不足
(B)貨幣交易時期的缺點是攜帶風險比較高
(C)物物交易時期的缺點是容易發生財務透支
(D)物物交易時期的優點是方便迅速。
A:信用交易時期的優點是方便迅速。
C:物物交易時期的缺點是沒有共同的價值計算標準。
D:物物交易時期的優點是以有餘補不足。

( C )18. 目前現代的人很少帶現金出門,習慣利用信用卡支付,這是屬於商業發展過程的哪一個時期?
(A)物物交易時期　(B)貨幣交易時期
(C)信用交易時期　(D)形式交易時期。

( D )19. 有關「茅舍生產時期」的敘述,何項正確?
(A)產銷逐漸合一　(B)生產機械化且專業分工
(C)複式簿記出現　(D)生產管理制度萌芽。
A:在此時期產銷逐漸分離。B、C:此為工廠生產時期的特點。

( D )20. 有關「手工業生產時期」的敘述,何項正確?
(A)生產產品的主要目的是為了供家人消費
(B)以機器取代人力
(C)發展出代產包銷制度
(D)生產者共同組成同業公會。
A:生產的主要目的是「為客戶生產」。B:為工廠生產時期的特點。
C:為茅舍生產時期的特點。

( C )21. 有關「現代化生產時期」的敘述,何項正確?
(A)生產管理制度萌芽
(B)生產與消費合一
(C)出現專業化、自動化及高效率的公司組織
(D)出現「代產加工」制度。
A、D:為茅舍生產時期的特點。B:為家庭生產時期的特點。

( D )22. 有關商業發展時期的敘述,下列何者正確?
(A)在家庭生產時期,生產者大多為專業性的工人,生產技術較為熟練
(B)手工業生產時期亦稱為工廠前身時期
(C)在工廠生產時期,會計制度開始發展
(D)現代化生產時期發展出大量的公司組織型態。
A:在家庭生產時期,生產者主要為家庭中的成員,生產技術較不純熟。
B:茅舍生產時期亦稱為工廠前身時期。
C:會計制度發展於茅舍生產時期。

## CH1 商業基本概念

( D )23. 下列哪一個商業發展時期注重專業分工、生產效率提高，並以降低單位生產成本為目標？
(A)家庭生產時期　　　　　　　(B)手工業生產時期
(C)茅舍生產時期　　　　　　　(D)工廠生產時期。

( C )24. 商業發展的模式依其演進的過程而有不同，可分為「交易方式」及「產銷經營觀點」，試從產銷經營觀點之演進進行區分，其順序何者正確？a.手工業生產時期、b.茅舍生產時期、c.家庭生產時期、d.工廠生產時期、e.現代化生產時期
(A)abcde　(B)acbde　(C)cabde　(D)cbade。

( B )25. 有關「家庭生產時期」的敘述，何項錯誤？
(A)生產者主要為家庭中的成員
(B)生產的主要目的是為了銷售
(C)生產多餘的商品與他人進行物物交換
(D)家庭為一重要的生產單位。
家庭生產的主要目的是為了供家人消費，而非為了銷售。

( B )26. 若依商業價值區分，下列哪個商業時期的特色為生產標準化產品，消費者也較為重視產品功能
(A)農業經濟時期　　　　　　　(B)工業經濟時期
(C)服務業經濟時期　　　　　　(D)體驗經濟時期。

( D )27. 根據經濟部統計，全台的觀光工廠已超過上百家，許多具有獨特產業文化或地方特色的傳統產業，都已成功轉型為觀光工廠，期能透過整體環境營造、讓民眾親身體驗觀光工廠的文化與價值，不僅強化民眾對品牌的識別度，更能增加收益。請問上述情形，屬於哪一個經濟發展時期？
(A)農業經濟時期　　　　　　　(B)工業經濟時期
(C)服務業經濟時期　　　　　　(D)體驗經濟時期。

( C )28. 商業依據通商區域區分，可分為
(A)民營企業、公營企業　　　　(B)固有商業、輔助商業
(C)國內交易、國際貿易、過境貿易　(D)獨資、合夥、公司。

( C )29. 下列有關「股份有限公司」的敘述，何者錯誤？
(A)二人以上股東或政府法人股東一人所組成
(B)對公司所負之責任以出資額為限
(C)不具有法人資格
(D)依公司法之規定成立。
股份有限公司具有法人資格。

( D )30. 聯華電子公司過去幾年為籌建新廠，持續向社會大眾公開募集資金，並發行股票，使其資本額不斷擴增，由此可知聯華電子公司為何種型態的公司？
(A)有限公司　(B)無限公司　(C)兩合公司　(D)股份有限公司。
聯華公司持續向社會大眾公開募集資金並發行股票，所以是「股份有限公司」。

( C )31. 下列敘述，何者錯誤？
(A)商業組織的基本目標在賺取利潤
(B)股份有限公司股東對公司債務的清償責任，以出資額為限
(C)有限公司需由二人以上的股東組成
(D)無限公司股東對公司債務負連帶無限的清償責任。
有限公司由一人以上的股東即可組成。

( B )32. 有關閉鎖性股份有限公司的敘述，下列何者正確？
(A)不具有法人資格
(B)是股份有限公司的一種
(C)由1人以上股東人數組成
(D)股票可公開發行。
A：具法人資格。C：由2人以上股東或政府、法人股東1人組成。D：股票不可公開發行。

( D )33. 林蘭玉因喜歡插花，開了一家花坊，自己當老闆兼店員，請問林蘭玉的花坊是屬於何種組織型態？
(A)無限公司  (B)兩合公司
(C)合夥公司  (D)獨資公司。

( A )34. 依據我國法律規定，下列哪一種企業組織不具法人資格？
(A)合夥企業  (B)無限公司
(C)有限合夥企業  (D)股份有限公司。

( C )35. 由一人以上普通合夥人及一人以上有限合夥人共同組稱的商業組織，稱為
(A)獨資企業  (B)合夥企業
(C)有限合夥企業  (D)股份有限公司。

( A )36. 我國獨資企業之出資人對企業之債務負有何種清償責任？
(A)無限清償責任  (B)有限清償責任
(C)連帶無限清償責任  (D)連帶有限清償責任。

( C )37. 美國3M公司以礦業與製造起家，卻跨足黏劑、膠帶、口罩、保全、絕緣隔熱用品、電子及通訊等領域，由此案例可看出此為現代商業發展的哪一項特質？
(A)管理人性化  (B)生產標準化
(C)經營多角化  (D)資本大眾化。

( B )38. 寶僑家品（P&G）讓女性消費者在網站上量身訂作專屬的個人保養產品（如化妝品、洗髮用品等），並且用她所選擇的名字作為商品名稱，此為現代商業的何種特質？
(A)管理人性化  (B)商品客製化
(C)分工專業化  (D)生產標準化。

( D )39. 當企業生產愈精密，為了提升商品品質與生產效率，商業經營方式愈朝向哪一個方向發展？
(A)經營領域國際化  (B)經營多角化
(C)管理人性化  (D)分工專業化。

CH1 商業基本概念

( D )40. 下列哪一項生產管理基本原則,就是力行分工合作,使各司其事、各安其業,促進技術專精與熟練,以改善品質,提高效率?
(A)工作簡單化 (B)作業標準化
(C)產品多元化 (D)分工專業化。

( D )41. 某企業強調「工作與生活平衡」,讓員工的工作時間與假期安排更彈性化,並不定期舉辦如「家庭日」、「志工日」等休閒活動,鼓勵員工參加,以紓解身心。這是哪一項現代商業的特質?
(A)分工專業化 (B)經營多角化
(C)資本大眾化 (D)管理人性化。

( D )42. 某手機品牌廠商推出「你的手機 風格由你定」活動,讓消費者可以親手設計手機背板的圖樣、顏色與文字,輕鬆打造屬於自己的手機風格。這是屬於現代商業的哪一項特質?
(A)分工專業化 (B)管理人性化
(C)經營多角化 (D)商品客製化。

( C )43. 秦始皇的兵馬俑出土文物當中,跪射俑所持弩機的組件彼此可以互換使用,證明了秦朝的產業發展可能已具備了哪些特徵?
(A)多角化 (B)資本大眾化 (C)生產標準化 (D)商品客製化。

( A )44. 廠商要達到大規模生產,以降低成本,首先應先達到
(A)生產標準化 (B)服務多樣化
(C)決策民主化 (D)管理合理化。

( B )45. 全聯福利中心開發「PX Pay」App,消費者可以透過該App進行購物付款、查詢交易紀錄、累積紅利點數、查看優惠活動等,不僅方便消費者購物,更可提高營運效率。請問此符合現代商業的哪一項特質?
(A)商品客製化 (B)資訊數位化
(C)經營多角化 (D)業際整合化。

( C )46. 許多國內企業由中小企業邁向中大型企業過程中,多利用資本市場向大眾募集資金,甚至於到國外發行海外存託憑證,形成管理權與所有權分離的企業體系,此一趨勢是現代商業的特質中的哪一項?
(A)經營國際化 (B)決策民主化
(C)資本大眾化 (D)商業自動化。
企業對外募集資金,使得企業的資本大眾化。

( A )47. 新光影城與OSIM(傲勝)按摩椅合作,在桃園推出全球首間聯名影廳「OSIM天王廳」,成功創造話題、吸引消費者前來邊看電影邊按摩。上述情形屬於現代商業的哪一種特質?
(A)業際整合化 (B)資訊數位化
(C)商品客製化 (D)經營多角化。

( B )48. 近年來發生許多公司遭特定人士違法挪用資產，犧牲大多數股東權益的事件。請問這是下列何種商業特質所造成？
(A)垂直整合與外包
(B)所有權與經營權分離
(C)規模極大化與多元化經營
(D)高度國際化。
出資人（股東）擁有公司的所有權，特定人士（如所聘僱之經理人）擁有行政管理權，因此可能發生公司遭特定人士違法挪用資產，犧牲股東權益之事件。

( B )49. 某汽車電子零件廠商因資金不足以因應龐大的研發費用，而利用發行股票的方式向社會募集資金，使管理權與所有權分離，此屬於現代商業的哪一種特質？
(A)經營多角化　　　　　　　　(B)資本大眾化
(C)企業擴大化　　　　　　　　(D)經營國際化。

( D )50. 丸子禮品公司專為消費者特製屬於自己的Q版公仔，請問這是屬於哪種現代商業的特質？
(A)經營多角化　　　　　　　　(B)分工專業化
(C)資訊數位化　　　　　　　　(D)商品客製化。

( D )51. 某企業追求大量生產以降低成本，則其屬於現代商業的哪一種特質？
(A)服務多樣化　　　　　　　　(B)業際整合化
(C)經營多角化　　　　　　　　(D)生產標準化。

( C )52. 現代商業哪一項特質是基於「分散風險」的原則？
(A)分工專業化　　　　　　　　(B)經營領域國際化
(C)經營多角化　　　　　　　　(D)商品客製化。

( B )53. 下列何者不是生產標準化可以達到的目標？
(A)大量生產　(B)量身訂作　(C)降低成本　(D)品質穩定。

( D )54. 星巴克最近將開設台灣首間結合「氮氣系列」飲品以及「新鮮現烤麵包」的門市。請問此屬於哪一項現代商業的特質？
(A)商品客製化　　　　　　　　(B)經營領域國際化
(C)生產標準化　　　　　　　　(D)經營多角化。

( D )55. 美國蘋果電腦公司於台北開設二家直營店，請問這是屬於現代商業的哪一項特質？
(A)分工專業化　　　　　　　　(B)資本大眾化
(C)業際整合化　　　　　　　　(D)經營國際化。

( C )56. 某玩具公司所銷售的系列產品，各自的零件與配件皆可替換組合，這代表該公司的經營具備何種管理特性？
(A)管理人性化　　　　　　　　(B)商品客製化
(C)生產標準化　　　　　　　　(D)分工專業化。

## 1-2 商業的社會角色與企業社會責任

( C )57. ①個人責任時期、②廠商責任時期、③管理者責任時期，請問社會責任觀念的發展順序由先到後，下列何者正確？
(A)③②①　(B)①②③　(C)①③②　(D)③①②。

( B )58. 某商品剛推出時造成搶購而有供不應求的現象，後來供給增加使得市場上的價格連連下跌，此情形顯示商業具有何種功能？
(A)賺取個人所得　　　　　　　　(B)調節貨物供需
(C)促進社會繁榮　　　　　　　　(D)國民所得提高。

( B )59. 某企業根據性別工作平等法的規定，提供留職停薪育嬰假並成立托兒設施，由此可知該企業善盡何種社會責任？
(A)經濟責任　　　　　　　　　　(B)法律責任
(C)倫理責任　　　　　　　　　　(D)自由裁量責任。

( B )60. 下列敘述何者正確？
(A)企業為了節省人事費用，可以無故遣散無重大過失之員工
(B)企業追求利潤即為承擔社會責任的方式之一
(C)在經濟不景氣時，企業不應發放員工薪資，以度過難關
(D)為了幫助受災戶，企業可以不經員工同意便挪用其薪資作為救濟金。

( A )61. 甜心霜淇淋店堅持採用台灣在地新鮮水果做為原料，以提供最健康的產品，此種符合社會大眾期待的作法，最符合何種社會責任之內涵？
(A)道德責任　(B)經濟責任　(C)法律責任　(D)慈善責任。

( B )62. 嚴重特殊傳染性肺炎（Covid-19）疫情管制期間，某百貨公司的員工感染嚴重特殊傳染性肺炎，該企業即遵照行政院的規定，凡因公務接觸而需居家隔離的員工，於隔離期間均可請防疫隔離假並照常給薪。試問該企業是善盡何種社會責任？
(A)經濟責任　　　　　　　　　　(B)法律責任
(C)倫理責任　　　　　　　　　　(D)自由裁量責任。

( D )63. 奇美實業每年免費提供超過百萬人次參觀奇美博物館，同時每年提撥10%稅後盈餘協助擴充博物館的館藏，此例顯示奇美善盡了何種社會責任？
(A)經濟責任　　　　　　　　　　(B)法律責任
(C)倫理責任　　　　　　　　　　(D)自由裁量責任。

( B )64. 根據我國性騷擾防治法，企業應提供受僱者及求職者免於性騷擾之工作環境，這是督促企業應負起哪一種社會責任？
(A)經濟責任　　　　　　　　　　(B)法律責任
(C)倫理責任　　　　　　　　　　(D)自由裁量責任。

( D )65. 統一超商推動「布農部落－世紀之夢」續造希望工程，希望能改善原住民同胞的生活。請問統一超商是在善盡下列哪一種社會責任？
(A)經濟責任　　　　　　　　　　(B)法律責任
(C)倫理責任　　　　　　　　　　(D)自由裁量責任。

( B )66. 某企業根據我國勞基法中有關勞工退休新制的規定，提撥員工薪資之6%至個人專戶，是在善盡下列哪一種社會責任？
(A)經濟責任　　　　　　　　　(B)法律責任
(C)倫理責任　　　　　　　　　(D)自由裁量責任。

( B )67. 企業舉行股東大會、印製公開說明書，使其掌握企業經營概況。請問上述的企業倫理規範主要涉及的對象是
(A)社會　(B)股東　(C)供應商　(D)競爭者。

( C )68. 某火鍋店為了降低成本銷售過期的大腸，這種做法是下列哪一種不道德行為？
(A)利誘廠商　(B)不尊重智慧財產權　(C)欺騙消費者　(D)哄抬物價。

( B )69. 某不肖廠商販售對身體有害的餿水油，許多購買的顧客食用後感到身體不適。請問上述情形所涉及的企業倫理規範對象為？
(A)員工　(B)消費者　(C)競爭者　(D)合作廠商。

( B )70. 對於社會責任相關之敘述，下列何者錯誤？
(A)社會責任的意義隨著時代的演進而有所不同
(B)社會責任的意義，從過去的「群體責任」逐漸變為「個人道德」
(C)社會責任在觀念上從「獨善其身」擴大為「兼善天下」
(D)企業的社會責任已成為企業管理的一項重要之課題。
社會責任的意義，從過去的「個人道德」逐漸變為「群體責任」。

( B )71. 下列何者敘述有誤？
(A)社會的問題，往往是企業的新機會
(B)承擔責任須出自企業的自覺，企業應承擔無限的社會責任
(C)企業與社會之間，應有共存共榮的關係
(D)消費者同樣應負有社會責任。
企業必須在為股東賺取利潤的前提下負擔社會責任，因此不應承擔無限的社會責任。

( A )72. 下列何者不是商業對社會與國家所扮演的角色？
(A)扼止犯罪發生　　　　　　　(B)促進經濟繁榮
(C)創造人民的就業機會　　　　(D)調節社會資源。

( C )73. 某企業雇用童工從事夜間工作，此違反了我國勞動基準法，請問此企業未盡到何種企業社會責任？
(A)倫理責任　　　　　　　　　(B)經濟責任
(C)法律責任　　　　　　　　　(D)自由裁量責任。

( D )74. 某家生產餅乾的廠商對其所生產的產品均標示其成份、製造日期等，則該廠商是善盡何種社會責任？
(A)經濟責任　　　　　　　　　(B)慈善責任
(C)倫理責任　　　　　　　　　(D)法律責任。

( A )75. 近年來國際品牌大廠要求其供應商必須實踐環保節能、保障顧客及勞工權益，並且積極參與社會特定議題。此敘述說明企業社會責任已經發展到哪一個階段？
(A)企業時期　(B)商業時期　(C)管理者時期　(D)商人時期。

( C )76. 下列哪一項不是企業倫理規範的範圍？
(A)積極經營企業，為股東創造更多利潤
(B)營造良好與安全的工作環境
(C)為搶市場不擇手段攻擊競爭者
(D)與合作廠商互相尊重，依契約按期交貨。

( B )77. 企業主動、積極參與或從事可以促進社會福祉的活動，為企業哪一項責任？
(A)經濟責任　(B)慈善責任　(C)法律責任　(D)倫理責任。

( A )78. 企業的產品應合理定價、不賺取暴利，並將盈餘分享給員工。這最符合企業的哪一項責任？
(A)經濟責任　(B)法律責任　(C)倫理責任　(D)慈善責任。

( A )79. 衡量企業永續經營的指標ESG原則中，E所指的是下列哪一個面向？
(A)環境　(B)經濟　(C)基礎建設　(D)效率。

( D )80. 聯合國於2015年提出SDGs的目的是什麼？
(A)鞏固強權國家在聯合國中的領導地位
(B)終結各種犯罪行為
(C)減緩地球人口增加速度
(D)促進世界永續發展。

## 1-3　企業與環境的關係

( C )81. 某企業透過其公司之基金會提供偏遠鄉區小學獎學金及電腦設備，以培養未來的人才，則此種屬於何種形式的公益活動？
(A)維護社區環境　　　　　　(B)贊助社福團體
(C)推廣教育文化　　　　　　(D)贊助藝文活動。

( D )82. 企業若想積極扮演社區照護者、企業公民之角色，下列哪一個方式較不適合？
(A)推動環境保護　(B)社會參與　(C)推廣教育文化　(D)干預政治。

( B )83. 下列有關企業參與贊助公益活動的敘述，何者錯誤？
(A)企業常基於負起社會責任與長期自利的動機參與公益活動
(B)社會責任是從利己的角度出發；長期自利是從利他的角度出發
(C)以資金贊助藝文活動是企業參與公益活動的方式之一
(D)企業也可鼓勵員工親身參與公益活動。
社會責任是從利他的角度出發；長期自利則是從利己的角度出發。

( B )84. 有關社會企業與承擔社會責任的企業主要差異，下列何者為非？
(A)社會企業賺取利潤的目的是為了維持企業運作以改善社會問題
(B)社會企業是以賺取利潤、改善社會問題為主要營運目標
(C)兩者都必須在賺取利潤後，才能投入社會問題的改善
(D)承擔社會責任的企業透過提撥部分利潤的方式來改善社會問題。

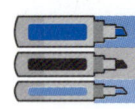

## 情境素養題

( A )1. 某食品原料貿易公司從國外進口含有三級致癌物「蘇丹紅」的辣椒粉原料,並銷售給不知情的食品廠商製成多種知名食品,在國內引發一連串的食安風暴。由於蘇丹紅是工業用染料,而不是「食品添加物使用範圍及限量暨規格標準」中核准之食品添加物品項,因此前述引進含蘇丹紅之辣椒粉原料的貿易公司已遭主管機關依食品安全衛生管理法規定勒令停業,負責人也移送檢調偵辦。請問上述情形中,該食品原料貿易公司未善盡哪一項企業社會責任?
(A)法律責任　(B)倫理責任　(C)經濟責任　(D)自由裁量責任。　　　[1-2]

( D )2. H.E.R.三位藝人共同成立薔薇唱片公司,在旗下歌手發行新專輯時,親自帶領歌手參加各種宣傳活動,希望能在唱片市場上締造銷售佳績。請問以上這段敘述共提到哪一些商業經營的基本要素?
①勞力　②商品　③資本　④商業信用　⑤商業組織
(A)①②③④⑤　(B)②③⑤　(C)①③④　(D)①②⑤。　　　[1-1]
①勞力:參加各種宣傳活動。②商品:新專輯。⑤商業組織:薔薇唱片公司。

( B )3. 屏東縣枋山鄉的頂級愛文芒果在地零售價格一公斤80元,在台北市一公斤零售價格可賣到160元,這種因移轉物品的地點,使物品的經濟價值增加所產生的效用,稱為
(A)占有效用
(B)空間(地域)效用
(C)時間效用
(D)感動效用。　　　[1-1]

( D )4. 王大器邀請其好友張偉朋一同合作開公司,販賣中藥草製成的產品,言明張偉朋只要出資50萬元且就其出資額負責,剩餘一切責任由王大器本人負責。初期將從台灣直接出口產品至東南亞國家,以當地的華人消費者為主要的販售客群。請問下列敘述何者正確?
(A)該公司不具法人資格
(B)該公司主要業務屬於批發業
(C)依通商區域分類,該公司是屬於過境貿易
(D)該公司可能是兩合公司。　　　[1-1][106統測]
A、D:該公司一人就其出資額負責、一人負無限責任,應屬於「兩合公司」,且具有法人資格。
B:以東南亞國家當地的華人「消費者」為主要客群→零售業。
C:直接出口產品至東南亞國家→國際貿易。

## CH1 商業基本概念

( D )5. 下列敘述何者正確？
(A)從生產鳳梨再製成果醬後販售，此一過程屬於形式生產
(B)按標準生產程序批量生產不同口味的果醬，此為商品客製化
(C)某公司專門生產特殊口味果醬透過通路將商品販售給消費者，此公司屬於零售業
(D)將台灣過剩的低價鳳梨運送到中國大陸以較高的價格販售，屬於效用生產。
[1-1][108統測]

A：生產鳳梨→原始生產；製成果醬→形式生產；販售果醬→效用生產。
B：依標準生產程序、批量生產→生產標準化。
C：透過通路銷售商品→應屬於製造商。

( D )6. 吉安製藥公司開發出新藥品，由於尚須進一步檢驗與臨床測試，故尚未得到衛生署的上市許可，然而該公司卻有機會立即將該藥品銷往他國，此舉將可迅速回收R&D支出，以及提早兩年左右量產該藥品，在此一決策當中，該公司最須考慮到何種責任？
(A)經濟責任　(B)法律責任　(C)自由裁量責任　(D)倫理責任。
[1-2]

根據題意，此新藥品並未在國內上市，所以並沒有觸犯本國法律。但企業應秉持道德良知，考量是否待檢驗與臨床實驗通過再將新藥銷往他國，讓消費者心安，這是屬於「倫理責任」。

( C )7. 消費者因為買到A企業生產的瑕疵品而向A企業求償。但A企業不願賠償，故消費者提出法律告訴，A企業因而聲譽受損且嚴重影響其營運。請問A企業違反了下列何種社會責任的選項？
(A)法律責任、宗教責任、自我規範
(B)經濟責任、法律責任、宗教責任
(C)倫理責任、法律責任、輿論責任
(D)宗教責任、教育責任、倫理責任。
[1-2]

( A )8. 下列何者不屬於企業的不道德行為？
(A)某新進公司拒絕同業共同協商產銷秩序的請求，堅持單獨訂價，破壞價格協議
(B)衛生紙業者預期產品近期將調漲，為追求經濟責任，先暫緩發貨囤積衛生紙
(C)某家族上市公司第二代負責人，將公司資產以低於市價移轉回家族特定人的名下
(D)某地多家駕訓班實施互助金制度，由大駕訓班補貼小駕訓班，並共同訂定學費價格。
[1-2][107統測]

企業勇於拒絕同業聯合訂價的行為，符合企業社會責任中的法律責任。

( C )9. 某國際鞋廠具有以下行為特徵：①營運績效高於產業平均水準；②贊助許多公益藝文活動；③在海外雇用童工進行生產，雖然當地國的勞動法規並未禁止童工，卻引發社運團體抗議。請問下列關於該企業的敘述，何者正確？
(A)②符合倫理責任，但③不符合道德責任
(B)①符合倫理責任，③符合自由裁量責任
(C)②符合自由裁量責任，但③不符合倫理責任
(D)②符合經濟責任，但②不符合慈善責任。
[1-2][107統測]

①：獲取利潤→符合經濟責任。
②：主動從事促進社會福祉的活動→符合自由裁量（慈善）責任。
③：未違反當地國法令，但社運團體抗議→不符合倫理責任。

( B )10. 有關企業倫理的敘述，下列何者符合企業的道德行為？
(A)企業主使用電話監控方式監視與防止部屬上班時處理私人事務
(B)某連鎖業者要求其連鎖零售店推動社區服務活動
(C)某房屋仲介業務員代客銷售海砂屋給消費者
(D)企業主下班後使用LINE解聘員工。 [1-2]

▲ 閱讀下文，回答第11～12題。

莎莎與西西合資100萬元成立一家不具備法人資格的「旺來寵物餐廳」，由莎莎負責烹飪，西西負責招待；兩人以訂定契約的方式，共同經營並共同承擔損益。

( B )11. 莎莎與西西是以下列哪一種方式來經營這家餐廳？
(A)獨資　(B)合夥　(C)公司　(D)股份有限公司。 [1-1]

( C )12. 莎莎與西西合資100萬元，這100萬元是屬於下列哪一種商業經營要素？
(A)勞力　(B)商品　(C)資本　(D)商業組織。 [1-1]

▲ 閱讀下文，回答第13～15題。

邱生響應故鄉農業局推動的「新農民輔導計畫」而返鄉創業，邀約同學好友共7人，募資500萬元，其中邱生為主要經營者，出資200萬元，負有連帶無限清償責任，其餘依出資額負擔清償責任。公司在故鄉種植咖啡樹，並設立咖啡專門店，創建「逗豆咖啡」品牌，提供自行手工烘培的各種口味濾掛咖啡，更為顧客客製化生產小包裝咖啡豆、咖啡餅與咖啡糖等商品，並於自家專賣店及自家網站上銷售。

( C )13. 請問邱生等人所創公司是屬於何種組織型態？
(A)有限公司　(B)無限公司　(C)兩合公司　(D)股份有限公司。 [1-1][108統測]
主要出資者負連帶無限清償責任、其餘出資者依出資額負擔清償責任→兩合公司。

( D )14. 請問逗豆咖啡為了滿足顧客的多樣化需求，客製化生產小包裝咖啡豆、咖啡餅與咖啡糖等商品，是屬於現代商業的何種特質？
(A)分工專業化　(B)管理人性化　(C)業際整合化　(D)商品客製化。 [1-1]

( A )15. 逗豆咖啡定期將其部分所得回饋給原產地的兒童做為教育基金，請問這是屬於企業承擔社會責任的哪項內容？
(A)自由裁量責任　(B)倫理責任　(C)法律責任　(D)經濟責任。 [1-2]

## 統測臨摹

( C )1. 商業經營基本要素中的「資本」要素，不包含下列哪一項？
(A)廠房與機器設備　　(B)商標及專利權
(C)經營者技能證照　　(D)資金。　　　　　　　　　　　　　　[1-1][102統測]
技能證照為經營者的技能證明，其屬於商業經營基本要素中的「勞力」。

( B )2. 潤泰全球股份有限公司於2011年12月推出「CORPO訂製襯衫」線上服務，顧客可以依個人體型選擇訂製自己喜愛的款式，展現個人獨特的穿衣風格。這種服務彰顯出現代商業的哪種特質？
(A)商品標準化　(B)商品客製化　(C)商品大眾化　(D)商品在地化。　[1-1][102統測]

( D )3. 咖啡豆大多數生產於非洲、中南美洲等發展較落後的國家，某國際級咖啡公司為了避免農藥的濫用而破壞生態環境，因此向農民保證願意以高價收購有機咖啡豆，請問此一作法係該公司善盡下列哪一種社會責任？
(A)經濟責任　(B)法律責任　(C)倫理責任　(D)自由裁量責任。　[1-2][103統測]
企業考量本身資源，自願從事可促進社會福祉的活動→自由裁量責任。

( D )4. 有關企業倫理的敘述，下列何者正確？
(A)違反企業倫理只是企業的不道德行為，不會面臨法律問題
(B)某委託公司之代工廠為降低成本而低價僱用非法勞工，由於並非委託公司之行為，所以該公司不涉及企業倫理的爭議
(C)某公司經營高層個人利用公司的內部消息，操縱公司股價，因為是其個人行為而非企業行為，所以並非企業倫理規範的範疇
(D)企業中不道德的行為不僅會傷害到員工、股東等利害關係人，也會使組織競爭力下降。　　　　　　　　　　　　　　　　　　　　　　　[1-2][103統測]
A：企業的不道德行為，嚴重時須面臨法律的制裁。
B：違反外部倫理規範。
C：企業倫理規範是公司由上到下所應共同遵守的行為準則。

( C )5. 國內曾多次爆發不肖廠商生產黑心油品危害大眾健康，牟取不法利益，更造成公司停業、員工失業及股東受害等後果，請問這樣的不肖廠商主要違反下列何種企業社會責任？　(A)慈善責任與環境責任　(B)自由裁量責任　(C)法律責任與經濟責任　(D)永續發展責任。　　　　　　　　　　　　　　　[1-2][104統測]
生產黑心油品危害大眾健康，牟取不法利益→法律責任。
公司停業、員工失業及股東受害→經濟責任。

( D )6. 某全球知名皮件公司推出打造個人專屬皮包的服務，可於皮包繡上購買者的姓名縮寫，藉以創造皮包的獨特性，請問此項服務最符合下列何種現代商業的特質？
(A)分工專業化　(B)經營國際化　(C)經營多角化　(D)商品客製化。　[1-1][104統測]

( A )7. 隨著全球化市場的發展，大部分的企業無法負擔全部的價值創造活動。因而將部分工作委外處理，這屬於現代商業的何種特質？
(A)專業分工　(B)資本大眾化　(C)網路化　(D)多角化。　[1-1][105統測]

# 商業概論 滿分總複習（上）

( B )8. 國內某鄉鎮盛產金鑽鳳梨，某鄉民將鳳梨製成鳳梨酥委託禮品店銷售，請問此鄉民創造財富的活動，屬於何種生產？
(A)原始生產　(B)形式生產　(C)效用生產　(D)勞務生產。　　　[1-1][105統測]
改變物品形式而創造出另一種新產品的生產活動→形式生產。

( A )9. 蘋果公司將其大部分的硬體製造委託臺灣的鴻海集團生產，自己則專注於研發及行銷工作。請問這是屬於現代商業的何種特質？
(A)專業分工　(B)管理人性化　(C)經營多角化　(D)資本大眾化。　[1-1][106統測]
企業將核心技術保留在企業內部，非核心技術的部份外包給其他專業廠商，達到專業分工與效率極大化的效果→分工專業化。

( C )10. 2016年高雄美濃地震，造成台南地區嚴重傷亡，台灣各大企業紛紛捐款，試問這種捐款行為是屬於企業善盡的何種社會責任？
(A)倫理責任　(B)經濟責任　(C)自由裁量責任　(D)法律責任。　[1-2][106統測]

( C )11. 某玩具公司所銷售的系列產品，各自的零件與配件皆可替換組合，這代表該公司的經營具備何種管理特性？
(A)管理人性化　(B)商品客製化　(C)生產標準化　(D)分工專業化。　[1-1][107統測]
商品的形式、尺寸、零件（配件）規格有明確標準→生產標準化。

( B )12. 下列何者不屬於企業對股東的責任？
(A)應落實對其營運及財務等資訊的透明化揭露
(B)應保障對其勞健保與各項福利及基本權利
(C)應透過董事會強化公司營運監督與管理
(D)應充分有效地使用資源獲取利潤。　　　　　　　　　　　　　[1-2][107統測]
勞健保、各項福利、基本權利→企業對「員工」的責任。

( B )13. 下列哪一項不屬於商業活動？
(A)美食外送業者招攬外送員，以距離或趟次支付報酬
(B)陳教授以無條件方式借錢給友人
(C)補習班聘請教師授課，向學員收取補習費
(D)台積電公司購買污染防治設備。　　　　　　　　　　　　　　[1-1][109統測]

( A )14. 企業若經營倒閉，除無法提供產品滿足消費者需求外，將引發勞工失業、設備閒置、投資人虧損等狀況，因此下列哪一項為企業最基本的責任？
(A)經濟責任　(B)自由裁量責任　(C)倫理責任　(D)法律責任。　[1-2][109統測]
企業應以合理報酬聘僱員工、獲取適當利潤回饋股東→經濟責任。

( D )15. 就企業倫理規範之分類與內涵言，下列哪一種企業行為侵犯到內部利害關係人的權益？　(A)廣告不實、生產黑心產品　(B)侵犯其他廠商的智慧財產權　(C)勾結賄賂官員逃漏稅　(D)工作環境不安全。　　　　　　　　　　　　[1-2][109統測]
A：侵害消費者權益。B：侵害競爭者的權益。
C：勾結賄賂官員逃漏稅，已違反法令規範，侵犯社會的權益。D：侵害員工權益。

( B )16. 連鎖速食業者與供應商合作開發全熟的炸雞半成品，分店員工只要炸熟兩分鐘即可出餐，如此不但可以降低成本，也縮短顧客的等待時間。此敘述說明了現代商業的何種特質？
(A)商品客製化　(B)生產標準化　(C)行銷在地化　(D)經營多角化。　[1-1][110統測]

CH1 商業基本概念

( B )17. 八八風災之後,某企業旗下之慈善基金會為協助受災居民當地就業,在高雄市杉林區成立快樂農場,培訓學員採有機栽種方式,不使用農藥化肥,實現生產、生態、生活結合的創業藍圖。此敘述沒有表現哪一種企業公民角色?
(A)社會參與　(B)企業治理　(C)環境保護　(D)推動教育文化。　[1-3][110統測]
協助受災居民當地就業→社會參與。不使用農藥化肥→環境保護。
培訓學員採有機栽種→推動教育文化。

( C )18. 銀飾DIY手作坊逐漸興起,提供消費者場地、材料及教學活動,帶領消費者透過自己打造銀飾產品,體驗製作銀飾的過程。上述經濟時期的商業活動,最有可能用何種產品說明?
(A)生產形式化產品　　　　(B)生產客製化產品
(C)生產感受化產品　　　　(D)生產潛在化產品。　[1-1][111統測 改編]
體驗經濟時期重視感受體驗,以生產個性化、感受化產品為主。

( A )19. 蘋果公司所設計的「蘋果咬一口」logo商標廣為人知,即便歷經多次的設計演變,消費者仍可一眼辨認出來。對該公司而言,蘋果logo商標屬於哪一項商業經營要素?　(A)資本　(B)商品　(C)商業信用　(D)商業組織。　[1-1][112統測]
商標屬於商業經營基本要素中的無形資本。

( C )20. 石斑魚是臺灣重要的外銷魚種,年產量近16,000公噸,產值約40億元新臺幣。石斑魚外銷主要集中於某國約佔90%。然而,該國突然在2022年6月10日起以檢出禁用藥物及土黴素超標為理由,暫停臺灣石斑魚輸入,一時間造成臺灣石斑魚滯銷,對漁業產生很大的衝擊。力加漁業公司此時驟然失去70%的銷售量,創辦人沒有怨天尤人,反而積極尋找與聯繫其他國家的客戶,並迅速導入真空包裝生產設備,努力在最短時間內解決問題。為了擴展新的出口市場,該公司創立石斑魚品牌,將現撈漁獲急速冷凍後出口,透過當地電商平臺銷售給一般民眾。同時,該公司將石斑魚去皮、切塊、去骨、去頭尾並製成魚漿、魚酥後以真空包裝放到電商平台銷售。請問該公司將石斑魚加工後製成魚漿、魚酥,是下列哪一種生產型式?
(A)勞務生產　(B)效用生產　(C)形式生產　(D)原始生產。　[1-1][113統測 改編]
將原料加工並改變其形式→形式生產。

▲ 閱讀下文,回答第21～22題。
王曉民為推動環境保護的理念,鼓勵某部落小農生產無農藥的水梨,並成立一家公司來收購這些無農藥水梨,再運用網路平台與社群進行銷售工作,同時將賣相不佳的水梨製成果醬來銷售。公司採取自給自足的經營方式,盈餘主要用於永續推動環境保護活動及聘請藝術家教導偏鄉學童創作。另外將畫作轉化成文創商品,依客戶需求量身訂做商品,再將文創商品銷售所得捐給學校,資助學童支付營養午餐、急難救助等經費。

( B )21. 根據試題內容,王曉民所成立的公司,最符合哪一種組織型態?
(A)合夥　(B)社會企業　(C)有限合夥　(D)兩合公司。　[1-3][113統測]
以自給自足方式營運,盈餘主要多投入運作以改善社會問題→社會企業。

( C )22. 將畫作轉化成文創商品,依客戶需求量身訂做商品,下列哪一敘述正確?
(A)該公司主要是以營利為目的
(B)該公司具有分工專業化之現代商業特質
(C)該公司具有商品客製化之現代商業特質
(D)該公司算承擔社會責任之經濟責任。　[1-1][113統測]
依客戶需求量身訂做商品→商品客製化。

( C )23. 若水國際有限公司是一家提供建築資訊建模服務的社會企業，專門訓練身障者成為建築物3D建模師，並聘雇為員工，不但創造身障者就業機會，也解決建築業資訊建模人才短缺的問題。關於若水公司之敘述，下列何者錯誤？
(A)透過營運自給自足
(B)所得投入企業營運
(C)倚賴各界捐款協助身障者就業
(D)具法人資格且股東為一人以上。 [1-3][114統測]

社會企業→透過營運自給自足；非營利組織→收受捐款或補助。

# CH 2 企業家精神與創業

**114年統測重點**
SOHO的類型、
網路開業的收入來源、
創業風險

## 本章學習重點

本章最常考**創業風險**及**SWOT分析**

| 章節架構 | 必考重點 | |
|---|---|---|
| 2-1 企業家精神與貢獻 | • 企業家的特質 | ★★☆☆☆ |
| 2-2 創業的方式與風險<br>　　2-2-1 常見的自行創業方式<br>　　2-2-2 創業的風險與商機 | • 網路開業的型態<br>• 各種創業風險 | ★★★★☆ |
| 2-3 企業問題防範與解決<br>　　2-3-1 企業保險<br>　　2-3-2 危機處理 | • 各種企業保險<br>• 危機處理各階段的重要工作 | ★★★★☆ |
| 2-4 企業願景<br>　　2-4-1 企業願景的意義與特質<br>　　2-4-2 達成企業願景的策略－SWOT分析 | • SWOT分析的內容與矩陣策略 | ★★★☆☆ |

## 統測命題分析

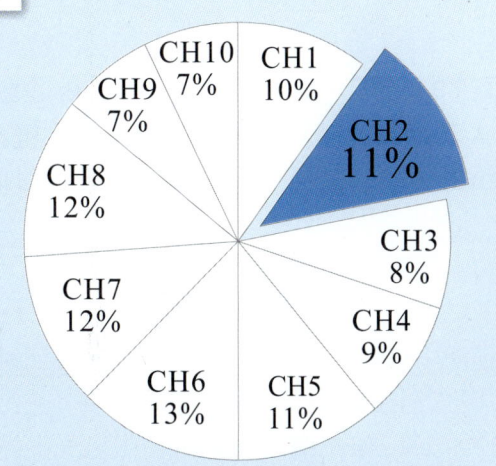

- CH1　10%
- CH2　11%
- CH3　8%
- CH4　9%
- CH5　11%
- CH6　13%
- CH7　12%
- CH8　12%
- CH9　7%
- CH10　7%

# 2-1 企業家精神與貢獻

統測 103 105 110 113

## 一、企業家精神

企業家精神是指企業家發揮其**創新**、**整合資源**、**解決問題**、承擔社會責任等卓越能力，以帶動企業成長、創造企業價值，故可說是**推動企業發展的核心動力**。

## 二、企業家特質

統測 103 113

1. **自主性**

   具有高度**決策權**與**自主權**，並能下達關鍵決策命令、有效率整合資源，完整執行計劃以實現目標。

   - 案例　台積電創辦人張忠謀在面對金融海嘯、市場普遍消極保守的困境時，逆勢下達「增加投資、擴充產能、提升技術」的關鍵決策，讓台積電成功領先群雄、市占率長期維持世界第一。

2. **預警性（前瞻性）**

   具有敏銳**洞察力**，能掌握市場變化、察覺市場商機，並事先採取因應策略。

   - 案例　面對台灣社會逐漸高齡化，潤泰集團總裁尹衍樑洞察到銀髮族照護的潛在市場，因而引領該集團建造一個屬於中高齡族群的專用住宅，提供年長者一個完善的居住環境及周全的照顧服務。

3. **競爭積極性**

   具有**積極進取的態度**與**強烈的企圖心**，面對市場競爭，能全力以赴。

   - 案例　在台灣營運超過10年的知名外送平台foodpanda，已成為台灣消費者心目中的首選外送平台，但其執行長雅各布‧安吉利（Jakob Angele）並不自滿於此，仍持續推出pandapro訂閱制、pandago急速快遞等服務，積極創造更多的外送服務機會、搶攻市場商機。

4. **風險承擔性**

   **冒險犯難**、**接受挑戰**，面對市場不確定性，勇於**承擔風險**、化解危機。

   - 案例　連鎖餐飲品牌八方雲集董事長林欣怡面對Covid-19疫情重擊消費市場的危機時，毅然大幅調整營運步調，積極在美國、日本等國家展店，將品牌推向國際、努力拓展商機。

5. **創新性**

   具有**追求創新**、突破框架的精神，願意嘗試各種創新活動。

   - 案例　路易莎咖啡創辦人黃銘賢突破一般咖啡店的框架，推出全台首家結合咖啡店與健身房的「Self room路易莎運動生活館」，讓消費者可以在健身後輕鬆地喝杯咖啡、補給能量。

---

### 知識充電　熊彼得創新說

經濟學家熊彼得認為創新的模式包括以下五種：

- **新產品**的生產。
- **新市場**的開發。
- **新產業組織**的創造。
- **新技術**的採用。
- **新原料**的使用。

## 三、企業家的角色 統測 105 110

1. **決策者（仲裁者）**
   企業家必須能整合各部門意見、及早發現問題,以做出**正確的決策與判斷**、引領企業成長。

2. **公益者**
   企業家應抱持著**取之於社會**、**用之於社會**的精神,在追求獲利的同時,也積極投入各種公益活動,為社會創造更多福利。

3. **人際關係維繫者**
   企業家對內要**凝聚向心力**,對外則要**保持良好互動**關係。必要時可代表廠商**擔任意見領袖**,與政府進行**協商**、對產業環境提出**建言**（故亦可稱為**政策建言者**）。

4. **資訊傳遞者**
   企業家掌握完整的企業經營資訊及市場動態,應對企業內部傳達企業的經營政策,對外則代表企業**發言**、說明企業的營運方向。

5. **資源整合者**
   企業家必須因應外在環境的變遷,適時進行資源的重新**整合與分配**,以利發揮最大效益。

## 四、企業家對社會的貢獻

1. 生產優良**產品**、提供優質**服務**。
2. 創造**就業機會**、促進**社會安定**。
3. 提供政府**稅收**、協助**經濟發展**、提升**國家競爭力**。

### 小試身手 2-1

( C )1. 某企業家對於新程序的導入、新產品或服務的提供皆能勇於投入與嘗試,則該企業家具備哪一種企業家特質？
(A)自主性 (B)競爭積極性 (C)創新性 (D)預警性。

( B )2. 企業家具有冒險精神,並勇於承擔經營風險,在不確定的環境下追求獲利機會,此屬於何種企業家特質？
(A)預警性 (B)風險承擔性 (C)自主性 (D)創新性。

( D )3. 下列何者比較不可能是企業家扮演的角色？
(A)決策者 (B)人際關係維繫者 (C)意見領袖 (D)爆料者。

## 2-2 創業的方式與風險

統測 102 103 106 107 108 109 110 111 114

### 2-2-1 常見的自行創業方式
統測 106 108 109 114

#### 一、家庭辦公室（SOHO）
統測 108 114

1. **SOHO的定義**

   **SOHO**（Small Office Home Office）可稱為家庭辦公室、個人工作室、或小型辦公室，是指利用**住家空間**或**小型辦公空間**來從事工作業務的創業模式。

   SOHO族一般是1個人或少數幾個人共同進行的創業模式，因此通常屬於**微型企業**的一種。

2. **SOHO的特點**
   (1) **優點**：可**兼顧家庭與事業**、**自主性高**、時間較有彈性、創業成本較低。
   (2) **缺點**：工作與生活不易明顯區分、沒有上下班時間、工作量及收入不穩定。
   (3) **注意事項**：**身兼多職**，必須做好**時間管控**以安排工作及**自我學習**機會。

3. **SOHO的類型**
   (1) 以「**工作性質**」區分

| 類型 | 說明 | 釋例 |
|---|---|---|
| 創意型SOHO | 以**創意發想**、**創作設計**為主的SOHO族 | 圖文創作<br>廣告設計<br>音樂創作 |
| 資訊型SOHO | 以**資訊科技**為主的SOHO族 | 電腦維修<br>軟體開發<br>網頁設計<br>網路管理 |
| 諮詢型SOHO | 以提供**專業知識諮詢服務**為主的SOHO族 | 心理諮詢師<br>代書<br>管理顧問 |
| 業務型SOHO | 以從事**產品（服務）銷售推廣**為主的SOHO族 | 傳銷業務<br>保險業務<br>房仲業務 |

(2) 以「工作型態（自主程度）」區分

| 類型 | 說明 |
|---|---|
| 創業型SOHO | 自行創業且聘雇少數員工（如10人以下）的SOHO族 |
| 自雇型SOHO | 自行創業且未聘雇員工、身兼老闆及員工的SOHO族 |
| 兼差型SOHO | 受雇於公司，但利用下班時間另外兼差的SOHO族 |
| 在職型（受雇型）SOHO | 受雇於公司，但運用網路等設備與公司聯繫，而在家工作的SOHO族 |

## 知識充電　與SOHO族相似的新興名詞

1. **自由工作者（freelancer）**：沒有固定雇主或沒有特定辦公空間，透過接案等方式工作，其工作時間較有彈性、工作自主性較高。
2. **斜槓族（slasher）**：同時具有多重職務或身分者，在自我介紹時多以斜槓符號「／」來區隔不同之身分，其較強調多元職涯發展與多元興趣的概念。
3. **宅經濟**：具有兩種意涵，一種是指在家從事商業活動，另一種是指因應宅在家的風潮，所衍生出來的商機。

## 練習一下　SOHO族的類型

| 以工作性質區分 | 釋例 | 以自主程度區分 |
|---|---|---|
| 創意型SOHO | 摳摳白天在新聞公司上班，晚上以YouTuber的身分在家進行影片剪輯創作 | 創業型SOHO |
| 資訊型SOHO | 震武成立律師事務所，並且聘雇3位助理，專門提供各項民刑事法律服務 | 自雇型SOHO |
| 諮詢型SOHO | 阿肯自立門戶創立個人工作室，從事App應用程式開發與維護的接案工作 | 兼差型SOHO |
| 業務型SOHO | 小巢在房屋仲介公司上班，每天以線上打卡的模式在家上班，並提供房屋買賣仲介服務 | 在職型SOHO |

## 二、網路開業 統測109

網路具有不受時間與空間的限制、可即時互動溝通等特性，應用在商業活動中，可達到**傳遞產品訊息**、**進行意見交流**、**執行交易活動**、**提供即時服務**等效益，因此許多人開始透過網路來開創事業。以下簡介常見的網路開業型態。

| 類型 | | 說明 | 收入來源 |
|---|---|---|---|
| 經營入口網站 | | 供使用者**搜尋**資訊，並吸引廠商刊登廣告<br>**案例** Google、Yahoo!奇摩 | **廠商廣告費** |
| 經營網路商店 | 架設網路商店平台 | 架設可供店家開設網路商店的平台<br>**案例** 蝦皮商城 | **成交手續費**<br>**廠商廣告費**（部分平台）<br>**管理費**（部分平台） |
| | 設立網路商店 | 店家自行架設網站或於平台上開設網路商店，供使用者**選購**商品<br>**案例** 博客來網路書店 | **銷貨收入**<br>**會員費**（部分平台） |
| 經營網路拍賣 | 架設拍賣網站 | 架設供買賣雙方**拍賣競標**的網站<br>**案例** Carousell旋轉拍賣 | **成交手續費**<br>**廠商廣告費**（部分平台）<br>**物件刊登費**（部分平台） |
| | 擔任拍賣賣家 | 在平台上擔任賣家拍賣商品 | **銷貨收入** |
| 經營社群網站 | 架設社群平台 | 架設可以讓網友發布**文字**、**照片**、**影片**，並進行互動的平台<br>**案例** Facebook、Instagram | **廠商廣告費**<br>**會員費**（部分平台） |
| | 經營社群專頁 | 在社群平台上經營專頁，與網友互動 | **業配費**等 |
| 經營線上遊戲（網路遊戲） | | 開發線上遊戲供玩家遊玩<br>**案例** 英雄聯盟線上遊戲 | **銷貨收入**（軟體、權限、點數、虛擬寶物） |
| 經營網路直播 | 架設直播平台 | 架設可供使用者進行直播的平台<br>**案例** Twitch、LIVEhouse.in | **廠商廣告費**<br>**觀眾贊助費**<br>**頻道訂閱費**<br>**業配費**等[註1] |
| | 擔任直播主 | 在平台上進行直播與網友互動 | |
| 經營影音頻道 | 架設影音平台／架設Podcast平台 | 架設可讓使用者分享影片或聲音的平台<br>**案例** YouTube、Spotify | **廠商廣告費**<br>**觀眾贊助費**<br>**頻道訂閱費**<br>**會員費**等[註2] |
| | 擔任YouTuber | 在影音平台經營專屬頻道**分享影片** | |
| | 擔任Podcaster | 在網路平台（如Apple Podcast、Spotify等）提供**聲音節目**讓網友收聽 | |

註1：直播主與平台**分潤**；若直播主有直播銷售商品，則另有**銷貨收入**。
註2：YouTuber／Podcaster與平台**分潤**；若YouTuber／Podcaster與廠商合作行銷，則另有**業配費**。

## CH2 企業家精神與創業

> **知識充電** 與網路開業相關的新興名詞
>
> 1. **網紅**：網路紅人之簡稱，又稱「網路名人」，是指在網路上具有知名度的人。
> 2. **網美**：是指在網路上因容貌美麗帥氣而受到關注的人。
> 3. **KOL**：是指在網路上具有一定影響力的意見領袖（Key Opinion Leader）。
> 4. **業配**：是指在文字或影音創作中，替廠商的產品做廣告之「業務配合」方式。
> 5. **抖內（donate）**：即觀眾贊助費，是指觀眾在收看（收聽）網路直播／影片／廣播時，透過轉帳等方式來贊助直播主／YouTuber／Podcaster的行為。
> 6. **Podcast（播客）**：是指透過網路平台所撥放的聲音廣播節目。
> 7. **YouTuber**：是指在影音平台YouTube上分享影片的影片創作者。
> 8. **Podcaster**：是指在網路平台提供聲音節目的聲音節目創作者。

### ※ 網路開業型態的收入來源比較

| 類型 | | 廠商廣告費 | 觀眾贊助費 頻道訂閱費 | 會員費 | 業配費 | 銷貨收入 | 成交手續費 | 管理費 | 物件刊登費 |
|---|---|---|---|---|---|---|---|---|---|
| 經營入口網站 | | ✓ | | | | | | | |
| 經營網路商店 | 架設網路商店平台 | ✓ | | | | | ✓ | ✓ | |
| | 設立網路商店 | | | ✓ | | ✓ | | | |
| 經營網路拍賣 | 架設拍賣網站 | ✓ | | | | | ✓ | | ✓ |
| | 擔任拍賣賣家 | | | | | ✓ | | | |
| 經營社群網站 | 架設社群平台 | ✓ | | ✓ | | | | | |
| | 經營社群專頁 | | | | ✓ | | | | |
| 經營線上遊戲 | | | | | | ✓ | | | |
| 經營網路直播 | 架設直播平台 | ✓ | ✓ | | | ✓ | | | |
| | 擔任直播主 | （分潤） | （分潤） | | | （分潤） | ✓ | | |
| 經營影音頻道 | 架設影音平台／Podcast平台 | ✓ | ✓ | ✓ | | | | | |
| | 擔任YouTuber | （分潤） | （分潤） | （分潤） | ✓ | | | | |
| | 擔任Podcaster | | | | ✓ | | | | |

2-7

## 2-2-2 創業的風險與商機

統測 102 103 106 107 108 110 111 112 114

創業常見的風險包含**外部風險**及**內部風險**,其種類說明如下:

| 種類 | | 說明 |
|---|---|---|
| （外在環境因素引起）外部風險 | 市場風險 | 因景氣變動、市場需求改變、競爭者增加、政治因素等**市場環境變化**而產生的風險<br>**案例** 夾娃娃機風潮興起,競爭者紛紛投入此一市場,導致業者面臨市場飽和、營收下滑的危機 |
| | 法律風險 | 因**政府政策與法規改變**或**未能與時俱進**而產生的風險<br>**案例** 為了響應國際環保政策,政府提出「禁售燃油車」的計畫,但該計畫多次改變,使得汽機車業者難以適從 |
| | 災害風險 | 因自然災害（如颱風、地震等）、人為災害（如火災、交通事故、疫病等）、職業災害等**天災人禍**所產生的風險<br>**案例** 嚴重特殊傳染性肺炎疫情蔓延,導致旅行社面臨倒閉危機 |
| （內部環境因素引起）內在風險 | 經營風險 | 因研發技術與生產能力不足、人力管理不佳、錯估市場需求、行銷策略失當等**經營策略因素**而產生的風險<br>**案例** 某企業因人力管理不佳,多名工程師因而離職,造成企業面臨營業秘密外流的危機 |
| | 資金風險 | 因資金周轉不靈、資產配置不當等**財務因素**所產生的風險<br>**案例** 美國矽谷銀行因資金運用不當,導致發生擠兌（大量的存款戶要求提領現金）事件,由於現金準備不足,因此在擠兌情形發生後短短兩天,即宣告倒閉 |
| | 合夥風險<br>（團隊風險） | 因理念不合、意見分歧等因素導致**團隊拆夥**所產生的風險<br>**案例** 有「玉山最高民宿」之稱的東埔山莊,在三位好友合夥取得經營權後不久,即因理念不合而拆夥 |

創業者在創業的過程中,必定面臨許多風險,但風險背後往往潛藏著許多商機,創業者必須化危機為轉機,才能獲取更多的商機。

### 知識充電　　　　　　　　經營風險

經營風險有兩種:

| 章 | 性質 | 說明 |
|---|---|---|
| CH2 | 創業常見的風險之一 | 因經營策略因素（如生產能力不足等）而產生的風險 |
| CH8 | 財務管理的風險 | 包括需償還債務的風險（財務風險）、以及受收入/成本變動而影響利潤的風險（營運風險）<br>（詳見本書下冊第8章8-1節） |

## 小試身手 2-2

( A )1. 若以工作型態來區分SOHO的類型，下列敘述何者為非？
(A)創業型SOHO是指以創意發想、執行為主要內容的SOHO族
(B)自雇型SOHO是指身兼老闆及夥計，開設個人工作室的SOHO族
(C)兼差型SOHO是指身為上班族，但利用下班時間兼差的SOHO族
(D)在職型SOHO是指受僱於公司，但利用網路與公司聯繫，在家工作的SOHO族。

創業型SOHO是指自組10人以下小公司，或經營小店面的SOHO族。

( B )2. Peggy利用下班後的時間在家兼作詞曲創作的工作，請問這種工作模式稱之為何？
(A)創業SOHO (B)兼職SOHO (C)自僱SOHO (D)在職SOHO。

( B )3. 小美在網路上開設網路商店，藉以販售自己精挑細選的商品，以獲取更多收入。請問上述情形中，小美的收入來源是
(A)廠商廣告費 (B)銷售商品的銷貨收入
(C)成交的手續費 (D)訂閱費。

( D )4. 小雲透過網路平台創業，在網路上與網友即時聊天、或一起玩線上遊戲，有些網友會因為喜歡小雲，而透過網路平台贊助小雲，小雲也因此獲得不少收入。根據上述，請問此種網路開業型態是屬於？
(A)經營入口網站
(B)經營網路商店
(C)經營線上遊戲
(D)擔任網路直播主。

( B )5. 公司管理者因資金週轉不當，而造成公司損失，此屬於何種風險？
(A)經營風險 (B)資金風險
(C)市場風險 (D)利率風險。

( D )6. 某甲因喜歡吃而創業開了一家餐廳，但因高估每日客源量而採購過多的食材，導致一直虧損而倒閉，此種屬於何種創業風險？
(A)災害風險 (B)合夥風險
(C)市場風險 (D)經營風險。

( A )7. 泛指因經濟景氣不佳、市場潮流變動而導致的風險稱為？
(A)市場風險 (B)經營風險
(C)法律風險 (D)災害風險。

( D )8. 某年俄國發生超過十噸重的隕石墜落事件，釋放的震波導致許多企業廠房建築與設施受到重創。請問上述情形中，受波及的企業面臨什麼風險？
(A)市場風險 (B)法律風險
(C)經營風險 (D)災害風險。

# 2-3 企業問題防範與解決

統測 102 103 104 105 109 112 113

企業在經營過程中,會面臨各種威脅與風險,這些風險可能會使企業的經營發生問題。因此企業通常會在**風險發生前**,透過**投保保險**的方式來規避風險;或是在**風險發生後**,採取**危機處理**來解決問題。本節將介紹企業保險與危機處理的基本概念。

## 2-3-1 企業保險

統測 102 103 104 112 113

### 一、保險的基本概念

1. **保險的意義**

    保險是一種集合多數具有相同危險之個體,當少數個體因風險發生而遭受損失時,由全體合理分攤損失的制度。通常是由可能發生風險的個體與保險公司簽訂契約,並支付保險費給保險公司,當承保的事故發生時,保險公司須在承保範圍內提供理賠。

2. **保險關係人**

    (1) **保險人**:又稱承保人,即經營保險事業的組織,如**保險公司**。保險人在保險契約成立後,有保險費請求權;當承保事故發生,需依約**賠償**保險金。

    (2) **要保人**:向保險人訂立保險契約,並負有**交付保險費**義務的人。

    (3) **被保險人**:保險事故發生時**遭受損害**,享有賠償請求權之人。

    (4) **受益人**:被保險人或要保人約定享有**賠償請求權**的人。

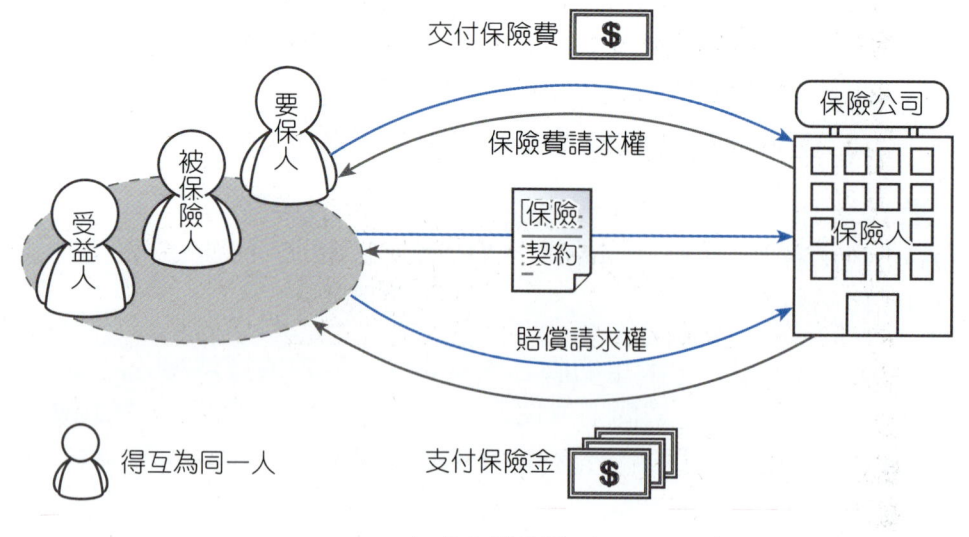

▲ 保險關係圖

## 二、保險的種類 統測 102 103 104 112 113

我國保險法將保險概分為財產保險與人身保險，說明如下。

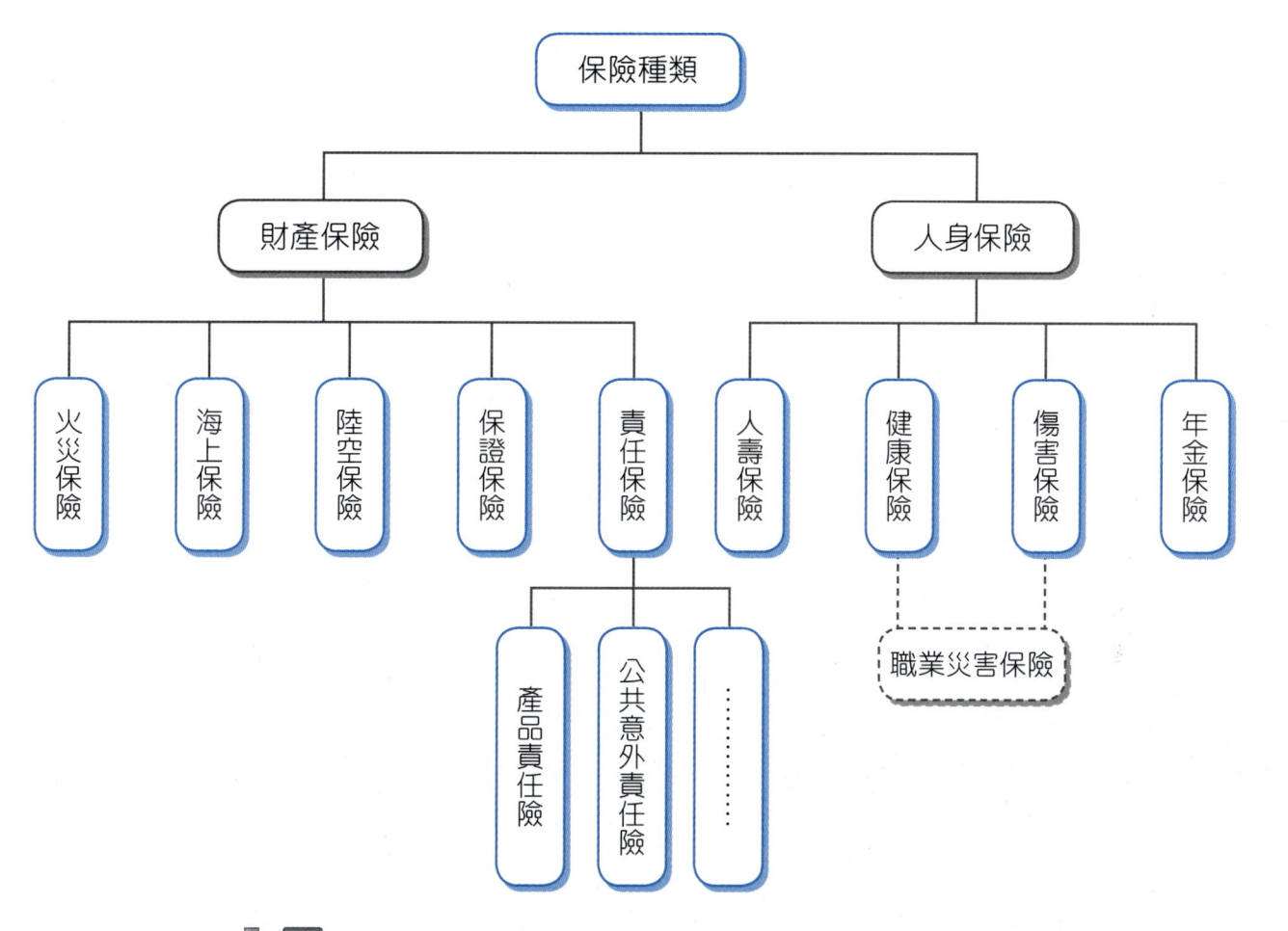

```
                          保險種類
                    ┌────────┴────────┐
                財產保險              人身保險
        ┌────┬────┬────┬────┐    ┌────┬────┬────┬────┐
       火    海    陸    保    責   人    健    傷    年
       災    上    空    證    任   壽    康    害    金
       保    保    保    保    保   保    保    保    保
       險    險    險    險    險   險    險    險    險
                              │           └──┬──┘
                         ┌────┼────┐       職業災害保險
                        產    公    …
                        品    共
                        責    意
                        任    外
                        險    責
                              任
                              險
```

### 1. 財產保險 統測 112 113

又稱**產物保險**，是指以**財產**及**相關利益**（含應負責任）為保險標的之保險，包括：

(1) **火災保險**：以「**火災**造成損害之**動產**及**不動產**（不含土地）」為保險標的之保險；其衍生的保險種類包含颱風險、地震險、水災險等。

(2) **海上保險**：以「**海上**航行發生危險造成損害之**財產**（包含船舶、貨物）」為保險標的之保險。實務上其承保事故之範圍，依約可延展至陸上、內河、湖泊或內陸水道。

(3) **陸空保險**：以「**陸上**、**內河**及**航空**等運輸過程中發生危險造成損害之**財產**」為保險標的之保險。

(4) **保證保險**：以「員工**不誠實行為**、債務人**不履行債務**造成損失之**賠償責任**」為保險標的之保險。

(5) **責任保險（第三人責任險）**：以「造成**第三人**體傷或財損所應負之**賠償責任**」為保險標的之保險，例如：汽車責任險、工程保險、旅遊不便險、產品責任險、公共意外責任險等。其中較常見的產品責任險、公共意外責任險，說明如下。

> 第三人是指保險契約雙方（要保人及保險人）以外的其他人。

| 項目 | | 說明 |
|---|---|---|
| 產品責任險 | 要保人 | 產品廠商，通常包括生產、製造、分裝、裝配加工的廠商及進口商 |
| | 保險標的 | **產品缺陷**造成第三人體傷或財損所應負之**賠償責任** |
| | 理賠範圍 | 因產品**設計錯誤**、**製造錯誤**、**使用說明不當**等情形造成第三人體傷或財損 |
| | 注意事項 | 理賠範圍**不包含**產品的**功效**與**品質** |
| | 案例 | ⎡屬於⎦產品責任險理賠範圍者包括：<br>　立體停車場設備安裝錯誤導致上層停車板摔落損毀車輛；<br>　熱飲杯未標示「高溫燙口」導致顧客誤飲燙傷；<br>　汽車油箱位置設計不當導致車禍後發生火燒車<br><br>⎡不屬於⎦產品責任險理賠範圍者包括：<br>　使用減重產品後仍未瘦身成功、餐點不美味等 |
| 公共意外責任險 | 要保人 | 公共場所業主、在公共場所主辦活動的機關 |
| | 保險標的 | **公共場所**發生意外事故造成第三人體傷或財損所應負之**賠償責任** |
| | 理賠範圍 | • 企業（含員工）在營業處所**執行業務**、或於活動處所舉辦活動時，造成第三人體傷或財損<br>• 營業處所的**建築物**、**通道**、**機器**等物品造成第三人體傷或財損 |
| | 注意事項 | 百貨公司、電影院、大型餐廳等公共場所，依政府規定均須投保此險種 |
| | 案例 | 賣場地板濕滑且未設置警告標誌，導致顧客滑倒受傷；<br>服務人員不慎傾倒熱湯造成顧客燙傷；<br>餐廳天花板掉落砸傷顧客 |

### 知識充電　責任保險的賠償責任限額

責任保險通常會針對以下幾種情形，訂定保險金額（即理賠金額）的上限：

1. **每一人身體傷亡**：任一保險事故應賠償給**每一位受害人**的保險金額上限。
2. **每一意外事故傷亡**：任一保險事故應賠償給**全部受害人**的保險金額加總上限。
3. **每一意外事故財物損失**：任一保險事故應賠償**全部財物**損失的保險金額加總上限。
4. **保險期間最高賠償金額**：保險期間內應賠償**所有保險事故**的保險金額加總上限。

2. **人身保險** 統測 113

是指以**人的生命或身體**為保險標的之保險,範圍包括死亡、疾病、意外等。包括:

(1) **人壽保險**:以「**人的生命**」為保險標的之保險,常見的有:

| 種類 | 說明 |
| --- | --- |
| 死亡保險 | • 保險期間內,若被保險人死亡,應依約賠償保險金<br>• 包含「定期壽險」及「終身壽險」 |
| 生存保險 | 保險期限屆滿時,若被保險人仍生存,應依約給付保險金 |
| 生死合險 | 整合上述兩種保險 |

(2) **健康保險**:以「**人身健康(因疾病、分娩及其所導致失能或死亡)**」為保險標的之保險。

(3) **傷害保險**:以「**人身安全(因意外傷害及其所導致失能或死亡)**」為保險標的之保險。

(4) **年金保險**:在保險期間內,依約給予一次或分期給付一定金額的保險。

---

**知識充電　職業災害保險** 統測 102 103 113

除了上述所提的保險內容以外,勞工保險條例規定企業需幫員工投保**勞工保險**,其中的**職業災害保險**,在性質上近似於健康保險及傷害保險。根據「勞工職業災害保險及保護法」,簡要說明如下:

職業災害保險是指以「**勞工人身健康安全(因執行職務或工作緣故造成傷害)**」為保險標的之保險,其重點包含:

1. **保險人**:勞工保險局。
2. **被保險人**:年滿15歲以上、65歲以下之**勞工**。
3. **理賠範圍**:
   - **職業傷害**:因**執行職務**導致傷害;亦包含於工作所需之路途往返期間受到傷害、因工作設施缺陷或管理導致傷害等。
   - **職業病**:因工作導致疾病。
4. **給付項目**:**傷病、醫療、失能、死亡、失蹤**等給付。

※ 各種保險種類之保險標的比較

| 保險種類 | | | 保險標的 |
|---|---|---|---|
| 財產保險 | | 火災保險 | 火災造成損害之動產及不動產 |
| | | 海上保險 | 海上航行發生危險造成損害之財產 |
| | | 陸空保險 | 陸上、內河、航空等運輸過程發生危險造成損害之財產 |
| | | 保證保險 | 員工不誠實行為、債務人不履行債務造成損失之賠償責任 |
| | 責任保險 | 產品責任險 | 產品缺陷造成第三人體傷或財損所應負之賠償責任 |
| | | 公共意外責任險 | 公共場所發生意外事故造成第三人體傷或財損所應負之賠償責任 |
| 人身保險 | 人壽保險 | 死亡保險 | 人的生命－死亡 |
| | | 生存保險 | 人的生命－生存 |
| | | 生死合險 | 人的生命－生存及死亡 |
| | | 健康保險 | 人身健康（因疾病、分娩及其所導致之失能或死亡） |
| | | 傷害保險 | 人身安全（因意外傷害及其所導致之失能或死亡） |
| | | 年金保險 | 於保險期間依約給予一定金額 |
| | | 職業災害保險 | 勞工人身健康安全（因執行職務或工作緣故造成傷害） |

## 三、企業保險的概念

1. **定義**

   企業保險是企業與保險公司訂立保險契約，由企業支付保險費給保險公司，當事故發生時，保險公司須在承保範圍內提供理賠。

2. **企業保險的功能**

   (1) **風險移轉**：在風險發生前，將風險轉嫁給保險公司承擔。

   (2) **風險融資**：在風險發生後，可取得保險金以彌補損失。

3. **常見的企業保險**

   企業應依法令投保**勞工保險**（已包含**職業災害保險**）、**產品責任險**、**公共意外險**，並視需求投保其他財產保險，或替員工、經營者、股東投保**人壽保險**。

# 2-3-2 危機處理　統測 102 104 105 109 112

## 一、危機的特性　統測 105

| 特性 | 說明 |
|---|---|
| 突發性 | • 又稱**不確定性、不可預測性**<br>• 是指危機常**突然發生**，難以事前預測 |
| 急迫性 | 是指企業必須**立即因應**，以免危機擴大 |
| 嚴重性 | • 又稱**威脅性、傷害嚴重性、毀滅性、連動性**<br>• 是指危機常常會對企業造成嚴重的傷害 |
| 複雜性 | 是指**危機常是由多種因素**互相影響而產生，且其影響程度難以估計 |
| 累積性 | • 又稱**階段性**<br>• 是指有些危機是**日積月累**而成，愈早發現愈可減少危機帶來的傷害 |
| 衝突性 | 是指危機事件往往會與企業的利益相互衝突 |
| 機會性 | • 又稱**雙面（效）性、雙面效果性、價值中立性、轉機性**<br>• 是指企業如果處理得當，危機也能變轉機 |

## 二、危機處理的基本原則　統測 104 109 112

| 原則 | 說明 |
|---|---|
| 積極性原則 | 企業應勇於面對危機，積極找出可行的解決方案；消極的處理態度易引起反感 |
| 即時性原則 | 企業應於危機發生的**48小時**內，迅速掌握危機、即時處理並盡快對外說明 |
| 真實性原則 | 企業應將危機發生的原因、影響範圍及處理情形**真實地對外說明**，以防止流言蔓延，造成危機惡化 |
| 統一性原則 | 企業應由專門處理危機的單位**統一指揮調度**、對外發言，避免內部人員隨意發言，造成處理混亂 |
| 責任性原則 | 危機發生時，企業應勇於承擔責任，不可找理由塘塞推託 |
| 靈活性原則 | 企業處理危機的方式，應靈活且具有彈性，避免過度僵化 |

## 三、危機處理各階段的重要工作　統測 102 112

資料來源：行政院及所屬各機關風險管理及危機處理作業手冊（2021年起適用），國家發展委員會

1. **危機發生前（潛伏期）**

   企業應加強內部管理，建立危機處理**標準作業流程（SOP）**。此階段的主要工作包括：

   | 主要工作 | 說明 |
   | --- | --- |
   | 預防危機發生 | 企業必須**了解本身弱點**以及相對的威脅，並針對其弱點**採取補強措施**，以免這些弱點對企業營運造成衝擊 |
   | 研擬緊急應變計畫 | 企業應**事先擬妥危機應變計畫**，並建立即時通報機制、**設置危機處理小組**，同時備齊緊急應變相關資源 |
   | 進行危機處理演練 | 企業應根據危機處理的標準作業流程SOP，**預先進行演練**，並改善演練過程發現的缺失，以加強危機應變的能力 |

2. **危機發生時（爆發期和處置期）**

   企業應**立即啟動應變機制**執行因應策略，以降低傷害。此階段的主要工作包括：

   | | 主要工作 | 說明 |
   | --- | --- | --- |
   | 爆發期 | 啟動危機處理小組 | 企業須迅速**啟動危機處理小組**，立即掌握危機發生原因及現況、研判危害程度，並擬訂應變的**處理辦法**與**解決方案** |
   | 爆發期 | 儘速確認危機所在 | 企業須善用預警通報系統，使**訊息傳遞暢通無阻**，讓相關人員能隨時掌握危機發展的態勢，並完整傳達應變的行動方案 |
   | 處置期 | 避免危機擴大 | ・企業須根據解決方案**協調各部門相互支援**、進行**任務分配**，以提高危機處理效率<br>・企業應秉持**誠懇負責**的態度，向受害者公開道歉，與受害者有效進行**談判協調**，以避免衝突發生（**轉危為安**的重要關鍵） |
   | 處置期 | 迅速解除危機 | 企業應掌握**時間最短**、**損失最低**及**資源最少**之原則，依據緊急應變計畫確實處理，迅速解除危機 |
   | 處置期 | 統一對外發言 | 企業應適時和媒體溝通，將危機發生原因、處理情況與檢討改善方向**統一向媒體說明**，以利媒體做出正確報導 |

3. **危機發生後（善後期）**

   危機解除不代表危機處理工作已經結束，企業應對後續相關問題做好善後處理，以避免類似危機再度發生。此階段的主要工作包括：

   | 主要工作 | 說明 |
   | --- | --- |
   | 進行復原善後 | 企業應**安撫相關人員**、儘速讓企業恢復正常運作，並致力於**企業形象與聲譽的再造** |
   | 評估危機處理績效 | 企業應**記錄危機的發生原因及處理過程**，檢討危機處理的成效、擬定防止危機再發生的對策，並精進危機應變處理能力 |

## 小試身手 2-3

( A )1. 在保險契約中,要保人是指
(A)負有交付保險費義務者
(B)經營保險事業者
(C)具保險費請求權者
(D)負賠償保險金責任者。

( B )2. 下列何者並不屬於財產保險?
(A)火災保險 (B)年金保險
(C)責任保險 (D)海上保險。

( A )3. 小吳的阿嬤煮湯煮到一半,接到朋友來電邀約跳土風舞,一時太開心趕著出門,結果忘了關瓦斯,不慎引發火災,家裡的家具全付之一炬。還好小吳早就替家裡投保了某項保險,因而可以獲得一些理賠金以彌補損失。請問上述情形中,小吳投保的最有可能是哪一種保險?
(A)火災保險 (B)海上保險
(C)陸空保險 (D)保證保險。

( C )4. 廠商可投保 _____ ,來移轉因其產品缺陷造成第三人傷亡或財物損失,而須依法賠償的風險。請問上述空格中應填入?
(A)保證保險 (B)人壽保險
(C)產品責任險 (D)火災保險。

( D )5. 某百貨公司的戶外廣場因下雨造成地板濕滑,卻未放置警示標誌,不慎造成顧客滑倒受傷。請問這是屬於何種保險的理賠範圍?
(A)職業災害保險 (B)產品責任險
(C)年金保險 (D)公共意外責任險。

( B )6. 下列有關責任保險的相關敘述,何者正確?
(A)責任保險是指造成要保人體傷或財損所應負之賠償責任
(B)責任保險理賠金額中的每一人身體傷亡是指賠償單一受害人的保險金額上限
(C)常見的產品責任險主要是保障公共場所發生意外事故所應負的賠償責任
(D)若使用減重產品後仍未瘦身成功,則屬於產品責任險的一環。
A:第三人。C:保障因產品缺陷造成第三人體傷或財損所負的賠償責任。D:不屬於。

( B )7. 下列有關職業災害保險的敘述,何者錯誤?
(A)是指以勞工人身健康安全為保險標的之保險
(B)職業災害保險的保險人是金管會保險局
(C)理賠範圍包含職業傷害與因工作而造成的職業病
(D)舉凡員工傷病、醫療、失能等情況都在給付範圍中。
職業災害保險的保險人是勞工保險局。

( B )8. 下列何者保險是指以「人的生命」為保險標的之保險？
(A)健康保險　(B)人壽保險　(C)傷害保險　(D)年金保險。

( C )9. 企業投保企業保險的目的，主要是在風險發生前，將風險轉嫁給保險公司承擔，上述是在說明企業保險的哪項功能？
(A)風險投機　(B)風險融資　(C)風險移轉　(D)風險投資。

( D )10. 企業面臨危機時，若未快速有效率地處理，將可能導致企業遭受嚴重的損失。這是在說明危機的何種特性？
(A)突發性　(B)機會性　(C)複雜性　(D)嚴重性。

( A )11. 某公司推出的新款手機發生多起爆炸事件，該公司承諾回收全球已售出的250萬台同款手機以示負責，並宣布停售該款手機。請問該公司上述做法符合哪一項危機處理的基本原則？
(A)責任性原則　　　　　　　(B)即時性原則
(C)靈活性原則　　　　　　　(D)真實性原則。

( D )12. 下列何者不屬於危機發生前的主要工作？
(A)擬妥危機應變計畫　　　　(B)認知與評估企業弱點
(C)補強弱點預防危機　　　　(D)啟動危機處理小組。

( B )13. 企業須善用預警通報系統，使訊息傳遞暢通無阻，讓相關人員能隨時掌握危機發展的態勢，並完整傳達應變的行動方案。請問這是在說明危機處理哪一個階段的工作？
(A)危機潛伏期　(B)危機爆發期　(C)危機處置期　(D)危機善後期。

( A )14. 下列何者並不是危機發生時的處置期所應該進行之主要工作？
(A)啟動危機處理小組　　　　(B)避免危機擴大
(C)迅速解除危機　　　　　　(D)統一對外發言。
啟動危機處理小組→危機發生時的爆發期。

( C )15. 王品集團旗下品牌餐廳，發生上百名消費者在用餐後出現腹瀉情形的食物中毒事件，事發後該餐廳立刻停業接受調查，王品集團並透過發言人公開向受害民眾道歉，表明絕不推諉責任，同時提出「全額退費」、「支付醫療費用」、「消費者慰問金」等補償方案。請問該集團危機處理的做法，符合哪一項原則？
(A)在危機發生前建立危機處理SOP，符合積極性原則
(B)在危機發生時的爆發期不推諉責任且立刻停業，符合真實性原則
(C)在危機發生時的處置期公開致歉並提出補償方案，符合責任性原則
(D)在危機發生後的善後期透過發言人說明企業的立場，符合簡單性原則。
積極性原則：勇於面對危機，積極找出可行的解決方案。
立刻停業且不推諉責任、公開致歉並提出補償方案→責任性原則。
在危機發生時的「處置期」透過發言人公開說明→統一性原則。

# 2-4 企業願景

## 2-4-1 企業願景的意義與特質

Google企業於該公司的簡介中，有一段陳述：「"To provide access to the world's information in one click."（一鍵取得全球資訊。）」其代表了Google企業的願景。企業願景是企業**長期發展的藍圖**，也是**引導企業經營方向的指南**，因此建立願景是企業經營者相當重要的工作。以下介紹企業願景的相關概念。

### 一、意義與目的

1. **意義**
   企業願景是指企業檢視本身擁有的資源與能力，所提出之**具有挑戰性、未來要努力達成**的目標與理想。

2. **目的**
   為了**堅定企業上下的信念，彰顯企業的核心價值**。

### 二、涵蓋內容

1. 企業經營秉持的基本信念。
2. 企業扮演的角色與責任。
3. 企業追求的目標。

### 三、發展步驟

發展願景 → 瞄準願景 → 實現願景

### 四、特質

1. **穩定的**：穩定長遠，與時俱進但不會任意改變。
2. **具體的**：具體明確，讓人可想像出企業的未來景象。
3. **可行的**：切合實際，只要努力就能實現。
4. **有重點**：重點清楚，讓員工有所依循。
5. **明瞭的**：簡單明瞭，能夠快速向員工及外界說明溝通。

## 2-4-2 達成企業願景的策略－SWOT分析

統測 105 107 108 109 110 111 112 113

### 一、SWOT分析的內容
統測 105 107 109 111

#### 內部

1. **優勢（Strengths）**
   是指企業**內部**擁有**較佳**的資源或較競爭對手強的**有利**條件。
   例如：
   - 成本具競爭性
   - 市場知名度高
   - 管理制度健全完善
   - 品牌形象佳
   - 生產技術領先業界
   - 員工能力優良
   - 資金充裕
   - 行銷能力強
   - 設備新穎
   …

2. **劣勢（Weaknesses）**
   企業**內部**的**弱點**或較競爭對手不足的**不利**情況。
   例如：
   - 成本不具競爭性
   - 市場知名度低
   - 管理制度不健全
   - 品牌形象不佳
   - 生產技術落後業界
   - 員工能力較弱
   - 資金不足
   - 行銷能力不足
   - 設備老舊
   …

#### 外在

3. **機會（Opportunities）**
   是指**外在**環境變化為企業帶來的**有利**條件或潛在機會。
   例如：
   - 經濟景氣
   - 市場需求增加
   - 生產技術的提升
   - 貿易障礙降低
   - 市場成長快速
   - 政府政策的支持與配合
   - 原競爭者退出市場
   - 潛在顧客群增加
   …

4. **威脅（Threats）**
   是指**外在**環境變化為企業帶來的**不利**情況或潛在威脅。
   例如：
   - 經濟不景氣
   - 市場需求衰退
   - 替代品的出現
   - 貿易障礙提高
   - 市場成長趨慢
   - 對企業不利的政府政策
   - 新競爭者進入市場
   - 現有顧客群減少
   …

## 二、SWOT分析之策略擬訂

將SWOT利用矩陣方式進行交叉分析，可研擬出不同營運策略，以下為透過SWOT交叉分析可得到的四種策略。

|  | 內部環境分析 ||
|---|---|---|
|  | 優勢（S） | 劣勢（W） |
| 外在環境分析　機會（O） | **SO策略（增長性策略）**<br>內部具優勢＋外在有機會<br>表示企業目前的條件與外在環境均佳，此時可採「SO增長性策略」，如增加投資、擴大生產規模等，以拓展商機<br>案例　某生物科技公司擁有良好研發技術（S），加上現今消費者保健觀念提升（O），故可採SO策略，增加保健產品的研製與生產。 | **WO策略（扭轉性策略）**<br>內部具劣勢＋外在有機會<br>表示企業目前的條件較差、但外在環境較佳，此時可採「WO扭轉性策略」，如強化管理機制、採取策略聯盟等方式，以保住商機<br>案例　某電競設備製造商缺乏推廣的行銷通路（W），但看好日漸蓬勃發展的電競市場（O），故可採WO策略，與各大零售通路進行異業結盟，共同推廣電競設備。 |
| 外在環境分析　威脅（T） | **ST策略（多元化策略）**<br>內部具優勢＋外在有威脅<br>表示企業目前的條件較佳、但外在環境較差，此時可採「ST多元化策略」，如強化自身優勢等，以分散風險、拓展新領域<br>案例　某汽車廠商在燃油車市場佔有一席之地，且長期研發綠能科技（S）；面對近年來許多國家政府即將禁止銷售燃油車的趨勢（T），可採ST策略，推出純綠能概念的汽車，以尋求新機會。 | **WT策略（防禦性策略）**<br>內部具劣勢＋外在有威脅<br>表示企業目前的條件與外在環境均差，此時可採「WT防禦性策略」，如縮減營運規模等，以克服困境<br>案例　某餐飲企業擁有多家分店，但其店面租金、人事成本等一直居高不下（W），當遇到經濟不景氣（T）時，可採WT策略，關閉經營虧損的分店，以度過難關。 |

## 小試身手 2-4

( C )1. 企業設立企業願景的主要目的為
(A)讓企業賺大錢　　　　　(B)讓員工遵守
(C)彰顯企業的核心價值　　(D)襯托企業的非凡之處。

( D )2. 下列何者不屬於企業願景所涵蓋的內容？
(A)企業經營秉持的基本信念　(B)企業扮演的角色與責任
(C)企業追求的目標　　　　　(D)企業商品的製作方法。

( A )3. 企業願景的發展步驟為
(A)發展願景→瞄準願景→實現願景
(B)瞄準願景→實現願景→發展願景
(C)實現願景→發展願景→瞄準願景
(D)實現願景→瞄準願景→發展願景。

( B )4. 下列何者不屬於企業願景應具備的特質？
(A)可行的　(B)模糊的　(C)明瞭的　(D)穩定的。

( A )5. 在SWOT中，企業擁有優秀的品牌形象與獨特的生產技術，這是屬於該企業的
(A)優勢　(B)劣勢　(C)機會　(D)威脅。

( D )6. 在SWOT中，市場環境經濟不景氣是屬於企業面臨的
(A)優勢　(B)劣勢　(C)機會　(D)威脅。

( C )7. 透過SWOT分析法，若企業內部擁有優勢但面臨外部威脅，企業可採取的策略為
(A)SO策略　(B)WO策略　(C)ST策略　(D)WT策略。

( D )8. 因景氣低迷，民眾消費意願低落，而某企業製作商品的成本也越來越高，根據SWOT分析法，該企業應採取何種策略以面對此危機？
(A)SO策略　(B)WO策略　(C)ST策略　(D)WT策略。

( A )9. 現今消費者愛護地球觀念提升，而Gogoro電動機車擁有良好的節能減碳設計能力，其公司應採取何種策略來擴大市場佔有率？
(A)SO策略　(B)WO策略　(C)ST策略　(D)WT策略。

( C )10. 對於台灣的醫療口罩製造商而言，下列何者屬於SWOT分析中的機會？
(A)政府發放生產醫療口罩的許可執照
(B)缺乏輪值員工
(C)市場對醫療型口罩需求大增
(D)製作口罩的原料不足。

## 2-1 企業家精神與貢獻

( B )1. 下列何者不是企業家對國家經濟的貢獻？
(A)創造就業機會 (B)協助訂定法規
(C)維持社會安定 (D)促進經濟成長。

( A )2. 某知名企業家在參加產業公會的會議後，接受媒體訪問，並提出「台灣有許多企業都是以出口為導向，若新台幣持續升值，對於企業的傷害很大，希望政府能穩定匯率」的建言。請問上述情形中，該企業家扮演了甚麼角色？
(A)人際關係維繫者 (B)決策者 (C)投資者 (D)公益者。

( B )3. 某中小企業的老闆因應市場老年人口比率持續增加的趨勢而提供老年人專用的健康輔具，為公司帶來營業利潤，則此老闆最符合下列哪一項特質？
(A)自主性 (B)預警性 (C)風險承擔性 (D)積極性。

( D )4. 某高科技電子廠商之創辦人於交棒退休後，因公司經營績效不佳而再回任重披戰袍，主導公司變革。請問創辦人該行為最符合何種企業家特質？
(A)創新性 (B)任意性 (C)預警性 (D)風險承擔性。

( A )5. 某企業老闆在面臨市場需求改變的關鍵時刻，下達「儘速完成網路市場布局，並關閉全部的店面」的決定，力求企業成功轉型。請問進行上述決定，彰顯了哪一項企業家特質？
(A)自主性 (B)預警性 (C)風險承擔性 (D)積極性。

( C )6. 下列有關企業家精神與特質的敘述，何者錯誤？
(A)企業家精神是指企業家展現創新、整合資源的能力
(B)自主性是指企業家擁有高度的工作決策權
(C)預警性是指企業家擁有正向進取的態度與企圖心
(D)創新性是指企業家擁有創新的意志與創新動力。
C：為競爭積極性。

( D )7. 台南某業者突發奇想，以放大夢想的理念建構了一台巨型扭蛋機，成功吸引廣大的人潮前來遊玩。請問上述中，該業者勇於投入並嘗試，成功開發了巨型扭蛋機的市場，此情形最符合下列哪一項企業家特質？
(A)自主性 (B)競爭積極性 (C)預警性 (D)創新性。

( B )8. 某創業者為企業定下了「一年準備、兩年進攻、三年衝刺、五年成功」的目標，努力全力以赴，以期在市場上佔有一席之地。請問上述情形，符合企業家的哪一項特質？
(A)自主性 (B)競爭積極性 (C)預警性 (D)創新性。

## 2-2 創業的方式與風險

( B )9. 利用住家空間或小型辦公室來從事創業的模式,可稱為
(A)BOHO (B)SOHO (C)SOGO (D)GOGORO。

( D )10. 下列何者不是選擇以家庭辦公室方式創業的優點?
(A)工作時間有彈性
(B)自主性高
(C)可兼顧家庭與事業
(D)創業成本較高。

( D )11. 房屋仲介可歸類為哪一種SOHO族?
(A)創意類 (B)資訊類 (C)諮詢類 (D)業務類。

( C )12. 小千在公司擔任營養師的職務,他想多賺點收入,於是他利用下班時間,以提供量身設計營養菜單的方式服務顧客。請問若以自主程度與工作性質的方式來看,小千的創業模式是屬於何種類型?
(A)以自主程度區分:兼差型SOHO,以工作性質區分:資訊型SOHO
(B)以自主程度區分:在職型SOHO,以工作性質區分:創意型SOHO
(C)以自主程度區分:兼差型SOHO,以工作性質區分:諮詢型SOHO
(D)以自主程度區分:在職型SOHO,以工作性質區分:資訊型SOHO。

( D )13. 以從事電腦軟體研發或硬體維護的SOHO創業模式,是屬於以下何種類型?
(A)創意SOHO
(B)諮詢SOHO
(C)開店SOHO
(D)資訊SOHO。

( C )14. 下列何者不是使用網際網路開業的優點?
(A)不受時間與空間的限制
(B)與店家即時互動溝通
(C)購買商品有保障不怕買到假貨
(D)可即時配銷產品與服務。

( B )15. 下列哪一種網路開業型態,是以「提供網友搜尋查找資訊」的服務方式,來吸引廠商刊登廣告,且其主要的獲利來源為廠商廣告費?
(A)架設網路拍賣平台
(B)經營入口網站
(C)開發線上遊戲
(D)設立網路商店。

( B )16. 張三在網路社群平台上經營粉絲專頁,並且跟廠商合作,在粉絲專頁PO文時適度推廣商品。請問上述情形中,張三的獲利來源為何?
(A)刊登費 (B)業配費 (C)銷貨收入 (D)手續費。

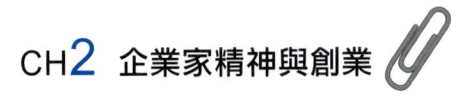

( C )17. 請問開設網路商店的獲利來源包含下列哪一項？
(A)廠商廣告費　(B)物件刊登費　(C)銷貨收入　(D)成交手續費。

( A )18. 網路上經常見到的「抖內」（觀眾贊助費），通常指的是哪一種網路開業方式可賺得的收入來源？
(A)擔任直播主　　　　　　　(B)擔任網拍賣家
(C)經營網路商店　　　　　　(D)經營線上遊戲。

( C )19. 因經濟景氣不佳、消費者偏好改變所引起的風險，最符合下列哪一種風險？
(A)資金風險　(B)經營風險　(C)市場風險　(D)合夥風險。

( C )20. 某藝人因本身有知名度，進而投資開創新事業，最後卻因專業知識不足，導致事業以失敗收場，請問此屬於何種創業風險？
(A)財務風險　(B)合夥風險　(C)經營風險　(D)市場風險。

( A )21. 創業者於創業階段所面臨到的內部風險，下列何者不正確？
(A)因政府政策與法律規章改變所引起的風險
(B)錯估產能、產銷無法配合或技術不足所引起的風險
(C)創業夥伴因理念、分工、意見分歧而拆夥的風險
(D)錯估創業所需資金、或資金配置不當所引起的風險。
A：屬於外部風險。

( D )22. 下列何者屬於創業的外部風險？
(A)資金風險　(B)合夥風險　(C)經營風險　(D)市場風險。

( A )23. 受到「釣魚台主權爭議」事件的影響，日本企業在中國的經營受到嚴重衝擊。請問因上述因素導致企業經營受到重創的風險，稱為
(A)市場風險　(B)法律風險　(C)災害風險　(D)經營風險。

( B )24. 台灣修訂陸資（中國資金）來台投資的規定，使得審查條件變得更加嚴格，某家已取得中國串流影音平台在台灣經營代理權的業者因而必須終止其代理業務，此情形對該代理業者而言，面臨了哪一種風險？
(A)市場風險　(B)法律風險　(C)經營風險　(D)災害風險。

( D )25. 某生技廠商積極開發「預防癌症」的疫苗，卻因技術能力不足而面臨倒閉危機，請問該廠商面臨的是何種風險？
(A)災害風險　(B)市場風險　(C)資金風險　(D)經營風險。

( A )26. 某年台灣受到禽流感疫情影響，高達九成的養殖鵝隻因染病而死亡或遭撲殺，造成嘉義民雄的鵝肉店沒有鵝肉可以賣，面臨嚴重的經營危機。請問上述情形中，鵝肉店面臨什麼風險？
(A)災害風險　(B)法律風險　(C)資金風險　(D)道德風險。

( B )27. 對於多人共同攜手創立的企業而言，出現「志不同、道不合、不相為謀」的情形，應屬於何種風險？
(A)市場風險　(B)合夥風險　(C)經營風險　(D)資金風險。

( C )28. 全球爆發COVID-19（嚴重特殊傳染性肺炎）疫情，導致原本計畫要出國旅遊的旅客紛紛取消行程。上述情形對各家旅行社而言，面臨了何種風險？
(A)市場風險　(B)法律風險　(C)災害風險　(D)資金風險。

( D )29. 機場捷運於正式營運後，民眾往來機場除了搭乘客運之外又多了一項選擇，但經營機場路線的客運業者將會因此流失約3~5成的乘客，對營運產生衝擊。試問上述情形中，客運業者面臨了哪一種風險？
(A)資金風險　(B)災害風險　(C)合夥風險　(D)市場風險。

## 2-3 企業問題防範與解決

( A )30. 要保人或被保險人指定享有賠償請求權的人，稱為
(A)受益人　(B)要保人　(C)被保險人　(D)保險人。

( D )31. 在保險契約中，有關保險關係人的敘述，何者錯誤？
(A)保險人通常是指保險公司
(B)要保人需支付保險費給保險人
(C)被保險人也可以是要保人
(D)要保人或保險人可以是受益人。
要保人或「被保險人」可以是受益人。

( B )32. 魯夫在偉大的航道上航行，此次接受委託要將貨物以海運方式送至和之國，為了避免在運送途中發生危險造成貨物受損，你會建議魯夫應投保何種保險？
(A)傷害保險　　　　　　　　(B)海上保險
(C)產品責任險　　　　　　　(D)人壽保險。

( C )33. 手機業者未在使用手冊上清楚說明充電時的注意事項，致使消費者在不知道如何正確操作的情形下充電，而導致起火燃燒，請問此事件屬於保險之何種承保類型？
(A)健康保險　　　　　　　　(B)保證保險
(C)產品責任險　　　　　　　(D)火災保險。

( B )34. 某公司爆發收賄弊案，該公司包含總經理在內共25位員工，涉嫌收受廠商的賄款，以提供合作關係。請問該公司若想降低員工接受賄賂所造成的損失，可投保下列哪一種保險？
(A)職業災害保險　(B)保證保險　(C)陸空保險　(D)責任保險。

( C )35. 廠商為了降低因產品設計有瑕疵造成他人傷害而產生的賠償責任，則該廠商可選擇何種保險以降低風險？
(A)職業災害保險　　　　　　(B)公共意外責任險
(C)產品責任險　　　　　　　(D)運輸保險。

( B )36. 某公司生產的空拍機，因生產過程螺絲未鎖緊，造成空拍機在飛行時失控且砸傷路人，此情況符合哪種保險的理賠範圍？
(A)公共意外責任險　　　　　(B)產品責任險
(C)火災保險　　　　　　　　(D)職業災害保險。

## CH2 企業家精神與創業

( A )37. 「某百貨公司因手扶梯故障,導致顧客搭乘時不慎受傷」,以上案例符合哪一種保險類型?
(A)公共意外責任險　　(B)產品責任險
(C)火災保險　　(D)職業災害保險。

( D )38. 下列何種情形屬於產品責任險的理賠範圍?
(A)某保健食品吃了以後卻沒有保健效果
(B)某商品的材質跟廣告上所描述的不同
(C)某冷凍產品在宅配過程中保存不當而變質
(D)某保養品的設計有瑕疵導致使用後發生皮膚腐蝕的情形。

( C )39. 某生產石化產品之廠商,為降低員工於工作時因接觸化學物品導致疾病之風險,應投保下列哪一種保險?
(A)公共意外責任險　　(B)產品責任險
(C)職業災害保險　　(D)人壽保險。

( C )40. 下列有關保險的敘述,何者正確?
(A)責任保險是屬於人身保險的一種
(B)人壽保險中包括生存保險、死亡保險及健康保險
(C)保險法將保險區分為財產保險及人身保險
(D)財產保險包含火災保險、保證保險及傷害保險。
A：屬於財產保險。
B：包括生存保險、死亡保險及生死合險。
D：傷害保險屬於人身保險。

( D )41. 人身保險依保險法規定,分為
(A)三大類,生存保險、死亡保險、生死合險
(B)五大類,火災保險、海上保險、陸空保險、保證保險、責任保險
(C)二大類,產品責任險、公共意外責任險
(D)四大類,人壽保險、年金保險、傷害保險、健康保險。

( D )42. 在保險約定之期間內,依約給予一次或分期給付一定金額的保險,是指何種保險?
(A)人壽保險　　(B)健康保險
(C)火災保險　　(D)年金保險。

( C )43. 勞工執行職務過程中發生意外災害,導致傷害、失能,是屬於何種保險的理賠範圍?
(A)人壽保險　　(B)火災保險
(C)職業災害保險　　(D)公共意外責任險。

( D )44. 危機的發生對企業來說並不一定只有負面的傷害,若企業能妥善的處理危機,危機也有可能為企業帶來轉機。請問上述是在說明危機的何種特性?
(A)複雜性　(B)急迫性　(C)累積性　(D)機會性。

( A )45. 企業危機爆發前的徵兆通常都不明顯,且發生的時間與地點也通常無法預測,這樣的現象,使得危機具有何種特性?
(A)不確定性　(B)轉機性　(C)中立性　(D)階段性。

( A )46. 某餐飲業者因使用過期原料,對消費者健康造成影響,則該餐飲業者面臨此危機時,何者不是應有的危機處理原則?
(A)為維護商譽,選擇低調迴避處理
(B)成立危機小組,統一對外回應說明
(C)立即更換原料供應商,經檢驗後重新製作
(D)迅速確認危機發生原因,並掌握危機最新動態。

( B )47. 危機處理分成潛伏期、爆發期及處置期、善後期等階段,下列哪一項屬於爆發期應處理的工作?
(A)認知與評估企業弱點
(B)啟動危機處理小組
(C)協調跨部門任務
(D)適時與媒體溝通事情始末。

( C )48. 下列哪一項不是危機的特性?
(A)不確定性　(B)急迫性　(C)簡單性　(D)機會性。

( A )49. 社會各界質疑核電廠若發生事故,可能造成核災問題。台灣電力公司對此表示,已擬定危機應變計畫,並會進行演練以加強應變能力。請問「事先擬妥危機應變計畫」屬於危機處理哪一個階段的主要工作?
(A)潛伏期　(B)爆發期　(C)善後期　(D)處置期。

( B )50. 某公司銷售的智慧型手機發生多起爆炸事件,該公司決定全面回收並停售該款手機,雖然此舉造成至少上億元損失,但其負責的做法也受到大眾肯定。請問該公司上述做法最符合何種危機處理的原則?
(A)即時性原則
(B)責任性原則
(C)靈活性原則
(D)真實性原則。

( C )51. 下列何者不是企業在面對危機事情時,應有的處理原則?
(A)即時性原則
(B)統一性原則
(C)隱瞞性原則
(D)積極性原則。

( C )52. 下列有關危機處理各階段的重要工作項目,何者的處理時機有誤?
(A)補強弱點預防危機發生是屬於危機發生前的重要工作
(B)成立危機處理小組是屬於危機發生前的重要工作
(C)企業形象與聲譽的再造是屬於危機發生時的重要工作
(D)進行相關人員安撫是屬於危機發生後的重要工作。
C:危機發生後。

( B )53. 下列有關危機的敘述，何者有誤？
(A)危機具有嚴重性，若企業未能及時處理，將有可能導致危機惡化
(B)企業面臨危機時應隱藏部分危機資訊，以免競爭者得知
(C)在危機發生前，企業可建立標準作業流程來做好防備工作
(D)在危機發生後，企業應記取教訓，做好善後處理，避免相似危機再度發生。

( A )54. ①業者為避免顧客在店內消費時，發生跌倒等意外所導致的賠償責任
②業者因應疫情推出外帶真空包裝食品，為避免顧客食用後身體不適所導致的賠償責任
以上情境至少需要購買下列哪些保險？
(A)公共意外責任險、產品責任險
(B)職業災害保險、產品責任險
(C)公共意外責任險、人身保險
(D)職業災害保險、公共意外責任險。

## 2-4 企業願景

( A )55. 企業檢視自身擁有的資源與能力後，提出未來要努力達成的目標與理想，稱之為
(A)企業願景　　　　　　　　(B)商業祕密
(C)企業家精神　　　　　　　(D)賺錢秘訣。

( B )56. 企業建立願景時，應清楚簡單，才能快速向員工與外界說明溝通。上述是在說明企業願景應具備的何種特質？
(A)穩定的　　　　　　　　　(B)明瞭的
(C)可行的　　　　　　　　　(D)創新的。

( C )57. 有關於企業願景的敘述，下列何者錯誤？
(A)主要目的是為了彰顯企業的核心價值
(B)涵蓋內容包含企業的信念、企業扮演的角色、與追求的目標
(C)發展的步驟為：瞄準願景→實現願景→發展願景
(D)企業願景應具備穩定的、可想像的、可行的等特質。
發展願景→瞄準願景→實現願景。

( D )58. 下列有關SWOT分析的敘述，何者有誤？
(A)SWOT分析法適用於所有公司及產業
(B)ST策略是指運用企業內部優點克服外部環境威脅
(C)OT是針對外在環境的評估，SW是針對組織內部的分析
(D)WO策略是指善用企業內部優勢，並利用外部機會。
D：SO策略。

( D )59. 下列何者屬於SWOT分析中的W？
(A)企業的生產設備極為先進
(B)企業的進貨成本極低
(C)企業品牌形象佳
(D)企業缺乏管理人才。

( C )60. 某年超級颱風珊迪肆虐美國，造成美東地區嚴重淹水，不少車輛泡水全毀，預估將出現換車潮。對台灣汽車零組件業者而言，上述情形應列為SWOT分析中的哪一個項目？
(A)S (B)W (C)O (D)T。
對台灣汽車零組件業者而言，汽車換車潮（外在環境）增加了對汽車零組件的需求，為企業帶來潛在的有利機會，應列為SWOT分析中的「O（機會）」。

( D )61. 假設登革熱疫情在台南快速擴散，不僅威脅民眾的身體健康，更導致前往台南觀光的遊客大幅減少、商家業績嚴重下滑。請問對於台南觀光景點的商家而言，上述情形應列為SWOT分析中的哪一個項目？
(A)S (B)W (C)O (D)T。
「登革熱爆發」屬於外在環境不利於企業營運的因素T（威脅）。

( C )62. 在SWOT分析中，企業內部具有優勢，但外在環境有威脅，企業可採「多元化策略」，請問上述為何種策略？
(A)SO策略 (B)WO策略 (C)ST策略 (D)WT策略。

( B )63. 某公司因資金不足，無法汰換廠內的老舊設備。請問這情形對此公司來說，屬於SWOT分析中的哪一種？ (A)S (B)W (C)O (D)T。

( B )64. 下列關於SWOT分析的內容，何者正確？
(A)企業的商譽不佳屬於T
(B)企業的行銷能力強屬於S
(C)企業面臨市場上替代品日漸增多屬於O
(D)企業面臨貿易關稅降低屬於W。
A：屬於W。C：屬於T。D：屬於O。

( C )65. 當企業內部擁有優勢，而外在環境有威脅時，應進行市場或產品的多元化發展，來分散風險並找尋新發展機會。上述為SWOT矩陣策略之哪一策略？
(A)SO策略 (B)WO策略
(C)ST策略 (D)WT策略。

( D )66. 當市場上的競爭者眾多且景氣蕭條時，企業採取縮編組織規模的策略，此為SWOT矩陣策略中哪一種策略？
(A)SO策略 (B)WO策略
(C)ST策略 (D)WT策略。

( D )67. 某傳統便當店位於辦公商圈，最近面臨店內員工離職，附近又新開幕許多主打健康、養身的便當店。根據SWOT分析，該傳統便當店宜採何種策略？
(A)SO策略 (B)WO策略
(C)ST策略 (D)WT策略。

( B )68. 當市場對於某項產品的需求突然提高，但生產該產品的A公司卻面臨著產品故障率過高的問題，此時A公司應採取何種SWOT矩陣策略？
(A)SO策略 (B)WO策略
(C)ST策略 (D)WT策略。

( D )69. 全球因嚴重特殊傳染性肺炎傳播影響,導致出國旅遊人數減少,某旅遊公司又面臨營運成本居高不下的情形,此時該公司最適合採取何項策略來讓公司克服困境?
(A)SO策略 (B)WO策略 (C)ST策略 (D)WT策略。

( A )70. 某餐飲集團經營多項餐飲品牌,多年來已建立優良的品牌形象;該餐飲集團看好市場上對日式餐飲的需求,於是成立大阪燒、一人燒肉等日式餐廳。請問該餐飲集團所採取的策略,最符合SWOT矩陣策略中的哪一種策略?
(A)SO策略 (B)ST策略
(C)WO策略 (D)WT策略。

( B )71. 當外部環境的變化可為企業帶來有利情況、但企業內部存在著嚴重的缺點時,企業應採取哪一種矩陣策略?
(A)增長性策略 (B)扭轉性策略
(C)防禦性策略 (D)多元化策略。

( C )72. ①某公司以製造本業的盈餘,投資咖啡、烘焙等多個品牌,跨入持續成長的餐飲業
②因急速展店,人員教育訓練不足、服務品質不穩定,顧客逐漸流失發生虧損,於是宣布結束縮減餐飲業的營運規模
以上情境依序屬於SWOT交叉分析中的哪種策略?
(A)ST、WT策略 (B)ST、WO策略
(C)SO、WT策略 (D)SO、WO策略。

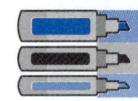

## 情境素養題

( B )1. 日本小林製藥公司的紅麴保健產品含有致命毒素，導致民眾食用後出現嚴重腎臟疾病、甚至因而病逝，引發軒然大波。請問上述情形符合哪一種保險的理賠範圍？
(A)公共意外責任險　(B)產品責任險
(C)職業災害保險　(D)生存保險。 [2-3]

( A )2. 全聯福利中心林敏雄董事長帶領企業不斷成長，2003年成為全台最多門市的超市、2014年聘請「流通教父」徐重仁擔任總裁、2016年延攬「流通戰將」謝健南擔任執行長且併購松青超市；2019年門市突破一千間、2020年的營業額達到1,400億元、2021年積極發展自有支付工具PX Pay並跨足電子支付市場，更在2022年併購大潤發。請問林敏雄董事長所展現的「正向態度與強烈企圖心」，最符合企業家的哪一項特質？
(A)競爭積極性　(B)自主性
(C)風險承擔性　(D)預警性。 [2-1]

( B )3. 有關於網路開業型態的收入來源，下列敘述何者錯誤？
(A)佩奇經營入口網站提供網友搜尋各種資訊，其收入來源為廠商廣告費
(B)小蝦在拍賣網站上拍賣商品，其收入來源為成交手續費
(C)漢克自行開發一款付費線上遊戲在App平台上銷售，其收入來源為遊戲的銷售收入
(D)小N在Facebook上撰寫文章，同時接受廠商的贊助並介紹商品，其收入來源為業配費。 [2-2]

擔任拍賣賣家的主要收入為「拍賣商品的銷貨收入」。

( C )4. 小美因擅於烘焙，所製作的糕點甚受好友稱讚，因而獨自在家小規模創業，透過網路接單生產。請問下列關於小美創業的敘述，何者較不正確？
(A)為自雇型SOHO族
(B)可節省經營實體商店所需的成本
(C)主要收入為成交的手續費
(D)在家創業，不會面臨團隊風險。 [2-2][106統測]

小美透過網路接單生產，主要收入來源為「銷貨收入」。

( D )5. 某創業家經過與重要的策略投資人近一個月的談判，宣佈已達成了超過10億元的股權融資，並得到該策略投資人的支持，將出任新公司的CEO（首席執行官）負責管理和組織建構，以確保新產品開發完成與策略執行完成，達到其對策略投資人所承諾的願景，以確保策略投資人未來的繼續支持。請問上面敘述不包含下列何種風險？
(A)資金風險　(B)合夥風險　(C)經營風險　(D)災害風險。 [2-2][107統測]

取得超過10億元股權融資→隱含「資金風險」。
創業家擔任CEO、策略投資人持續支持→隱含「合夥風險」。
CEO須確保新產品開發與策略執行→隱含「經營風險」。

( D )6. 某KTV為了避免意外事故發生,造成消費者傷亡或財物損失,向保險公司投保公共意外責任險,該KTV的投保項目為每一個人身體傷亡300萬元,每一意外事故傷亡3,000萬元,每一意外事故財務損失1,000萬元,保險期間最高賠償金額5,000萬元。請問有關該KTV公共意外責任險的賠償責任限額,下列何者為非?
(A)賠償給單一受害人的保險金額上限為300萬元
(B)賠償給所有受害人的保險金額加總上限為3,000萬元
(C)賠償所有財物損失的保險金額加總上限為1,000萬元
(D)賠償所有意外事故的保險金額加總上限為9,300萬元。 [2-3]

賠償所有意外事故的保險金額加總上限為5,000萬元。

( A )7. 某紡織工廠員工因工作不小心,手指捲入機器造成斷指,工廠須負責賠償。請問該工廠應為員工投保何種保險,以分散工作過程中可能發生的風險?
(A)職業災害保險
(B)產品責任險
(C)公共意外責任險
(D)產物保險。 [2-3][102統測]

企業可投保「職業災害保險」,以作為員工因執行職務導致傷害、殘廢、死亡或失蹤等情事,所給予的職災醫療及現金補償。

( C )8. 某咖啡連鎖店所販售之熱咖啡翻倒,導致消費者燙傷,因其未於飲料杯外標註小心燙傷之警語,且未以膠帶固定杯蓋,經法院判賠100萬元。該企業除應改善上述事項外,並應投保下列何種保險,以降低風險?
(A)職業災害保險
(B)人身保險
(C)產品責任險
(D)災害險。 [2-3][104統測]

企業為降低因使用說明不當,造成第三人傷亡的法律賠償責任,應向保險公司投保「產品責任險」。

( D )9. 假設某汽車公司所生產新車之剎車系統出現瑕疵,可能導致嚴重的車禍事故,則該公司面臨此一嚴重危機時,下列何者不是該有的危機處理原則?
(A)誠實告知社會大眾該產品瑕疵可能導致的重大傷亡
(B)主動召回所有可能有瑕疵的車輛檢修,即使再高成本也在所不惜
(C)立即啟動危機小組,對外統一發布訊息
(D)避免事端擴大,造成失控局面,應低調迴避處理。 [2-3][104統測 改編]

企業應謹守危機處理基本原則的「真實性原則」,真實地對外公布危機發生的原因、損失、影響與處理情形,以免外界流言四起。

( A )10. 在嚴重特殊傳染性肺炎疫情影響下，許多台灣民眾暫緩出國活動，因而改以「偽出國」的方式前往離島澎湖遊玩；某民宿業者看好暑假旺季搭配政府推出的安心旅遊補助方案，善用員工充沛的在地旅遊知識，推出「住宿送秘境免費導覽行程」。請問該業者所採取的策略，最符合SWOT矩陣策略中的哪一種策略？
(A)SO策略　(B)WO策略
(C)ST策略　(D)WT策略。 [2-4]

( A )11. 「阿丹國的基礎設施不好，常常停水、停電，但是該國的勞動力很充足。擁有多項獨家專利技術的阿邦很想前進該國設廠進行產品研發生產，無奈他沒有足夠的資金。」在SWOT分析中，請問下列何者正確？
(A)阿丹國常常停水停電屬於T、勞動力充足屬於O
(B)阿邦沒有足夠的資金屬於O、擁有多項獨家專利技術屬於W
(C)阿丹國勞動力充足屬於W、阿邦擁有多項獨家專利技術屬於O
(D)阿丹國常常停水停電屬於S、阿邦沒有足夠的資金屬於T。 [2-4]

停水停電屬於T，勞動力充足屬於O，沒有足夠資金屬於W，擁有專利技術屬於S。

( B )12. 某傳統汽車製造廠商雖在傳統燃油車領域具有領先地位，但因長期投資綠能新科技，也擁有獨特的綠能技術。為配合多國政府未來禁售燃油車的計畫，評估可能威脅到現有的燃油車市場，故推出符合純綠能概念的車輛，既尋求新機會，也分散未來可能風險。請問該公司之做法應屬下列何種策略？
(A)成長性策略　(B)多元性策略
(C)扭轉性策略　(D)防禦性策略。 [2-4][107統測]

長期投資綠能新科技，也擁有獨特的綠能技術→優勢S。
政府未來禁售燃油車計畫可能威脅現有燃油車市場→威脅T。
故應推出「ST多元化策略」，以尋找新的發展機會、分散風險。

( D )13. 某年因颱風而一夕成名的歪腰郵筒在台引起熱潮，有業者搭上此「歪腰炫風」，推出歪腰郵筒造型杯子蛋糕、造型T-shirt、磁鐵等商品，深受消費者喜愛。請問上述中，業者所擁有的「掌握市場獲利機會之敏銳度」能力，最符合企業家的哪一項特質？
(A)自主性　(B)競爭積極性
(C)風險承擔性　(D)預警性。 [2-1]

▲ 閱讀下文，回答第14～15題。
台灣曾爆發嚴重的禽流感疫情，爆發初期禽類養殖業者疑似隱瞞疫情，導致病毒擴散，造成高達50萬隻受感染的雞鴨鵝遭到撲殺，許多禽類養殖場業者生計受到嚴重威脅。

( A )14. 由此例可知，危機常常是無預警地發生，事前難以預測，請問這是屬於危機的何種特性？
(A)突發性　(B)機會性　(C)衝突性　(D)嚴重性。 [2-3]

( D )15. 禽類養殖業者沒有在第一時間向政府單位通報，導致疫情擴散，對養殖業者造成嚴重的傷害。上述情形中，業者在進行危機處理時，忽略了哪一項原則？
(A)靈活性原則　(B)統一性原則　(C)責任性原則　(D)即時性原則。 [2-3]

## 統測臨摹

( D )1. 某輪胎公司進入越南投資設廠,未料遇到2008年金融海嘯,使得該期間的獲利不如預期。請問這是屬於何種風險?
(A)技術風險
(B)經營風險
(C)災害風險
(D)市場風險。 [2-2][102統測]
因市場環境變化(如景氣衰退、政治動盪、市場潮流變動等)所造成的風險,稱為「市場風險」。

( B )2. 企業對於危機的處理,大致上可以分為發生前(潛伏期)、發生時(爆發期、處置期)與發生後(善後期)等三階段。下列哪一項應該是危機發生前需進行的工作?
(A)啟動危機處理小組
(B)擬妥危機處理計畫
(C)協調跨部門任務
(D)適時與媒體溝通事件始末。 [2-3][102統測 改編]
啟動危機處理小組、協調跨部門任務、適時與媒體溝通→危機發生時(爆發期、處置期)的標準作業流程內容。

( C )3. 經營績效卓越之企業,通常有位帶領整個組織邁向成功之路的領導者,他們身上通常會具備幾項特質,請問下列何者不屬於成功企業家的特質?
(A)創新性
(B)自主性
(C)風險趨避性
(D)預警性。 [2-1][103統測]
風險趨避性→風險「承擔」性。

( B )4. 下列何者不是創業者在創業的過程中可能面臨的風險?
(A)銀行信貸減縮
(B)公司技術創新
(C)消費者喜愛轉變
(D)創業成員變化大。 [2-2][103統測]
創業風險包括市場風險、法律風險、災害風險等外部風險,以及經營風險、資金風險、合夥風險等內部風險。
A:資金風險。
B:公司技術創新,對公司有正面的助益,不會使企業面臨風險。
　　公司技術創新遭遇瓶頸,才可能使企業面臨「經營風險」。
C:市場風險。
D:合夥風險。

( C )5. 某運輸公司為了提供員工在外執行工作時,人身安全所面臨的風險的保障,通常會投保下列何種保險?
(A)運輸保險
(B)公共意外責任險
(C)職業災害保險
(D)人壽保險。 [2-3][103統測]

企業為了員工因執行職務導致傷害、殘廢、疾病、死亡或失蹤等情事,而向保險公司投保的保險→職業災害保險。

( B )6. 台灣區電工器材工業同業公會的廠商大多為台灣頗具份量的出口廠商,該公會理事長經常需要代表廠商與政府溝通產業或財經政策。請問該理事長不是扮演下列何種企業家的角色?
(A)聯絡者 (B)仲裁者 (C)協商者 (D)意見領袖。 [2-1][105統測]

電工器材工業同業公會理事長必須與各廠商聯繫互動(聯絡者),並代表各廠商表達立場(意見領袖)、與政府溝通協調產業或財經政策(協商者)。
仲裁者是指當出現爭執時,擔任評斷裁決的人(單位),此人(單位)通常是較具公信力的公正第三方,例如調解委員會、仲裁協會、法院等。

( B )7. 當企業發生危機時,決策者的危機管理能力越好,越有可能化危機為轉機,為企業帶來更好的結果,但也有可能使企業遭受重大損害。此為危機的何種特性?
(A)威脅性 (B)雙面性或價值中立性 (C)複雜性 (D)持續性。 [2-3][105統測]

只要處理得宜,危機也會變轉機→機會性,又稱雙面(效)性、價值中立性、轉機性。

( A )8. 2013年日本首相推動日幣貶值政策,試圖改善長期低迷的日本經濟。此項政策對於日本當時出口廠商而言,應屬於SWOT外部環境分析中的哪一項?
(A)機會 (B)威脅 (C)優勢 (D)劣勢。 [2-4][105統測]

日幣貶值「有助於」日本的出口,對日本出口廠商而言,屬於「外在」環境變化為企業帶來的「潛在機會與有利條件」→機會(O)。

( B )9. 某科技創業家給新創人士的建議:「若創業團隊成員的同質性太高,每次討論時意見都相同,就無法全面思考,容易評估錯誤」,這代表企業未來會面臨何種創業風險?
(A)財務風險 (B)經營風險
(C)合夥風險 (D)法律風險。 [2-2][106統測]

創業者可能因評估錯誤導致營運策略失當,所引起的風險→經營風險。

( D )10. 臺灣M公司的大量IC設計高級工程師被大陸競爭對手挖角,可能導致關鍵技術的流失。該公司所面臨的各種危機中,較不屬於下列何種危機?
(A)內部危機
(B)人力資源的危機
(C)研究發展的危機
(D)社會文化差異危機。 [2-3][106統測]

大量IC設計工程師被挖角,可能導致關鍵技術流失,企業將面臨人才短缺的內部危機、無法招募到合適人才的人力資源危機、以及技術研發停滯的研究發展危機。

# CH2 企業家精神與創業

( C )11. 2017年鴻海集團宣布在美國威斯康辛州打造LCD面板廠,未來4年將投資美國百億美元。在其評估報告中,主要著眼於「美國政府提供稅賦優惠」、該州「交通運輸便利」以及「優質勞動力」等,請問前述評估屬於「SWOT分析」中的哪一項? (A)優勢 (B)劣勢 (C)機會 (D)威脅 [2-4][107統測]

稅賦優惠、運輸便利、優質勞動力等外在環境為企業帶來的有利條件→機會(O)。

( A )12. 某網紅作家從處女作開始,就依靠寫作出版的版稅收入,榮獲近年來作家收入榜的前十名。請問該網紅是屬於何種創業類別?
(A)創意服務類 (B)資訊服務類 (C)專業諮詢類 (D)業務行銷類。 [2-2][108統測]

將「創意發想」透過寫作來表達,並以此來創業→「創意服務類」的創業。

( A )13. 下列有關創業風險的敘述何者正確?
(A)新創公司需大量支出研發費用,卻造成入不敷出面臨倒閉。此屬於資金風險
(B)兩人合夥出資做生意,卻對市場趨勢看法不同而決定拆夥。此屬於資金風險
(C)文創公司跟風生產了特色傳統長衫,因錯估市場需求而積壓大量庫存。此屬於市場風險
(D)因電腦系統設計瑕疵,造成公司客戶的個資外洩。此屬於市場風險。
[2-2][108統測]

B:因合夥者意見不同而拆夥→合夥風險。
C:因誤判市場情勢而「錯估產能」→經營風險。
D:因「技術不足」導致客戶個資外洩→經營風險。

( A )14. 下列何種網路開業方式的主要獲利來源不包含廣告費?
(A)開設網路商店 (B)經營入口網站
(C)經營網路直播平台 (D)架設社群平台。 [2-2][109統測 改編]

開設網路商店的主要獲利來源為「銷貨收入」。

( D )15. 某知名食品公司,當面臨食安風暴時,在事件發生後馬上承認疏失,並誠實揭露所有訊息,且承諾只要是該公司出售的問題商品全部回收退費;該公司處理危機時依序依循哪些原則?
(A)靈活性、真實性、積極性 (B)積極性、責任性、靈活性
(C)即時性、責任性、積極性 (D)即時性、真實性、責任性。 [2-3][109統測]

馬上承認疏失→即時性;誠實揭露所有訊息→真實性;問題商品全部回收退費→責任性。

( A )16. 現今消費者健康保養觀念提升,而某生技公司擁有良好的研發及醫護保健能力,其公司應採取何項策略來擴大市場佔有率?
(A)SO策略 (B)WO策略 (C)ST策略 (D)WT策略。 [2-4][109統測]

消費者健康保養觀念提升→機會(O)
擁有良好的研發及醫護保健能力→優勢(S) } 應採取SO策略。

( A )17. 某3C製造公司主管依不同產品線來分配有限的零件存貨,此敘述說明該主管主要扮演哪一種企業家的角色?
(A)決策制定 (B)人際關係 (C)資訊傳播 (D)公益推廣。 [2-1][110統測]

2-37

( D )18. 林老闆與友人合資經營韓式餐館多年，只提供辣炒年糕、海鮮煎餅、石鍋拌飯三種傳統餐點。近年因「韓流」逐漸退燒生意大不如前，去年又因嚴重特殊傳染性肺炎（COVID-19）疫情影響幾乎瀕臨關店。下列哪一種不屬於林老闆遇到的創業風險？ (A)經營風險 (B)市場風險 (C)災害風險 (D)合夥風險。 [2-2][110統測]

只提供三種傳統餐點→經營風險。韓流退燒→市場風險。COVID-19疫情影響→災害風險。

( C )19. ①某知名歌手嗅到乾拌麵市場快速成長的商機，計劃活用自己高人氣、粉絲多的優勢，趁勢推出自創品牌乾拌麵
②這位歌手對乾拌麵生產製造不熟悉，為掌握商機因此與某食品公司合作，聯手推出自創品牌乾拌麵
以上情境依序屬於SWOT交叉分析中的何種策略？ (A)ST、WO策略 (B)SO、WT策略 (C)SO、WO策略 (D)ST、WT策略。 [2-4][110統測]

乾拌麵市場快速成長（O），歌手人氣高、粉絲多（S）→SO策略。
乾拌麵生產技術不足（W），與食品公司合作（O）→WO策略。

( C )20. 下列何者不是創業過程中的外部風險？ (A)因受少子化影響，使許多幼兒園退場 (B)響應全球環保政策，政府禁用塑膠袋 (C)多名工程師離職，流出部分關鍵技術 (D)受疫情影響，政府宣布餐廳禁止內用。 [2-2][111統測]

少子化→外部風險的市場風險。全球環保政策→外部風險的法律風險。
多名工程師離職→內部風險的經營風險。疫情→外部風險的災害風險。

( C )21. Google公司於組織簡介中有一段陳述：To provide access to the world's information in one click，上述最有可能是指組織規劃的哪一部份？ (A)目標（Objective） (B)任務（Mission） (C)願景（Vision） (D)計畫（Plan）。 [2-4][111統測]

引導企業經營方向的指南→願景。

( D )22. 在健康意識抬頭的時代，許多消費者質疑油炸食品營養失衡與熱量過高，因此相對減少對該產品的購買。對該產品的業者而言，應列為SWOT分析中的哪一個項目？ (A)優勢 (B)劣勢 (C)機會 (D)威脅。 [2-4][111統測]

市場需求衰退→威脅（T）。

( C )23. 為了保障員工生命安全，許多企業在疫情期間為員工投保一年期防疫險，下列哪一項是企業為員工投保防疫險的主要原因？ (A)預防潛在的環境風險，降低成本 (B)這屬於公共意外責任險的一部份 (C)控制公司的災害風險，減少損失 (D)降低公司的法律風險，避免受罰。 [2-2][112統測]

因自然災害所產生的風險→災害風險。

( C )24. 某食品公司遭人檢舉在食品原料中使用工業用色素，導致消費者權益受損。相關消息一出，立刻引起社會大眾關注。公司立即成立危機處理小組，並於第二天召開記者會，由公司高階主管集體向消費者致歉，說明產品下架及賠償方案。該公司危機處理的做法，符合哪一項原則？
(A)在危機潛伏期設想解決方案，符合統一性原則
(B)在危機解決期成立危機處理小組，符合真實性原則
(C)在危機爆發時公司回收產品並致歉，把握責任性原則
(D)在危機善後期召開記者會向大眾說明，符合自保性原則。 [2-3][112統測]

A：統一性原則：應由專門處理危機的單位統一指揮調度。
B：危機「潛伏」期成立危機處理小組。D：召開記者會向大眾說明→真實性原則。

( D )25. 國人飲用咖啡需求日益增加，帶動國內咖啡市場蓬勃發展。某連鎖咖啡店近年來透過打造特色門市、專業咖啡製作技術以及合理平實的價格等方式，讓消費大眾能輕鬆地享受精品咖啡，因而在咖啡市場異軍突起，據點林立。若以經營策略SWOT分析的角度，則該公司的做法屬於哪一種策略？
(A)防禦性策略（WT）　　　　(B)扭轉性策略（WO）
(C)多元化策略（ST）　　　　(D)增長性策略（SO）。 [2-4][112統測]

國內咖啡市場蓬勃發展→機會O
打造特色門市、專業咖啡製作技術以及合理平實的價格→優勢S
→增長性策略（SO）。

( D )26. 石斑魚是臺灣重要的外銷魚種，年產量近16,000公噸，產值約40億元新臺幣。石斑魚外銷主要集中於某國約佔90%。然而，該國突然在2022年6月10日起以檢出禁用藥物及土黴素超標為理由，暫停臺灣石斑魚輸入，一時間造成臺灣石斑魚滯銷，對漁業產生很大的衝擊。力加漁業公司此時驟然失去70%的銷售量，創辦人沒有怨天尤人，反而積極尋找與聯繫其他國家的客戶，並迅速導入真空包裝生產設備，努力在最短時間內解決問題。為了擴展新的出口市場，該公司創立石斑魚品牌，將現撈漁獲急速冷凍後出口，透過當地電商平臺銷售給一般民眾。同時，該公司將石斑魚去皮、切塊、去骨、去頭尾後以真空包裝放到電商平台銷售。另外，力加為加強掌握新的外銷地區市場競爭與消費者喜好，蒐集美國、以色列……等國社群網路上的圖文資料、社會新聞、氣候變化、美食節目影片，還有不同國家客戶造訪力加網站的瀏覽紀錄，再利用電腦分析以得到重要的商業智慧。該公司透過一系列的措施，突破困境。創辦人在面對市場突發狀況下展現最明顯的是哪一種創業家的特質？
(A)掌控性　(B)成就動機　(C)預警性　(D)風險承擔與堅持。 [2-1][113統測 改編]

面對市場不確定性，勇於承擔風險、化解危機→風險承擔性。

( A )27. 從事營建工程的甲君，上個月在建築工地工作時因上一樓層堆放的磁磚位移掉落而被砸到，受傷住院了二天。甲君可以請求賠償的保險不包含下列何者？
①產品責任險　　②人身意外保險　　③勞工保險
④職業災害險　　⑤公共意外責任險
(A)①⑤　(B)②③　(C)②④　(D)③④。 [2-3][113統測 改編]

非因產品本身有缺陷而造成傷人情形→不屬於①產品責任險的賠償範圍。
建築工地並非公共場所→不屬於⑤公共意外責任險的賠償範圍。

( A )28. 電動汽車的需求在減碳排放政策以及科技進步等多項刺激下明顯增加。國內某汽車業者擁有先進電動車電池的開發及製造能力，則該公司欲提高市占率應採用何種策略？
(A)SO策略　(B)ST策略　(C)WT策略　(D)WO策略。 [2-4][113統測]

擁有先進電動車電池的開發及製造能力→優勢S
減碳排放政策以及科技進步→機會O
→SO策略（增長性策略）。

▲ 閱讀下文，回答第29～30題。

進入職場十多年的阿好，在工作穩定後，決定以斜槓方式到阿國與阿斌以有限合夥方式成立的SOHO（Small Office Home Office）工作室。其中，阿國為普通合夥人，阿斌為有限合夥人。阿好利用下班時間，透過網路平台接案，幫其他企業設計活動需要的海報、看板…等。客戶可在平台瀏覽與選購阿好的作品，或是進一步討論客製化的需求。在作品確認後，客戶可以透過多種線上方式支付費用，且阿好在確認平台收到款項後，平台才開放客戶下載作品。

完成工作後，阿好常到隔壁的便利超商逛逛。任何時間只要帶張悠遊卡，就可以使用悠遊卡付款購買小點心，享受小確幸。這間超商設有座位區，阿好可以跟客戶約在這裡享用超商牌的現煮咖啡或茶飲進行討論。而且，上個月這間超商引進國際知名啤酒品牌的生啤酒機，可現場製作杯裝啤酒，因此又多了一項消費選擇。

( B )29. 關於上述情境，阿好「SOHO」的類型依①工作型態、②工作性質，分別屬於下列何者？
(A)①自雇型、②資訊型　　　　(B)①兼差型、②創意型
(C)①自雇型、②創意型　　　　(D)①兼差型、②業務型。　　　[2-2][114統測]

受雇於公司，利用下班時間另外兼差→兼差型SOHO。
幫其他企業創意設計活動需要的海報、看板→創意型SOHO。

( A )30. 關於上述SOHO工作室的設立與經營，下列敘述何者正確？
(A)阿好透過網路平台接案，直接賣出商品，屬於固有商業
(B)阿好幫其他企業設計與製作海報、看板…等收入，來自於廠商廣告費
(C)為了降低資金風險，阿國與阿斌要常溝通，以避免因理念、意見不合而拆夥
(D)若經營不善，在結束營業時的債務不管有多少，阿國需負連帶有限清償責任。
　　　[2-2][114統測]

阿好賺取的是設計作品之創作收入，而非廠商廣告費。
避免因理念、意見不合而拆夥→合夥風險。
阿國有限合夥企業的普通合夥人→對企業債務負「連帶無限」清償責任。

# CH 3 商業現代化機能

**114年統測重點**
消費者保護法、通路階層、金流、資訊流

## 本章學習重點

本章最常考**資訊流**，**金流**次之
近年考出次數如下（以①、②…表示）

| 章節架構 | 必考重點 |
|---|---|
| 3-1　商業現代化 | • 商業現代化的各項措施與計畫　★★☆☆☆ |
| 3-2　現代化商業機能<br>　3-2-1　商流⑤<br>　3-2-2　物流⑤<br>　3-2-3　金流⑦<br>　3-2-4　資訊流⑩<br>　3-2-5　服務流② | • 商流與物流的比較<br>• 金流交易的工具　★★★★★<br>• 資訊流運用的各種工具及其效用<br>• 服務流的特性 |

## 統測命題分析

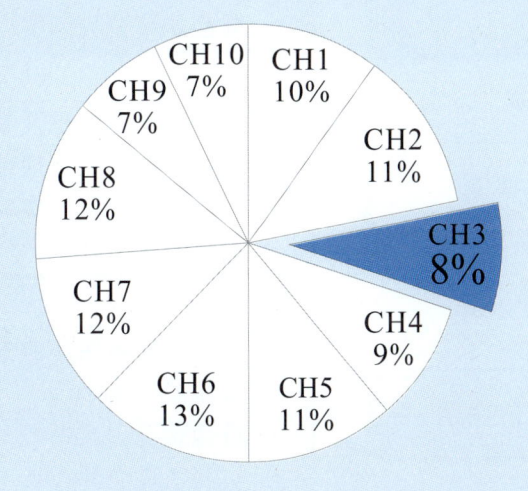

- CH1 10%
- CH2 11%
- CH3 8%
- CH4 9%
- CH5 11%
- CH6 13%
- CH7 12%
- CH8 12%
- CH9 7%
- CH10 7%

# 3-1 商業現代化

統測 102 103 112 114

我國**經濟部商業發展署**為了解決商業在發展所遇之問題,希望透過商業現代化措施與計畫,來達到以下目標:

1. **改善商業環境。**
2. **促進經濟建設與城鄉均衡發展。**
3. **降低流通成本。**
4. **維護公平合理的商業秩序。**
5. **創造良好的消費環境。**

商業現代化的措施與計畫,說明如下。

## 商業現代化的措施與計畫

**商業現代化策略:**

- **擴大經營空間、改善商業環境**
  - 設置工商綜合區
  - 活化地方商業環境、營造魅力商圈
  - 傳統市場更新與改善
  - 攤販輔導與管理

- **提升商業服務品質**
  - 獎勵績優業者
  - 輔助企業建立顧客滿意指標

- **強化商業團體及財團法人的經濟功能**
  - 擴大委託商業團體、財團法人等組織來辦理業務

- **健全營運主體、維護商業秩序**
  - 全盤檢討修正公司法
  - 健全財務會計制度

- **提升商業技術水準**
  - 推動商業自動化及電子化
  - 加強商業經營管理輔導
  - 商業基礎資訊蒐集與建立
  - 培育商業人才

- **落實消費者權益之保護**
  - 訂定消費者保護法令
  - 規範商品標示
  - 規範定型化契約
  - 規範特種交易行為

## 一、擴大經營空間、改善商業環境

| 項目 | 說明 |
| --- | --- |
| 設置工商綜合區 | 在都市近郊之交通便利地區，設置整合工業、工商服務及展覽、倉儲物流、修理服務、批發量販、購物中心等用途的工商綜合區，以有效利用土地資源，促進城鄉均衡發展 |
| 活化地方商業環境營造魅力商圈 | 透過商圈更新再造、形象商圈、商店街等計畫，將地方商業環境發展成具有鮮明形象特色的現代化商圈 |
| 傳統市場更新與改善 | 透過建立示範市場、改善購物環境、加強服務品質等措施，使傳統市場邁向現代化經營 |
| 攤販輔導與管理 | 透過加強證照管理、辦理攤販轉業技能訓練、設置觀光市場等措施，提升攤販的經營層次 |

## 二、提升商業服務品質

| 項目 | 說明 |
| --- | --- |
| 獎勵績優業者 | 2004～2015年間，推行優良服務認證計畫（Good Service Practice, GSP），透過政府認證來鼓勵企業提升服務人員的素質及服務技能 |
| 輔導企業建立顧客滿意指標 | 透過輔導企業建立自己的顧客滿意指標（Customer Satisfaction Index, CSI[註]），使「顧客滿意」的經營理念落實於企業的管理制度中，提昇企業形象 |

註：顧客滿意指標CSI是指評估顧客對於企業產品（服務）滿意程度的指標。

除了上述之外，政府也透過「推動連鎖加盟發展」、「推動商業設計及廣告服務業發展」等方式來提升商業服務品質。

## 三、強化商業團體及財團法人之經濟功能

委託如同業公會、職業工會、資訊工業策進會、工業技術研究院、商業發展研究院、中國生產力中心等商業團體及財團法人，透過其組織的經濟功能，來協助政府推動商業現代化的政策。

## 四、健全營運主體、維護商業秩序

藉由「全盤檢討修正公司法」、「健全財務會計制度」、「建立營業項目標準化代碼及電腦化」、「建立全國工商管理資訊系統」等措施，來維護商業秩序，並健全企業營運主體、提高經營管理效能。

## 五、提升商業技術水準

| 項目 | 說明 |
|---|---|
| 推動<br>商業自動化及電子化 | 1. **推動商業自動化**：協助企業在組織內部之倉儲、配送、銷售體系中導入自動化系統，以提高流通效率<br>2. **推動商業電子化**：鼓勵上、中、下游企業應用電子化技術，建構完整的供應鏈體系，以提升交易速度 |
| 加強<br>商業經營管理輔導 | 鼓勵企業**引進現代化管理技術**來提高企業競爭力，例如透過經費補助或稅收減免等方式，輔助3C產品流通業等行業，導入網路資訊技術，處理訂單、採購、行銷等事宜 |
| 商業基礎資訊<br>蒐集與建立 | 委託如商業發展研究院等財團法人，進行商業基礎資訊的蒐集與建立，並針對**商業未來創新發展**進行研究 |
| 培育商業人才 | 協助企業透過教育訓練，累積商業人才 |

### 知識充電　3C產品

1. Computers（電腦相關產品）：如筆記型電腦、印表機等。
2. Consumer Electronics（消費性電子產品）：如音響、電視機等。
3. Communications（通訊產品）：如手機等。

## 六、落實消費者權益之保護

1. **訂定消費者保護法令**

   實施**消費者保護法**、**公平交易法**等法令，落實消費者權益之保護，保障消費者權益。（詳見本書下冊第9章「商業法律」）

2. **規範商品標示**

   實施**商品標示法**，規定商品應標註及不應標示之事項，透過正確商品標示的執行，以維護企業商譽、保障消費者權益。（詳見本書下冊第9章「商業法律」）

3. **規範定型化契約**

   定型化契約是指：業者預先擬定，以與多數消費者訂立之同類契約。

   由於消費者通常難以針對定型化契約內容進行協商，因此消保法明訂定型化契約應有**30天以內**的**合理審閱期間**、應符合**平等互惠**原則、**不可違反誠實信用原則**等規定。

   此外，政府也提供多種定型化契約的範本，供消費者參考使用。

   定型化契約條款並不限於書面，也可以用放映字幕、張貼、牌示、網際網路等或其他方法來表示。（消保法第2條第7款）
   例如各網站中的「服務條款」網頁，即屬於定型化契約。

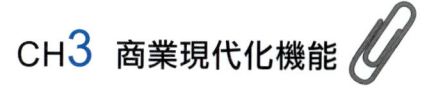

- 定型化契約　　　　　：有30天以內的合理審閱期。
- 通訊交易、訪問交易：在7天猶豫期內可無因退貨。

4. **規範特種交易行為**

   消保法明訂消費者對於**通訊交易**、**訪問交易**應有**七天猶豫期**，除了以下七類商品（服務）之外，消費者在收到商品時，可在**七天內退貨**，且不需說明理由、亦不必負擔費用。

   不適用七天猶豫期的商品（服務），包含：

   (1) **易腐敗**、保存期限較短或解約時即將逾期。
   　　案例　鮮奶、蔬果等。

   (2) **客製化**商品。
   　　案例　印章、客製化人像公仔等。

   (3) **報紙、期刊或雜誌**。
   　　案例　國語日報、ELLE雜誌等。

   (4) 已拆封之**影音**商品或**電腦軟體**。
   　　案例　電影DVD光碟等。

   (5) **線上數位**內容，或一提供即完成的線上服務。
   　　案例　電子書、線上音樂等。

   (6) 已拆封之**個人衛生用品**。
   　　案例　內衣褲或刮鬍刀等。

   (7) **國際航空**客運服務。
   　　案例　國際航空機票等。

---

### 知識充電　　特種交易行為

特種交易行為包括通訊交易、訪問交易、分期付款、現物要約四種。

1. **通訊交易**：業者以廣播、電視、電話、傳真、型錄、報紙、雜誌、網際網路、傳單等方法，使消費者在沒有檢視商品（服務）情形下，與業者進行交易。

2. **訪問交易**：業者未經消費者的邀約，與消費者在住所、工作場所、公共場所等場合進行交易。

3. **分期付款**：業者與消費者訂定買賣契約，約定消費者支付頭期款，餘款分期支付，而業者於收受頭期款後，便交付商品給消費者。

4. **現物要約**：業者未經消費者同意，逕行郵寄或投遞商品給消費者。消費者對於此類商品不負保管義務。

## 小試身手 3-1

( C )1. 下列何者不是商業現代化的主要目標？
(A)改善商業環境　　(B)促進區域均衡發展
(C)加入國際組織　　(D)創造良好的消費環境。

( D )2. 下列何者是結合休閒娛樂、購物消費、工商展示等功能的特定專用區？
(A)傳統市場　(B)商店街　(C)跳蚤市場　(D)工商綜合區。

( D )3. 下列何者不是政府為了擴大商業經營空間、改善商業環境所採行的措施？
(A)設置工商綜合區
(B)傳統市場更新與改善
(C)辦理攤販轉業技能訓練
(D)推廣網際網路商業應用計畫。

( A )4. 「CSI」與哪一項商業現代化的策略有關？
(A)提升商業服務品質
(B)提升商業技術水準
(C)落實消費者權益之保護
(D)維護商業秩序。

( B )5. 墾丁利用現代化的企業經營理念與方法，結合區內特有的人文、特產及景觀，協助區內傳統商店重現獨特形象，而形成一個具有形象特色的＿＿＿＿＿＿。請問上述底線處應填入？
(A)商店街　(B)形象商圈　(C)工商綜合區　(D)購物中心。

( B )6. 下列何者不屬於特種交易行為？
(A)通訊交易　(B)房屋買賣　(C)訪問交易　(D)分期付款。

( B )7. 「消費者保護法」、「商品標示法」等相關法令的制定，其目的是為了
(A)善用第三部門的經濟功能
(B)消費者權益之保護
(C)提升商業技術水準
(D)促進經濟建設與城鄉之均衡發展。

( C )8. 為了保護消費者權益，我國法律規定，原則上透過何種交易方式所購買的商品，消費者享有七天猶豫期？
(A)通訊交易、訪問交易、現物要約、分期付款交易
(B)現物要約、通訊交易
(C)通訊交易、訪問交易
(D)店面交易、網路交易。

( A )9. 消保法規範定型化契約應符合的原則，不包含下列何者？
(A)消費者至上　(B)30天以內合理審閱期　(C)平等互惠　(D)不違反誠信。

( D )10. 下列何者不屬於提升商業技術水準的措施？
(A)推動商業自動化及電子化
(B)培育商業人才
(C)加強商業經營管理輔導
(D)建立營業項目標準化代碼及電腦化。

( A )11. 請問3C是指？
(A)電腦相關產品、消費性電子產品、通訊產品
(B)電腦相關產品、顧客滿意產品、通訊產品
(C)手機相關產品、消費性電子產品、電纜相關產品
(D)攝影相關產品、化學藥品、化妝品相關產品。

( C )12. 政府透過全盤檢討修正公司法、健全財務會計制度、建立全國工商管理資訊系統等措施，可達到商業現代化的哪項策略？
(A)強化商業團體及財團法人之經濟功能
(B)提升商業技術水準
(C)健全營運主體、維護商業秩序
(D)落實消費者權益之保護。

( D )13. 我國政府規定房屋租賃定型化契約中的押金不得超過2個月、違約金不得超過1個月、水電費不能臨時調漲等事項。請問我國規範此定型化契約的做法，是為了達成下列哪一項商業現代化策略？
(A)擴大經營空間、改善商業環境
(B)提升商業技術水準
(C)健全營運主體、維護商業秩序
(D)落實消費者權益之保護。

( C )14. 某年台灣發生飼料油事件、餿水油風暴，上千家食品業者遭到波及，消費者可憑發票或商品向原購買店家辦理退貨，這是基於何種法律之規範？
(A)公平交易法　(B)商品標示法　(C)消費者保護法　(D)營業秘密法。
商品或服務會危害消費者時，企業應回收該批商品→消費者保護法。

( B )15. 消保法對於通訊交易、訪問交易類商品，訂有七天猶豫期，但有七類商品（服務）不適用此規範。請問下列何者為不適用七天猶豫期之商品（或服務）？
(A)阿豪在購物台購買的NBA球衣
(B)小愛請店家客製與寵物妮妮模樣相仿的羊毛氈玩偶
(C)小雷上網預訂的電影票
(D)阿滴在拍賣網站買的動漫公仔。

## 3-2 現代化商業機能

現代化的商業機能包含了商流、物流、金流、資訊流、服務流等五流：

- **商流**：商品**所有權**的移轉。
- **物流**：實體物品的**運輸配送**。
- **金流**：**資金**的流通。
- **資訊流**：**資訊情報**的流通。
- **服務流**：**銷售前到銷售後**的服務。

## 3-2-1 商流

### 一、意義

商流是指商品的**所有權移轉**，是**一切交易的基礎**。當廠商與消費者在簽訂買賣契約之後，廠商的進貨、銷貨、存貨等作業，及證明商品所有權移轉的發票或收據等憑證，都屬於商流的範疇。因此商流是所有流通活動的源頭。

### 二、通路階層

商流通路主要包括扮演商流活動**協調**角色的**批發商**、及扮演**直接提供商品給消費者**角色的**零售商**二種。而通路階層是指通路的流通階層數目來計算，通常包含**零階**通路、**一階**通路、**二階**通路及**三階**通路。其中：

- 零階通路又稱為**直接通路**、**直接行銷通路**。
- 一階通路、二階通路、三階通路又稱為**間接通路**、**間接行銷通路**。

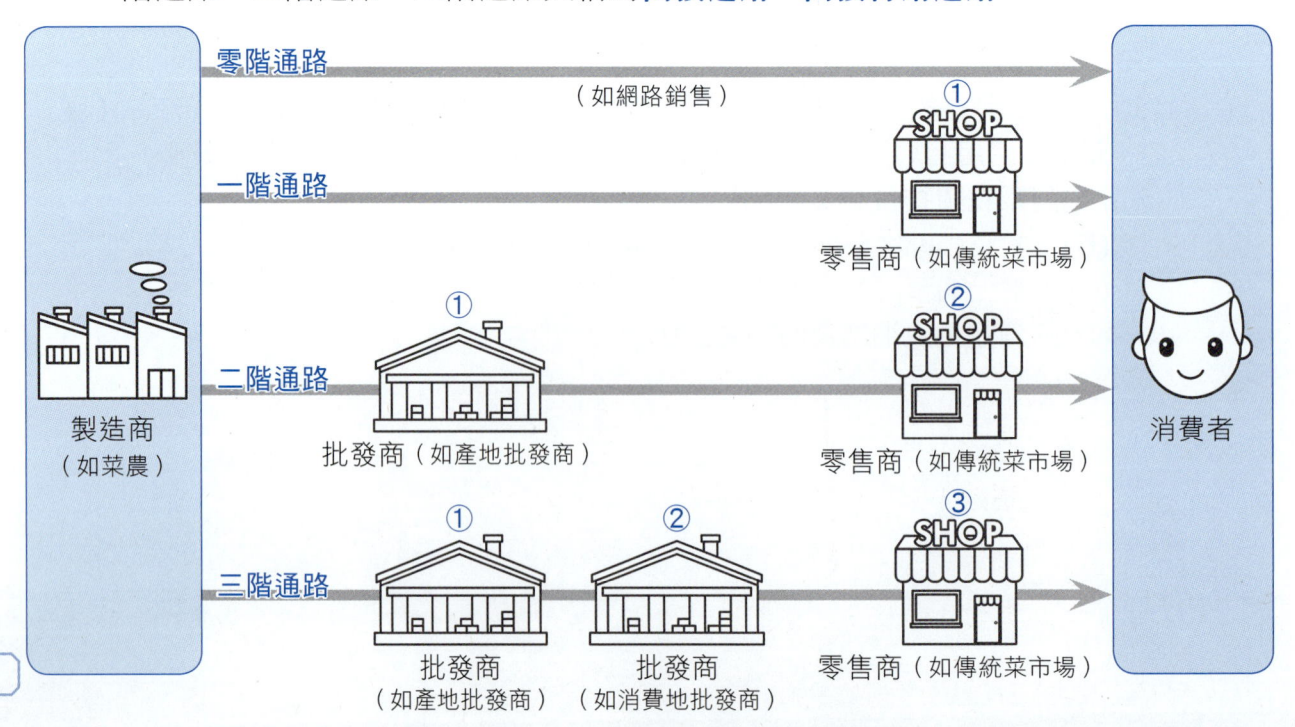

**零階通路**（如網路銷售）：製造商（如菜農）→ 消費者

**一階通路**：製造商 → ①零售商（如傳統菜市場）→ 消費者

**二階通路**：製造商 → ①批發商（如產地批發商）→ ②零售商（如傳統菜市場）→ 消費者

**三階通路**：製造商 → ①批發商（如產地批發商）→ ②批發商（如消費地批發商）→ ③零售商（如傳統菜市場）→ 消費者

## 三、類型 統測 109 111 113

根據商品的特性，可分為開放型商流與選擇型商流。

| 類型 | 通路特點 | 商品特性 | 釋例 |
| --- | --- | --- | --- |
| 開放型商流 | 1. 透過許多批發商與零售商來流通商品<br>2. 通路長而廣 | 1. 通常價格較低<br>2. 通常購買頻率較高<br>3. 日常生活用品較常見 | 衛生紙、醬油、糖 |
| 選擇型商流 | 1. 選擇特定商家來流通商品<br>2. 通路短而窄 | 1. 通常價格較高<br>2. 通常購買頻率較低<br>3. 較需專業人員解說<br>4. 重視售後服務<br>5. 強調品牌形象<br>6. 選購品較常見 | 汽車、家具、電腦 |

## 四、機能

1. **執行所有權的移轉**
   為商流**最重要的機能**，是指透過商品交易，廠商將商品所有權移轉給消費者，消費者取得商品所有權。

2. **提供適當的交易管道**
   廠商選擇最適合商品銷售的流通通路，例如超商、量販店、網站、應用程式APP等，讓消費者可以順利進行商品交易。

3. **傳遞交易情報給上游廠商**
   銷售商品給消費者的商家，可以把所掌握到的各種交易情報提供給上游廠商，協助上游廠商生產符合市場需求的產品。

4. **提供消費者所需的商品資訊**
   廠商可以提供各種與商品相關的資訊給消費者，讓消費者在購買時可以參考。

5. **發掘消費者的需求**
   廠商透過商流過程，可以了解並掌握消費者的需求，以利因應需求即時提供服務。

### 練習一下　　　　商流的基本概念

試判斷以下敘述何者正確？並在空格中打勾。

　✓　1. 商流是商品所有權的流通。

　　　2. 製造商透過零售商銷售商品給消費者，屬於二階通路。

　　　3. 選擇型商流的商品，通常價格會比較低。

　　　4. 發掘顧客需求是商流最重要的機能。

# 3-2-2 物流

統測 103 105 108 110 112

## 一、意義

物流是指**實體物品的流通**。又可分為狹義物流與廣義物流兩種：

1. **狹義物流**

   是指**製成品**的銷售流通，又稱**銷售物流**、**商業物流**。

2. **廣義物流**

   結合上游原料市場與下游銷售市場之物品的流通，包括以下幾種：

| 種類 | 說明 |
| --- | --- |
| ① 資材物流（供應物流） | 原物料供應給製造商的流通 |
| ② 生產物流 | 原物料及半製品在製造商工廠內部運送的流通 |
| ③ 銷售物流（狹義物流） | 製成品銷售的流通 |
| ④ 逆向物流（回收物流） | 滯銷品或送修品回收的流通 |
| ⑤ 廢棄物物流 | 廢棄物處理的流通 |

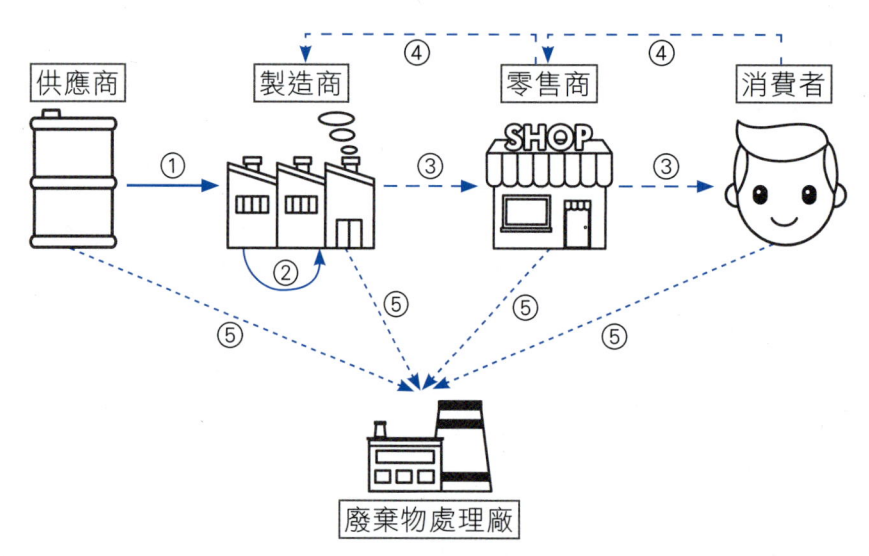

### 知識充電　商流與物流的比較

商流與物流的不同在於：商流必須有交易活動的產生；物流則不涉及交易活動，僅處理物品的流通。整理如下表所示：

| 項目 | 商流 | 物流 |
| --- | --- | --- |
| 定義 | 商品所有權移轉 | 實體物品流通 |
| 流通主體 | 商品所有權 | 實體物品 |
| 有無交易活動 | 有 | 無 |
| 創造效用 | 所有權效用 | 地域效用 |

## 二、類型  統測 105

| 類型 | 說明 | 釋例 |
| --- | --- | --- |
| 消費品物流 | 供**最終消費者**使用的物品流通 | 民生用品的流通、物品的宅配 |
| 工業品物流 | 供**製造商生產**所需使用的物品流通 | 原物料的流通 |

## 三、機能  不包括研發、製造、銷售  統測 103 108 110 112

1. **運輸配送**

   為物流的**核心機能**，是指將物品從某地運送另一地的機能，此機能若有效運作，不僅可降低地域的距離限制，也能加速物品的流通效率。

2. **裝卸搬運**

   運用堆高機、輸送帶等物流設備的運作，讓物品能順利進行**堆疊**、**裝卸**、**搬運**等作業。

3. **倉儲保管**

   物流業者所提供的倉儲服務，可**妥善儲藏**物品，以利即時提取並配送物品。

4. **加工包裝**

   物流業者不從事生產製造，但可因應需求，對配送物品進行**加工**、**包裝**、**分類**、**黏貼標籤**等工作。

5. **資訊提供**

   物流業者可提供委託廠商有關商品配送的**情報資訊**，如商品銷售狀況、配送頻率、配送時間、配送成本、包裝方式、及較佳的配送建議等。

6. **業務協調**

   透過**物流自動化**的作業模式，物流業者可將製造、批發、零售等廠商垂直整合，協調生產、運輸、銷售等業務，以增進整體供應鏈的效益。

### 練習一下　　商流與物流的比較

試判斷以下敘述，分別是在說明商流或物流，並填入相對應的代號。

A.商流　　　　B.物流

__A__ 1. 藉由交易活動而產生所有權的流通。

__A__ 2. 是所有流通活動的源頭。

__B__ 3. 是指實體物品的流通。

__B__ 4. 運輸配送是最重要的核心機能。

## 3-2-3 金流

統測 104 106 107 111 112 113 114

### 一、意義

金流是指因交易活動而產生的**資金流通**。金流通常包含以下兩種：

1. **傳統金流**：以**現金**、票據（如**支票**、匯票等）等直接支付款項的金流方式。此方式較易使結帳速度變慢、耗費人力與時間，且容易發生被搶或收到偽鈔的風險。
2. **現代金流**：透過**金融卡**或**信用卡**等處理付款作業的金流方式。此方式可提高資金的流通效率，但亦須注意遭盜用或個資外流等風險。

### 二、常見的現代金流交易工具　統測 111

1. **金融卡（ATM card）**
   (1) **定義**：又稱**提款卡**。由金融機構發給存款人、供存款人進行存款運用之卡片。
   (2) **說明**：持卡人可持金融卡於自動櫃員機（ATM）**提領現金**、**轉帳**。
   (3) **釋例**：郵局金融卡、兆豐銀行金融卡等。

   > 實務上，金融卡已具有直接扣款功能，消費者到與財金資訊公司合作之特約商店消費時，透過插卡（感應）方式，將交易款項從存款帳戶中直接扣除。

2. **簽帳金融卡（debit card）**
   (1) **定義**：具有**刷卡扣款**功能的金融卡。
   (2) **說明**：除了金融卡的功能之外，持卡人可持簽帳金融卡，至特約商店**刷卡消費**，**款項直接從存款帳戶中扣除**。
   (3) **釋例**：郵政VISA金融卡、第一銀行簽帳金融卡等。

   > 簽帳金融卡主要是使用於與VISA國際組織合作之特約商店。

3. **信用卡（credit card）**
   (1) **定義**：由金融機構發給持卡人、供持卡人於**信用額度**內**刷卡消費**的卡片。
   (2) **說明**：是**先消費後付款**的卡片。持卡人可在**信用額度**內持信用卡，至特約商店刷卡消費，並於繳款截止日前付清全部款項，或繳交部分款項（剩餘款項須支付循環利息）。信用卡具有以下功能：

   - 可做為**消費支付**工具
   - 可**儲存**客戶的消費資料
   - 可**延遲**付款
   - 可免除攜帶現金的不便
   - 可**識別**持卡人的身分
   - 可作為資金調度或理財的工具

   (3) **釋例**：中國信託英雄聯盟信用卡、富邦Costco聯名卡等。

4. **簽帳卡（charge card）**
   (1) **定義**：由金融機構發給持卡人、供持卡人**刷卡消費**的卡片。
   (2) **說明**：是**先消費後付款**的卡片。簽帳卡並**沒有信用額度的限制**，持卡人可持簽帳卡，至特約商店刷卡消費，並於繳款截止日前**付清全部款項**。
   (3) **釋例**：美國運通簽帳卡等。

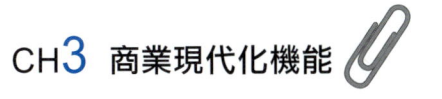

5. **預付卡（prepaid card）**[註]
   (1) **定義**：又稱**儲值卡**、**電子票證**。可儲存金錢價值、供持卡人於消費時直接扣款的卡片。
   (2) **說明**：是**先付款後消費**的卡片。持卡人**儲值**或購買一定額度的卡片後，即可持該預付卡至特約商店消費，款項直接從儲值金額中扣除。
   (3) **釋例**：麥當勞點點卡、星巴克隨行卡、悠遊卡、一卡通等。

   註：此處所指的預付卡，包括企業自由發行的儲值卡（屬於電子禮券性質），以及經政府依《電子支付機構管理條例》核准發行的儲值卡（舊稱電子票證）。

### ※ 現代金流交易工具的比較

| 工具 | 金融卡 | 簽帳金融卡 | 信用卡 | 簽帳卡 | 預付卡 |
|---|---|---|---|---|---|
| 功能 | 提款、轉帳 | 提款、轉帳**刷卡扣款** | **刷卡付款** | **刷卡付款** | **儲值**付款 |
| 特性 | － | 即時扣款 | **先消費後付款** | **先消費後付款** | **先付款後消費** |
| 支付方式 | 轉帳 | 刷卡後直接從帳戶扣款 | 刷卡後於期限內繳款 | 刷卡後於期限內繳清款項 | 直接從儲值金扣款 |
| 額度上限 | 帳戶中的存款 | 帳戶中的存款 | 發卡機構核准的**信用額度** | **沒有**信用額度限制 | 已儲值的金額 |
| 採用技術 | 插卡讀取晶片 | • 插卡讀取晶片<br>• RFID感應<br>• NFC感應 | • 插卡讀取晶片<br>• 刷卡讀取磁條<br>• RFID感應<br>• NFC感應 | • 刷卡讀取磁條<br>• RFID感應<br>• NFC感應 | • 插卡讀取晶片<br>• RFID感應<br>• NFC感應 |

註：有關RFID、NFC之介紹，詳見本章第3-2-4節。

### 知識充電　金流活動中常見的名詞

1. **智慧卡**：又稱IC卡，是指置入「積體電路（Integrated Circuit, IC）晶片」的卡片，其具有儲存、運算、覆寫等功能。在台灣，健保卡、自然人憑證卡、金融卡、信用卡等，都已採用智慧卡的形式來製作。

2. **比特幣（Bitcoin）**：是一種**數位貨幣**（以數位形式儲存其價值的交易媒介），它如同金礦般藏身在網路之中，須藉由電腦運算技術挖掘它（俗稱**挖礦**），並以密碼儲藏在該區塊裡，再透過**不同區塊間的鏈結**（即**區塊鏈**）來使用它，以進行交易。由於比特幣（以及類似的數位貨幣，如乙太幣、萊特幣等）遭盜用的風險高、投機性強，因此目前台灣視其為虛擬商品，而非具金流功能的貨幣。

3. **金融科技**：與金融服務相關的各項資訊科技技術（如大數據、行動平台等）。

4. **電子錢包**：是一種把**實體錢包虛擬化**的概念，其透過電子化技術進行儲值或連結信用卡資訊，以利於交易時進行付款。

5. **現金卡**：由金融機構發給持卡人、供持卡人於**信用額度**內**提領現金**以利資金運用的卡片。

現金卡屬於資金融通（借款）的工具，其並不是運用於交易過程中的資金流通。

### 6. 電信小額付費

是指在特定額度內，將網路購物消費金額併計入電信費帳單內的付款方式。

**案例** 中華電信、台灣大哥大、遠傳電信。

## 三、新興的金流交易方式－行動支付　統測 111 112 113 114

**行動支付**是指將智慧型手機、智慧型手錶等**行動裝置綁定**信用卡、金融卡、儲值卡等現代金流交易工具的資料後，在**實體商店**透過行動裝置以**感應NFC**（近距離無線通訊）／**掃描條碼**方式付款，或在**網路商店**透過**應用程式App**／**電子支付平台**進行付款。

→通常稱為「付款條碼」

行動支付的特色是在交易時，可**透過已綁定的行動裝置快速付款**，以取代在實體商店交易時需掏現金／找信用卡、或在網路商店交易時需輸入信用卡資料／轉帳帳戶資料等較繁複的付款方式。

行動支付可透過**行動信用卡、第三方支付、電子支付**等工具來進行；**行動信用卡**是指將信用卡（或簽帳金融卡）資料存到行動裝置中，使行動裝置成為虛擬信用卡。第三方支付及電子支付兩者說明如下。

| 方式 | 第三方支付 | 電子支付 |
|---|---|---|
| 定義 | 透過第三方機構所提供之**代理收付**功能來付款的金流方式 | 透過電子支付機構所提供之**代理收付、儲值、轉帳**等功能來付款的金流方式 |
| 說明 | 消費者將消費金額交由**第三方機構**暫時保管，並於確定收到商品後，通知第三方機構支付款項給廠商，以**保障資金安全移轉，預防詐騙** | 消費者向**電子支付機構**註冊開立**電子支付帳戶**，並綁定信用卡（或金融卡、儲值卡等）資料，即可透過代理收付（即第三方支付功能）、儲值、轉帳等方式交易付款 |
| 主要功能 | 代理收付 | 代理收付、儲值、轉帳 |
| 主管機關 | 數位發展部 | 金融監督管理委員會 |
| 身分確認機制 | ✗ | ✓（依電子支付機構管理條例規定） |
| 備註 | 若代理收付款項總餘額＞20億元，應申請成為電子支付機構 | 須向主管機關提出申請且經許可，才能成為電子支付機構 |

註：第三方支付除了以「行動支付」方式付款之外，也可透過如刷信用卡、轉帳、超商繳費等方式來付款。
電子支付除了運用在「行動支付」交易付款之外，也可運用於其他金融活動中，例如轉帳給朋友。

電子支付機構列表：
（https://reurl.cc/OMv94A）

※ 行動信用卡、第三方支付、電子支付的主要差異

1. **行動信用卡**：行動裝置＝信用卡。刷卡付款時，款項**直接**支付給商家。

   • 刷行動信用卡 ──────────────→ 商家

2. **第三方支付**：交易付款時，款項**透過第三方支付業者**交給商家。

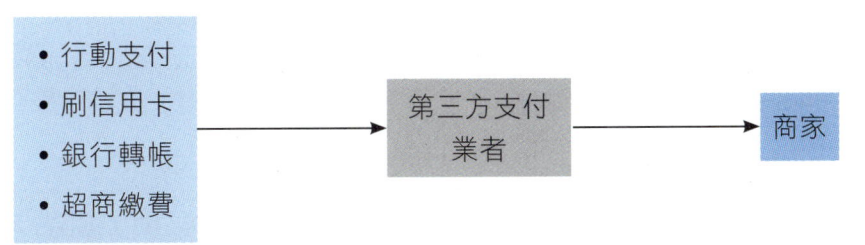

   • 行動支付
   • 刷信用卡      ──→  第三方支付業者  ──→  商家
   • 銀行轉帳
   • 超商繳費

2. **電子支付**：以行動支付方式交易付款時，款項**透過電子支付機構**交給商家；或先儲值在電子支付機構的電子支付帳戶中，交易付款時再從該帳戶扣款給商家。

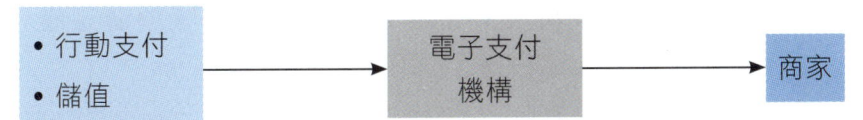

   • 行動支付     ──→  電子支付機構  ──→  商家
   • 儲值

常見的新興支付方式，如下圖所示。

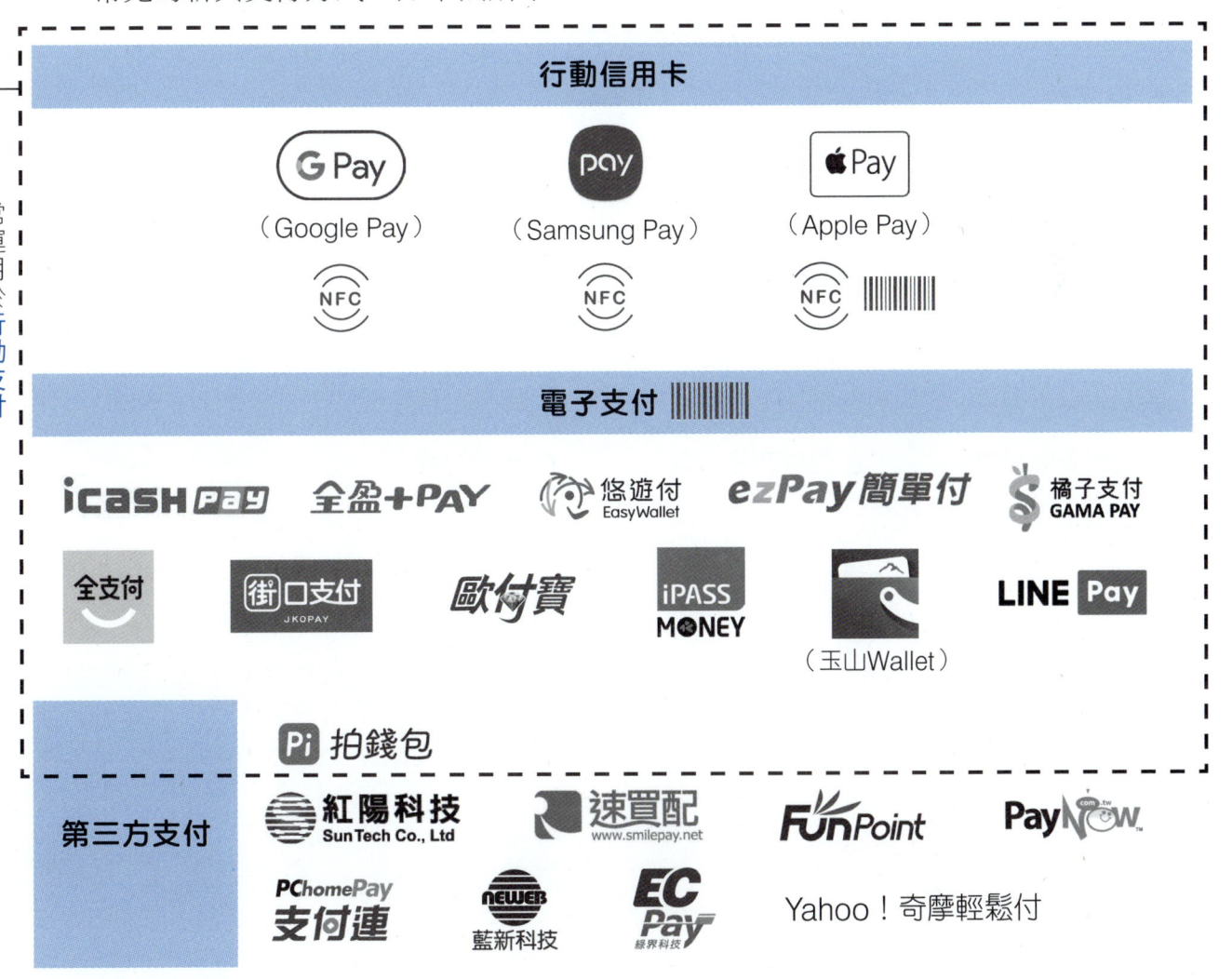

常運用於**行動支付**

**行動信用卡**

- GPay（Google Pay）NFC
- pay（Samsung Pay）NFC
- Pay（Apple Pay）NFC ▮▮▮

**電子支付** ▮▮▮

- icash PAY
- 全盈+PAY
- 悠遊付 EasyWallet
- ezPay 簡單付
- 橘子支付 GAMA PAY
- 全支付
- 街口支付 JKOPAY
- 歐付寶
- iPASS MONEY
- （玉山Wallet）
- LINE Pay
- Pi 拍錢包

**第三方支付**

- 紅陽科技 SunTech Co., Ltd
- 速買配 www.smilepay.net
- FunPoint
- PayNow
- PChomePay 支付連
- NEWEB 藍新科技
- ECPay 綠界科技
- Yahoo！奇摩輕鬆付

註：在實體店面中的付款方式，可透過NFC感應者以「NFC」標示，可透過掃描條碼者以「▮▮▮」標示。

## 四、選擇支付工具的考量因素 統測 112

1. **安全性**
   **資金是否能安全移轉**是金流的**第一考量因素**，交易工具在交易過程中必須不易被盜用或遺失。

2. **便利性**
   業者應優先採用消費者較方便的交易工具（如行動支付等），不宜限定消費者使用某種不易取得或使用尚未普及的交易工具，以免造成消費者的不便。

3. **時效性**
   業者愈快收到帳款則發生壞帳的機率愈低，利息的損失愈少；對業者而言，收取現金比收取信用卡有利，收取信用卡比收取遠期支票有利。

4. **公開性**
   買賣雙方以某一種交易工具進行交易後需產生可以**證明該項交易成立之憑證**（如發票、匯款單），且該憑證需為社會大眾所認可，以免日後引起不必要的糾紛。

5. **有效性**
   交易工具在交易過程中應為有效、可使用的，且應避免使用偽造的鈔票、支票或來路不明的信用卡，以免日後引起不必要的糾紛。

6. **財務性**
   交易工具若具備理財或資金調度（如信用卡）的功能，則有利於消費者運用資金。

---

### 練習一下　　金流交易工具的特性

試判斷以下金流交易工具的特性，並填入相對應的代號。

A. 先消費後付款　　B. 先付款後消費　　C. 即時扣款

__A__ 1. 信用卡

__A__ 2. 簽帳卡

__B__ 3. 預付卡

__C__ 4. 簽帳金融卡

## 3-2-4 資訊流

資訊流即**資訊情報的流通**，又稱為**情報流**；是指在執行商流、物流、金流等的過程中，透過電腦和通訊技術的結合，將各項商品資訊加以蒐集整合及傳送。

為了促進商業現代化，經濟部商業發展署推行商業自動化計畫（如下圖）。

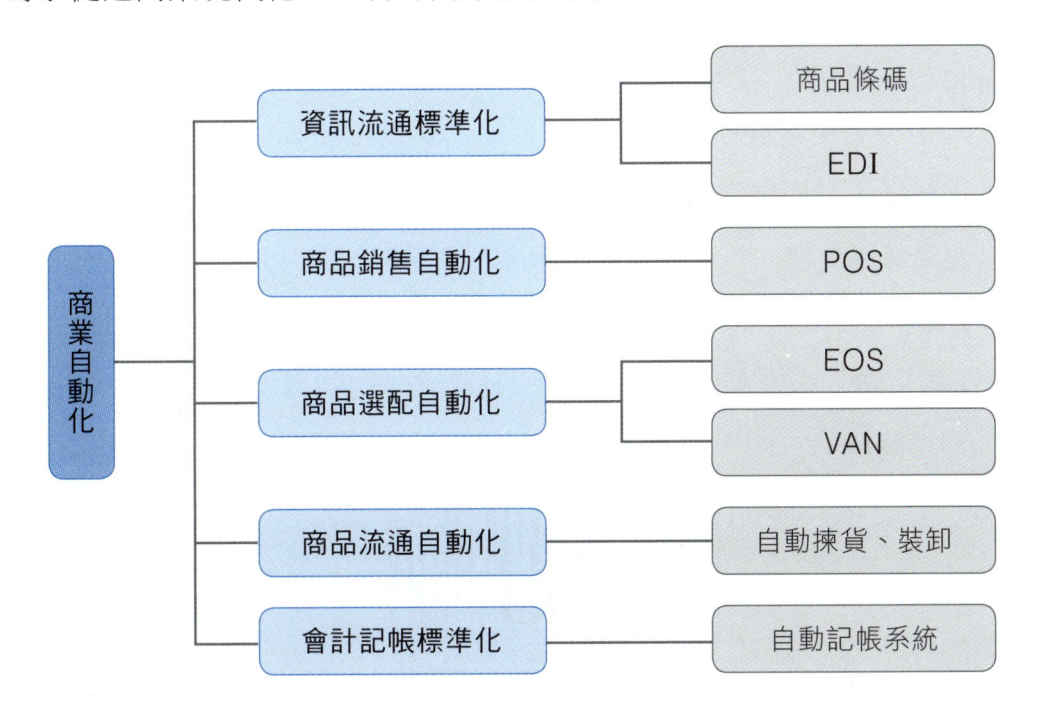

```
                    ┌─ 資訊流通標準化 ──┬─ 商品條碼
                    │                    └─ EDI
                    │
                    ├─ 商品銷售自動化 ──── POS
                    │
商業自動化 ─────────┤
                    ├─ 商品選配自動化 ──┬─ EOS
                    │                    └─ VAN
                    │
                    ├─ 商品流通自動化 ──── 自動揀貨、裝卸
                    │
                    └─ 會計記帳標準化 ──── 自動記帳系統
```

在現代商業活動中，常見的資訊流運用工具包含了下列幾種，以下將分別介紹。

- 條碼（bar code）
- 銷售時點情報系統（POS） 
- 電子訂貨系統（EOS） 
- 電子資料交換系統（EDI） 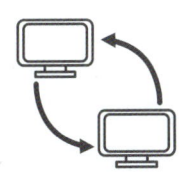
- 無線射頻辨識系統（RFID） 
- 近距離無線通訊（NFC） 
- 大數據（big data） 
- 加值型網路系統（VAN） 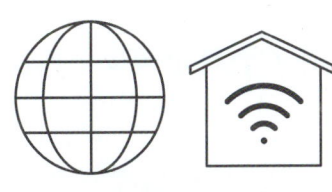
- 電子標籤輔助揀貨系統（CAPS）

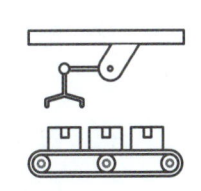

## 一、條碼（bar code）

條碼是依照特定編碼規則組合產生、用以表達資訊的圖像符號，是**資訊流中最優先推廣**的工具，也是**資訊流成功的基礎**。條碼可依「組成方式」及「印製來源」來區分，說明如下。

1. **以「組成方式」區分**

    (1) **一維條碼**

    A. **簡介**：

    是由不同粗細線條組合而成的**平行黑白條紋**，以代表特定的文字或數字，可透過條碼掃描器來讀取資訊。

    以**商品條碼**為例，一維條碼可分為以下二種：

    (a) **標準碼**：由國家代碼、廠商代碼、產品代碼及檢核碼共**13碼**所構成。

    (b) **縮短碼**：由國家代碼、產品代碼及檢核碼共**8碼**所構成。

    以**標準碼**為例，以下說明商品條碼的一維條碼結構：

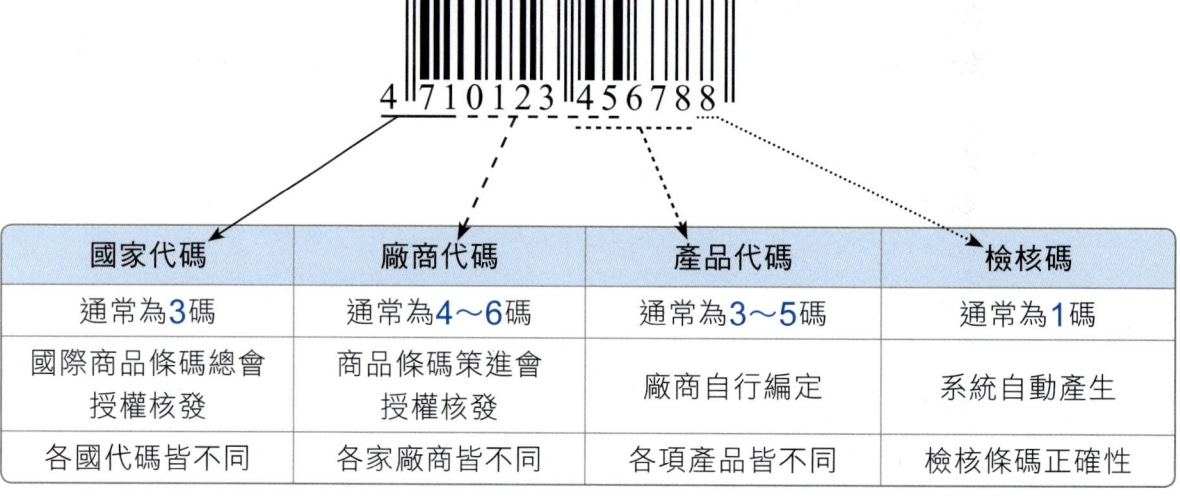

    4710123456788

    | 國家代碼 | 廠商代碼 | 產品代碼 | 檢核碼 |
    |---|---|---|---|
    | 通常為3碼 | 通常為4～6碼 | 通常為3～5碼 | 通常為1碼 |
    | 國際商品條碼總會授權核發 | 商品條碼策進會授權核發 | 廠商自行編定 | 系統自動產生 |
    | 各國代碼皆不同 | 各家廠商皆不同 | 各項產品皆不同 | 檢核條碼正確性 |

    註：一個國家至少有一個國家代碼，例如台灣為**471**。
    但一個國家可能同時有好幾個國家代碼，比如日本為450～459、490～499。

    由於每種商品的商品條碼都不相同，因此可說是商品的**身分證號碼**。

    B. **特色**：

    一維條碼可儲存的**資料量較少**，但**應用層面廣**。

    C. **效益**：

    (a) **對製造商**：提高**庫存管理**效率、降低物流成本、迅速蒐集市場情報。

    (b) **對批發商**：提高**訂貨及配送效率**、精準掌握庫存，防止資本積壓。

    (c) **對零售商**：提高**結帳效率**、節省人力、防止舞弊。

    (d) **對消費者**：**減少結帳錯誤**的機會、獲得迅速、正確的服務。

(2) **二維條碼**

　　A. **簡介**：

　　　是由不同圖形線條組合而成的**幾何點狀圖案**，可透過條碼讀取器來讀取資訊。二維條碼可分為堆疊式與矩陣式兩種，其中又以矩陣式條碼最為常見，例如**行動條碼**（**Quick Response code**, **QR code**）。

　　B. **特色**：

　　　(a) 可儲存的**資料量較多**。

　　　(b) 資料**保密**與**防偽**的**安全性較強**。

　　　(c) 抗損性高（在有限度的損壞情形下仍能有效讀取）。

　　　(d) 能儲存較複雜的資料（如表單、影像等）。

　　C. **效益**：

　　　(a) **對業者**：**快速傳達**商品訊息，節省溝通成本。

　　　(b) **對消費者**：**快速取得**商品訊息，節省搜尋成本。

※ **一維條碼與二維條碼的比較**

| 條碼 | 一維條碼 | 二維條碼 |
| --- | --- | --- |
| 外觀 | 平行黑白條紋 | 幾何點狀圖案 |
| 種類 | 標準碼、縮短碼 | 堆疊式、矩陣式 |
| 特色 | 儲存資料量較少、應用層面廣泛 | 儲存資料量多、安全性強、抗損性高，可儲存較複雜資料 |
| 效益 | ・對製造商：提高庫存管理效率<br>・對批發商：提高訂貨及配送效率<br>・對零售商：提高結帳效率<br>・對消費者：減少結帳錯誤機會 | ・對業者：快速傳達商品訊息<br>・對消費者：快速取得商品訊息 |

2. **以「印製來源」區分**

(1) **原印條碼**：是在**生產**製造時便**印在商品包裝上**的條碼。

(2) **配銷條碼**：是印在商品**包裝外箱**上，供**配送**時辨識用的條碼。

(3) **店內條碼**：是店家**自行編印**，供**店內**使用且不對外流通的條碼。

## 二、銷售時點情報系統（POS）

統測 106 107 109 113

| | |
|---|---|
| 簡介 | 1. POS（Point of Sale）又稱**銷售時點管理系統**，是連結條碼讀取器與收銀機設備的系統，可**讀取商品資訊**、進行**結帳**作業、並且同時記錄各項交易資訊<br>2. 作業模式：<br>　商品資料建檔　　　　　　　結帳作業<br>　後台（主機）　⇄　前台（收銀設備）<br>　記錄銷售資料 |
| 特色 | 是蒐集銷售情報的主要工具，企業可透過POS系統蒐集的銷售資料，加以統計分析後取得重要的市場資訊，以利進行決策判斷 |
| 效益 | 1. **提高結帳效率**、降低錯誤與舞弊<br>2. **掌握商品銷售與庫存變化**等各項資訊<br>3. 透過統計數據分析，以作為**企業決策依據** |

## 三、電子訂貨系統（EOS）

統測 105 110

| | |
|---|---|
| 簡介 | EOS（Electronic Ordering System）是指**透過電腦網路技術傳遞訂貨資訊**的系統，零售商店將訂貨資料透過訂貨系統傳輸給總公司、批發商或製造商，以完成下單訂貨作業 |
| 特色 | **取代傳統的訂單作業**方式，有效**提升經營效能** |
| 效益 | 1. 對零售商而言：提升下單訂貨效率、降低處理成本、減少錯誤發生、有效**控制安全存量**、**減少缺貨風險**<br>2. 對供應商而言：提升接單出貨效率、降低處理成本、減少錯誤發生、精準**掌握庫存量**、提高生產效能 |

## 四、電子資料交換系統（EDI）

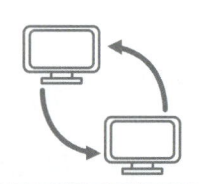

統測 110

| | |
|---|---|
| 簡介 | EDI（Electronic Data Interchange）是指將企業之間交易往來的文件以**標準化**格式進行傳輸的作業系統 |
| 特色 | **取代傳統的人力傳遞與重複輸入資訊作業**方式 |
| 效益 | 1. 促使**資訊流通標準化**、提高資訊傳達**正確性**<br>2. **降低處理成本**、減少使用紙張（符合環保潮流）、提高營運效率 |

## 五、無線射頻辨識系統（RFID）

| | |
|---|---|
| 簡介 | 1. RFID（Radio Frequency Identification）是一種無線傳遞的自動辨識技術，主要是由感應讀取器發出電波訊號，當電子標籤接收到訊號後，再回傳資料給感應讀取器，藉以傳輸資料<br>2. 實體信用卡、實體悠遊卡、實體一卡通、高速公路電子收費系統（ETC）、商品防盜晶片、門禁卡等，均有使用到RFID技術 |
| 特色 | 感應距離較長（最遠可達100～200公尺），讀取器可同時感應多個電子標籤，且電子標籤亦可更新資料、重複使用 |
| 效益 | 1. 對業者而言：方便盤點及結帳，提高營業效率<br>2. 對消費者而言：節省結帳時間 |

## 六、近距離無線通訊（NFC）

| | |
|---|---|
| 簡介 | 1. NFC（Near Field Communication）是由RFID演變而來的無線傳訊技術，它可經由讀取器來接收電子標籤的資料，也可經由兩個內建NFC晶片的裝置來互相傳輸資料<br>2. 目前NFC技術已使用在行動支付、個人資料傳輸、及門禁管制等領域 |
| 特色 | 耗電量低、安全性高、保密性高、感應距離短（約10公分） |

### 知識充電　條碼、RFID、NFC的比較

| 項目 | 一維條碼 | 二維條碼 | RFID | NFC |
|---|---|---|---|---|
| 最大容量 | 50bytes | 3,000bytes | 數Mega bytes | 1 Mega byte |
| 資料更新 | 不可更新 | 不可更新 | 可更新 | 可更新 |
| 讀取距離 | 近 | 近 | 遠（200公尺內） | 近 |
| 讀取方式 | 光源掃描讀取 | 光源掃描讀取 | 電波感應讀取 | 電波感應讀取 |
| 讀取數量 | 1個／次 | 1個／次 | 可多個／次 | 1個／次 |

註：byte（位元組）及Mega byte（百萬位元組）是記憶體的容量單位。
　　1byte約可儲存1個英文字母，1Mega byte大約等於1百萬bytes。

## 七、巨量資料（big data）

| | |
|---|---|
| 簡介 | 巨量資料又稱大數據、海量資料，是指數量巨大、傳統技術或人力無法進行整理分析的資料 |
| 特色 | 1. 具有3Vs特性：資料量龐大（volume）、產生速度快（velocity）、內容多樣（variety）<br>2. 通常會藉由電腦進行巨量資料分析，以獲取具有商業價值的資訊 |
| 效益 | 巨量資料分析可作為企業決策的參考，有助於制定行銷策略、提升競爭力 |

## 八、加值型網路系統（VAN）

| 簡介 | VAN（Value Added Network）是指由電信業者提供企業作為資料儲存、傳送、及處理等附加功能的封閉式網路系統 |
|---|---|
| 特色 | 相較於開放式的網際網路，封閉式的VAN穩定度較高、安全性較佳 |
| 效益 | 1. 節省人力、提升資料管理效率<br>2. 減少作業成本、可與上下游廠商進行資訊結盟以交流情報 |

## 九、電子標籤輔助揀貨系統（CAPS）

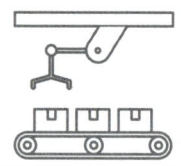

| 簡介 | CAPS（Computer Aided Picking System）是指以電子標籤來標示產品的倉儲位置，輔助揀貨作業快速進行 |
|---|---|
| 特色 | 取代傳統的紙本揀貨單作業方式 |
| 效益 | 1. 簡化揀貨程序、提升揀貨作業的效率及正確性<br>2. 減少紙張使用 |

### 練習一下　　　資訊流的英文名稱

連連看，請將以下的資訊流工具連結至對應之英文名稱。

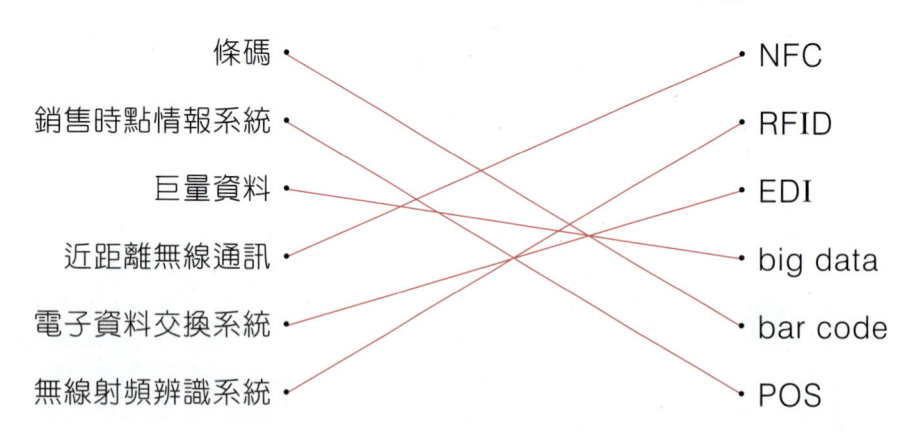

- 條碼 — bar code
- 銷售時點情報系統 — POS
- 巨量資料 — big data
- 近距離無線通訊 — NFC
- 電子資料交換系統 — EDI
- 無線射頻辨識系統 — RFID

## 3-2-5 服務流 統測 108 111

### 一、服務流的意義

服務流是指從售前到售後所提供的**整體服務過程**，以利與消費者維持良好互動、提升顧客滿意度。 服務的所有權不能移轉。

### 二、服務的特性 統測 108 111

| 特性 | 無形性 | 不可分割性 | 易變性 | 易消逝性 |
|---|---|---|---|---|
| 別稱 | — | 同時性<br>不可分離性 | 異質性<br>變異性<br>可變性 | 易滅性<br>易逝性<br>不可儲存性 |
| 說明 | 服務是無形的商品 | 服務必須由服務人員直接提供給消費者，三者同時存在密不可分 | 服務的品質容易因服務人員的個人因素或時空環境不同，而有所差異 | 服務無法儲存供未來使用 |
| 問題 | 消費者在事前並無法預測其品質 | 服務人員與消費者必須同時在場，才能夠提供服務 | 服務品質不穩定 | 尖峰時段服務人員太少，人手不足、離峰時段服務人員太多，造成閒置 |
| 對策 | 將服務透明化、具體化 | 透過教育訓練，提升服務技能與品質 | 建立標準化的服務流程，透過教育訓練增進服務品質的一致性 | 根據離尖峰時段調整人力安排 |
| 實例 | 餐飲人員出示檢定證照以保證其專業品質 | 強化餐飲服務人員的教育訓練 | 建立餐飲服務人員的服務流程 | 餐廳於尖峰時段安排較多的服務人員 |

### 三、顧客服務的階段（依銷售流程）

| 階段 | 售**前**服務 | 售**中**服務 | 售**後**服務 |
|---|---|---|---|
| 重點工作 | • 依需求研發產品<br>• 進行行銷宣傳活動<br>• 塑造企業與產品形象 | • 提供舒適的服務環境<br>• 提供專業的解說<br>• 展現親切的服務態度<br>• 提供優質的服務流程 | • 提供配送、安裝、維修等售後服務<br>• 積極回應顧客疑慮<br>• 妥善處理顧客抱怨<br>• 關懷顧客使用情形 |

## 知識充電　服務金三角

「服務金三角」是指**企業**、**顧客**、**員工**三者間的**服務行銷**概念。

「服務行銷」包括**外部行銷**、**內部行銷**與**互動行銷**：

1. **外部行銷**：企業對顧客所設定的承諾。
2. **內部行銷**：企業提升員工履行企業承諾的能力。
3. **互動行銷**：員工對顧客提供服務，履行對顧客的承諾。

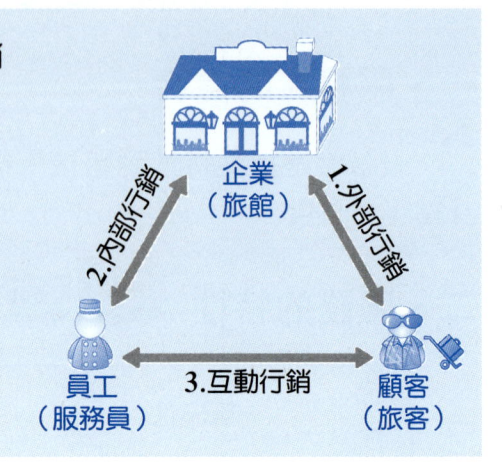

## 三、顧客關係管理

顧客關係管理CRM（Customer Relationship Management）是指結合資訊技術來**蒐集顧客資料**並加以運用，藉以**掌握顧客需求**、提供適當的服務，以提高顧客滿意度、與顧客建立**互利**的良好互動關係，並達到維繫舊顧客與開發新客戶的目標。

顧客關係管理的實施步驟如下：

**1 資料蒐集**
- 需兼顧**全面性**、**即時性**及**便利性**
- 應避免過於複雜的搜集方式

**2 資料儲存**
- 需兼顧**便利性**及**安全性**
- 應同時注重顧客資料的隱私

**3 資料分析**
- 分析有助於瞭解顧客需求與市場動態的訊息

**4 資訊運用**
- 運用分析結果，以改善產品品質與服務技巧、滿足顧客需求

## 小試身手 3-2

( B )1. 商品藉由交易活動而產生的流通稱為
(A)物流
(B)商流
(C)金流
(D)資訊流。

( D )2. 下列何者不屬於物流的主要機能
(A)運輸配送
(B)倉儲保管
(C)加工包裝
(D)研發製造。

( B )3. 透過物流系統的運作，物品得以妥善儲藏保存，並於各個流通階層產生需求之時從中提領配送。此為物流的
(A)運輸配送
(B)倉儲保管
(C)加工包裝
(D)資訊提供。

( B )4. 將貨品或產品由製造業送至零售業或使用者的流通過程中，提供了產品集散、產品開發、產品計劃、管理、採購、保管、流通加工、暫存及配送等功能的是
(A)商流　(B)物流　(C)金流　(D)服務流。

( C )5. 將服務流程標準化，可以改善下列何種服務特性的缺失？
(A)無形性
(B)不可分割性
(C)易變性
(D)易消逝性。

( B )6. 下列哪一項工作屬於狹義的物流之範圍？
(A)製成品的包裝、倉儲
(B)製成品的銷售流通
(C)製成品的維修收回
(D)製成品的廢棄處理。

( B )7. 下列哪一項不是信用卡所具備的功能？
(A)可辨識持卡人身分
(B)先付款後消費
(C)可儲存客戶的消費資料
(D)可免除攜帶現金的不便。
信用卡具有延遲付現，即先消費後付款的功能。

( A )8. 有關資訊流的應用工具，下列敘述何者錯誤？
(A)企業利用POS系統可以正確、迅速處理訂貨作業
(B)製造商利用商品條碼系統可以提高庫存管理效率及精確度
(C)EDI為電子資料交換系統的英文簡稱
(D)二維條碼儲存的資料量較一維條碼多。
此為利用EOS系統的效益。

( C )9. 對顧客而言，購買無形服務比購買有形商品具有較大的風險，主要是因為：
(A)服務本身不易儲存
(B)服務品質較易直接衡量
(C)服務較難在購買前事先判斷其品質
(D)服務發生問題可當場改善。

( D )10. 以下有關資訊流專有名詞的配對，何者錯誤？
(A)電子訂貨系統－EOS
(B)無線射頻辨識系統－RFID
(C)銷售時點情報系統－POS
(D)電子資料交換系統－NFC。
電子資料交換系統－EDI。近距離無線通訊－NFC。

## 3-1 商業現代化

( C )1. 為了促進經濟建設與城鄉均衡發展,政府擬定哪一項措施?
(A)營造魅力商圈
(B)攤販輔導與管理
(C)設置工商綜合區
(D)傳統市場更新與管理。

( B )2. 企業建立自己的顧客滿意指標屬於哪項商業現代化的措施與計畫?
(A)落實消費者權益之保護
(B)提升商業服務品質
(C)強化商業團體及財團法人之經濟功能
(D)提升商業技術水準。

( D )3. 下列何者不是保障消費者權利的相關法令?
(A)公平交易法　(B)消費者保護法　(C)商品標示法　(D)勞動基準法。

( C )4. 政府針對公司法做全盤檢討、修正,其目的是為了
(A)落實消費者權益之保護
(B)提升商業服務品質
(C)健全經營主體、維護商業秩序
(D)提升商業技術水準。

( C )5. 關於特種交易行為的敘述,下列何者錯誤?
(A)包括通訊交易、訪問交易等方式
(B)除了不符合猶豫期的七大類通訊交易商品以外,消費者在猶豫期間內不需任何理由皆可要求退貨
(C)消費者享有一個月的猶豫期
(D)消費者在猶豫期間內退貨不需負擔任何費用。
消費者享有七天猶豫期。

( A )6. 財經媒體經常宣稱目前是「3C時代」,意味著資訊科技時代的來臨,所謂「3C」,是指電腦(Computer)、消費電子(Consumer Electronics)及
(A)通信(Communication)
(B)控制系統(Control System)
(C)競爭優勢(Competitive Advantage)
(D)連接系統(Connect System)。

( B )7. 下列何者並非商業現代化的目標?
(A)改善商業環境
(B)減少企業賦稅
(C)降低流通成本
(D)創造良好的消費環境。

( C )8. 下列何者不是政府過去為提升商業服務品質採取的主要措施？
(A)輔導業者建立顧客滿意度指標
(B)獎勵績優業者
(C)宣導付款的重要
(D)輔導業者改善服務技能。

( B )9. 下列哪一項不是政府推動商業現代化的措施與計畫？
(A)提升商業的服務品質
(B)使企業更重視公益活動
(C)落實商品標示，保護消費權益
(D)推動商業自動化與電子化。

( B )10. 政府推動顧客滿意指標是屬於哪一種商業現代化發展策略與計劃方向？
(A)提升商業技術水準
(B)提升商業服務品質
(C)落實消費者權益之保護
(D)擴大經營空間改善商業環境。

## 3-2 現代化商業機能

( B )11. 在商流活動中扮演協調角色的是
(A)製造商
(B)批發商
(C)零售商
(D)消費者。

( A )12. 日常用品所面對的商流通常是屬於下列哪一種商流的類型？
(A)開放型商流
(B)封閉型商流
(C)選擇型商流
(D)固定型商流。

( C )13. 交易確立後，中間商的進貨與銷貨價格、交易折扣、存貨作業、簽發票據等事項的商議，是屬於下列何者的範圍？
(A)金流
(B)物流
(C)商流
(D)資訊流。

( B )14. 新竹物流中心將書籍由出版社的倉庫運送到金石堂書局，由此可知物流可以產生何種效用？
(A)時間效用
(B)地域效用
(C)連結效用
(D)倉儲效用。

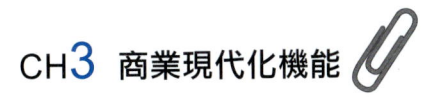

( A )15. 「POS」指的是？
(A)銷售時點情報系統
(B)無線射頻辨識系統
(C)電子訂貨系統
(D)電子資料交換系統。

( B )16. 結合電腦與通信，取代傳統商業下單、接單、及其他相關作業的自動化訂貨系統，稱為
(A)RFID　(B)EOS　(C)EDI　(D)POS。

( B )17. 便利商店結帳時是採用下列何種系統來讀取商品條碼？
(A)NFC　(B)POS　(C)EDI　(D)EOS。

( B )18. 在資訊流所運用的工具中，可將企業間原來以表單、書面等傳統的情報交換方式，變成以標準化的電子資料格式進行傳輸交換的系統是
(A)bar code　(B)EDI　(C)EOS　(D)POS。

( C )19. 各項商品、價格及市場銷售資料的蒐集評估所形成的系統，是現代化商業機能中的
(A)商流　　　　　　　　　　(B)物流
(C)資訊流　　　　　　　　　(D)金流。

( D )20. 小毛在迪化街購買年貨後，店家即提供宅配到家的服務，貨到付款。在上述交易過程中，未產生何項現代化的商業機能？
(A)商流　　　　　　　　　　(B)物流
(C)金流　　　　　　　　　　(D)資訊流。

( A )21. 對業者而言，收取現金比收取信用卡有利，收取信用卡又比收取遠期支票有利，這是業者在選擇交易工具時所考量之何種因素？
(A)時效性　　　　　　　　　(B)公開性
(C)安全性　　　　　　　　　(D)便利性。

( B )22. 台灣的商品條碼的國碼共有3碼，這3碼是
(A)080　(B)471　(C)741　(D)147。

( D )23. 下列哪一項不是選擇金流交易工具的考慮因素？
(A)安全性　　　　　　　　　(B)公開性
(C)時效性　　　　　　　　　(D)繁複性。

( C )24. 企業可以利用哪一種資訊系統，收集商品販賣種類、數量、時間、消費者需求等情報，以作為營運決策的參考？
(A)EOS　(B)EDI　(C)POS　(D)NFC。

( D )25. 下列有關服務的敘述何者錯誤？
(A)服務品質較物品品質難評估
(B)服務擁有權不易移轉
(C)服務品質不易控制
(D)不同服務之結果一致性高。

( B )26. 有關服務特性中「不可分割性」的敘述,下列何者正確?
(A)因為服務無法觸摸,所以無法分割
(B)是指顧客在接受服務時,服務人員與顧客必須同時存在
(C)服務需求的季節性無法明顯的被分割
(D)因服務生很難將私人情緒與工作切割,所以勢必影響服務品質。

( D )27. 「電子訂貨系統」對商店的效益不包括下列何者?
(A)可正確、迅速、簡單地處理訂單作業
(B)可精準掌握庫存
(C)可縮短與供應商之間訂貨作業的時差
(D)可防止櫃檯人員的舞弊。
D:為實施商品條碼的效益。

( C )28. 使用POS系統的益處不包括下列何者?
(A)可掌握暢銷品與滯銷品的數量
(B)掃描商品條碼即可得到商品的銷售單價
(C)縮短與供應商之間訂貨作業的時差
(D)加快結帳速度,減少銷售尖峰的瓶頸。
C:為使用電子訂貨系統的益處。

( A )29. 關於資訊流,下列敘述何者錯誤?
(A)POS系統中的商品條碼最主要的功能是為了防盜
(B)製造商使用一維條碼可提高出貨、送貨的效率,降低物流作業成本
(C)EOS系統可以取代傳統的訂單作業模式
(D)企業透過EDI系統處理企業間往來資料,可讓資訊傳達更正確、快速。
POS系統中的商品條碼最主要的功能是為了避免人為疏失,加快結帳速度。

( D )30. 有關商業現代化機能,下列敘述何者錯誤?
(A)透過建置商業自動化的各項資訊系統,可以有效提升經營管理技術、降低缺貨率及存貨壓力
(B)物流與商流最大的不同在於:物流不需要經由交易活動而產生,純粹是物品的流動,而商流必須要有交易活動的產生
(C)結帳速度較慢、缺乏效率是傳統金流的缺點
(D)常見的日用品如衛生紙、醬油等物品,大多是屬於選擇型商流。
D:屬於開放型商流。

( C )31. 瑋哥到西門町逛街買衣服,使用信用卡刷卡消費。試問使用信用卡刷卡消費對瑋哥而言可得到什麼利益?
(A)先付款後消費
(B)無法延遲付款
(C)可識別持卡人的身分
(D)繳款期限到期時,必須一次付清帳單內的全部款項。

( B )32. 阿嶽到7-11超商買飲料，並利用該企業發行之icash卡刷卡付款。試問icash卡不具備下列何種功能？
(A)貨幣交易
(B)延遲付款
(C)免除攜帶現金的不便
(D)儲存消費記錄。

( A )33. 旅行社在旅遊旺季提高團費、淡季降低團費，是為了改善下列哪項服務的特性？
(A)易消逝性　　　　　　(B)無形性
(C)不可分割性　　　　　(D)易變性。

( B )34. 國內中古車連鎖品牌「SUM優質車商聯盟」除了提供「無泡水車、無重大事故車、無引擎號碼非法變造車」三大保證之外，也推出「引擎與變速箱一年或二萬公里保固服務」；這是為了改善下列哪一項服務的特性？
(A)易消逝性　　　　　　(B)無形性
(C)不可分割性　　　　　(D)易變性。

( C )35. 為了使商業自動化能夠順利推動並廣受採用，下列何者為優先推廣的資訊流工具？
(A)電子訂貨系統（EOS）的普及化
(B)銷售時點管理系統（POS）的普及化
(C)條碼（bar code）的普及化
(D)電子資料交換系統（EDI）的普及化。

( A )36. 在進行交易時，一般多將商品所有權流通的通路稱為：
(A)商流　　　　　　　　(B)物流
(C)金流　　　　　　　　(D)資訊流。

( C )37. 商業的基本活動是商品的流通買賣，欲促進交易活動之進行與發展；除了需要透過商流、物流、金流，還需要透過下列哪一種商業流程？
(A)時間流　　　　　　　(B)技術流
(C)資訊流　　　　　　　(D)人才流。

( B )38. 信用卡不具備下列何項功能？
(A)貨幣交易功能
(B)執行商品所有權之宣告與移轉
(C)延遲付現之功能
(D)免除攜帶現金的不便性。
執行商品所有權之宣告與移轉：此為商流的功能，不屬於信用卡（金流）的功能。

( C )39. 有關商業現代化機能的敘述，下列何者不正確？
(A)資訊流是資訊的流通
(B)物流是商品的流通
(C)商流是交通的流通
(D)金流是資金的流通。
商流是交易的流通，不是交通的流通。

( A )40. 下列哪一種商品適合開放型商流方式經營？
(A)礦泉水
(B)新出廠的汽車
(C)預售屋
(D)珠寶。
新出廠的汽車、預售屋、珠寶：適合採「選擇型」商流。

( A )41. 下列何者不屬於金流工具？
(A)彩券　(B)匯票　(C)簽帳卡　(D)儲值卡。

( B )42. 下列有關商業現代化機能的敘述，何者不正確？
(A)物流與商流兩者可能同時發生
(B)商流是指商品實體流通的通路
(C)以電子票證進行付款作業是屬於金流
(D)服務流是指售前到售後的一連串過程。
商品實體流通的通路，指的是物流。

( C )43. 下列何者不屬於商流所執行的機能？
(A)發掘顧客的需求
(B)提供適當的管道與顧客交易
(C)執行商品的配送
(D)執行商品所有權的移轉。
執行商品配送是「物流」的機能。

( D )44. 下列何者不屬於POS系統所能產生的效益？
(A)可蒐整銷售資訊，協助企業進行決策分析
(B)掃瞄商品條碼即可得到每項商品的售價，無須人工查詢
(C)可加快結帳速度，減少銷售尖峰的瓶頸
(D)減少顧客選購時間，降低客訴的風險。
POS可加快顧客結帳時間，但無法減少顧客選購商品的時間。

( C )45. 下列有關塑膠貨幣的敘述，何者不正確？
(A)民眾使用的悠遊卡、影印卡、icash卡屬於預付卡
(B)信用卡具資金調度、延期付款等功能
(C)簽帳卡與簽帳金融卡的差別，在於以簽帳卡刷卡時會馬上從銀行帳戶中扣款
(D)民眾可持金融卡隨時到ATM提領現金。
簽帳卡需在繳款截止日前付清款項，簽帳金融卡則在刷卡時直接從帳戶中扣款。

( A )46. 下列有關商業現代化機能的敘述，何者錯誤？
(A)金流是指商品所有權交易活動的流通過程
(B)信用卡為金流的交易工具之一
(C)EDI為資訊流的應用技術之一
(D)運輸配送的功能是屬於物流。
商品所有權交易活動的流通過程指的是「商流」，而不是金流。

( D )47. 下列何者不屬於服務的特性？
(A)不可分離性 (B)易消逝性 (C)易變性 (D)關懷性。

( A )48. 電子資訊交換系統（EDI）是屬於商業自動化中的哪一項內容？
(A)資訊流通標準化
(B)商品運輸自動化
(C)商品銷售自動化
(D)商品選配自動化。

( C )49. 下列何者不是台積電與其委託代工客戶進行電子資料交換（EDI）之目的？
(A)降低彼此的交易成本
(B)提高資料傳輸的速度
(C)降低相容性以減少洩密的風險
(D)減少書面往來以符合環保的潮流。
電子資料交換系統（EDI）可提高相容性，解決上下游廠商因電腦軟硬體及通訊方式不一致所產生的困擾。

( B )50. 消費者在傳統市場的商店購買一台電視機，從商業體系的行銷通路結構理論而言，係指產品由製造商移轉至消費者的過程。有關傳統通路結構，下列何者為正確？
(A)製造商→零售商→批發商→消費者
(B)製造商→批發商→零售商→消費者
(C)製造商→消費者→批發商→零售商
(D)製造商→消費者→零售商→批發商。

( A )51. 商業現代化機能中，下列資訊流運用工具的英文簡稱，何者正確？
(A)無線射頻辨識系統，簡稱RFID
(B)電子訂貨系統，簡稱POS
(C)電子資料交換系統，簡稱EOS
(D)電子條碼，簡稱EDI。
POS：銷售時點管理系統。EOS：電子訂貨系統。EDI：電子資料交換系統。

( A )52. 服務是商業與經濟環境中重要主題，有關服務具備的特性，下列何者錯誤？
(A)無心性 (B)同時性 (C)易滅性 (D)易變性。

( B )53. 批發商或配送物流中心設置揀貨、貨箱排列、裝卸、搬運儲存及物料管理，建立標準化及自動化管理系統，是屬於商業自動化哪一項之內容？
(A)商品銷售自動化
(B)商品流通自動化
(C)商品選配自動化
(D)資訊流通標準化。

( D )54. 利用光學自動閱讀設備掃瞄條碼，使收銀機立即顯示商品標價，完成收銀作業，這套系統稱為？
(A)EDI (B)VAN (C)EOS (D)POS。

( B )55. 下列何者不屬於物流所具有的機能？
(A)資訊提供
(B)物品所有權的移轉
(C)加工包裝
(D)倉儲保管。

( C )56. 有關商品條碼的敘述，下列何者錯誤？
(A)商品條碼的結構包括國家代碼、廠商代碼、產品代碼與檢核碼四項
(B)商品條碼的設置有助於物流、金流與服務流
(C)產品代碼是由「中華民國商品條碼促進會」所制定
(D)標準的商品條碼共13碼。

( B )57. 在博客來書店訂書後，快遞公司把書送到家裡的流通過程，屬於何種商業機能？
(A)商流
(B)物流
(C)金流
(D)資訊流。

( A )58. 下列哪一系統有助於電腦與電腦間的標準商業交易資料的交換？
(A)EDI系統
(B)EOS系統
(C)CIS系統
(D)POS系統。

( C )59. 下列有關信用卡及簽帳卡的敘述，何者正確？
(A)信用卡不可延遲付款
(B)信用卡及簽帳卡皆可繳交部分款項
(C)簽帳卡無限定刷卡信用額度
(D)信用卡及簽帳卡皆可在ATM提款。

( B )60. 曉琪在網路上訂購書籍，書商委由A公司運送，請問A公司扮演何種流通的角色？
(A)金流 (B)物流 (C)商流 (D)資訊流。

( C )61. 下列何者是指商品藉由交易活動產生的所有權移轉，為所有流通活動的源頭？
(A)金流 (B)物流 (C)商流 (D)資訊流。

( B )62. 某連鎖日常用品零售商在其電腦上輸入訂單資料，經由網路即可將資料傳送至總公司及製造商的電腦，使資訊傳遞更簡便，則此為何種系統？
(A)電子資料交換系統
(B)電子訂貨系統
(C)無線射頻辨識系統
(D)銷售時點情報管理系統。

( C )63. 某便利超商店長透過電腦輸入訂單資料，並透過通信網路傳輸到零售業總公司、批發商或製造商，則她是使用何種系統工具以處理業務？
(A)EDI系統
(B)POS系統
(C)EOS系統
(D)CIS系統。

( A )64. 佩錫在某電器行購買一台冷氣機,從傳統行銷通路結構而言,下列何者是正確的?
(A)製造商→批發商→零售商→消費者
(B)製造商→零售商→批發商→消費者
(C)批發商→製造商→零售商→消費者
(D)批發商→零售商→製造商→消費者。

( D )65. 下列哪一項非服務的特性?
(A)無形性  (B)易變性
(C)易消逝性  (D)可分割性。

( D )66. 下列何者商品適合採用選擇型商流通路來銷售?
(A)日常用品  (B)加工食品
(C)文具用品  (D)電子產品。

( A )67. 對於經營超市的業者而言,運用哪一種管理系統,可以降低收銀員的舞弊事件?
(A)POS  (B)RFID  (C)EDI  (D)EOS。

( A )68. 「電子訂貨系統」對商店的效益,不包括下列何項?
(A)可以防止櫃檯人員舞弊
(B)提升訂貨效率
(C)存貨管理更為準確
(D)節省倉儲成本。

( D )69. 關於商業現代化機能的敘述,何者正確?
(A)信用卡、簽帳卡是商流的交易工具
(B)資訊流指資金的流通
(C)商品上的一維條碼是採用幾何點狀圖型設計而成
(D)物流指實體物品的流通。

( B )70. 將企業之間原來以表單、書面等傳統情報的交換方式,變成以標準化電子資料格式進行傳輸交換,此稱為何?
(A)POS  (B)EDI  (C)EOS  (D)RFID。

( D )71. 下列何者是物流的主要核心功能?
(A)提供資訊給製造商、零售商、顧客,讓他們了解商品的流通情形
(B)因應顧客需求,對物品進行拆箱、組合、包裝及貼標等
(C)提供貨物存貨與保管的作業
(D)利用運輸工具,將物品從某一地點運送至顧客所指定的地點。

( B )72. 結合電腦與通訊方式,取代傳統下單、接單及相關動作的自動化訂貨系統,指的是下列何者?
(A)無線射頻辨識系統
(B)電子訂貨系統
(C)銷售時點情報管理系統
(D)電子資料交換系統。

( A )73. 取代傳統商業下單，可正確處理訂單作業，並有效控制安全存量。請問是屬於哪一種資訊流工具？
(A)EOS (B)POS (C)EDI (D)RFID。

( C )74. 請問以下商品條碼的排列順序為何？
①檢核碼；②國家代碼；③產品代碼；④廠商代碼
(A)①②③④ (B)④①③② (C)②④③① (D)④①②③。

( D )75. 下列何者是物流的核心功能？
(A)加工包裝　　　　　　　(B)資訊提供
(C)倉儲保管　　　　　　　(D)運輸配送。

( A )76. 報紙、原子筆、泡麵等，請問這些商品較適合採用哪種商流類型？
(A)開放型商流　　　　　　(B)零售型商流
(C)選擇型商流　　　　　　(D)封閉型商流。

( B )77. 縮短碼不包含下列哪一項代碼？
(A)國家代碼　　　　　　　(B)廠商代碼
(C)產品代碼　　　　　　　(D)檢核碼。

( D )78. 結合電腦及通訊的方式，用來下單、接單及相關作業的自動化訂貨系統。指的是下列何項？
(A)RFID (B)EDI (C)POS (D)EOS。

( C )79. 利用資訊科技，將企業間往來的商業資料建立成標準化的電子資料，再透過資訊系統傳輸交換給對方的方法是下列何者？
(A)無線射頻辨識系統
(B)銷售時點情報管理系統
(C)電子資料交換系統
(D)電子訂貨系統。

( C )80. 不同的服務人員常因不同地點、時間、身體狀況及經驗，而有不同的服務品質。這是服務的哪一項特性？
(A)無形性　　　　　　　　(B)不可分割性
(C)易變性　　　　　　　　(D)易消逝性。

( C )81. 下列哪一項商品較適合以開放型商流方式經營？
(A)新款汽車　　　　　　　(B)名牌服飾
(C)面紙　　　　　　　　　(D)新款智慧型手機。

( B )82. 下列哪一項不是商流的機能？
(A)提供適當交易管道
(B)傳遞交易情報給下游廠商
(C)發掘顧客的需求
(D)執行所有權的移轉。

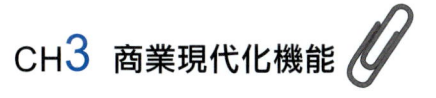

( B )83. 利用人力或機械來對物品進行搬運、堆疊、裝載等作業，是屬於物流的何項功能？
(A)運輸配送
(B)裝卸
(C)包裝
(D)資訊提供。

( A )84. 第三方支付是買方先將款項交由第三方支付業者收取，待賣方出貨後再由第三方支付業者把款項交付給賣方。此付款方式有助於提升交易的何項特性？
(A)安全性
(B)便利性
(C)時效性
(D)公開性。

( A )85. 下列何者不屬於物流的功能？
(A)加工製造
(B)倉儲保管
(C)運輸配送
(D)資訊提供。

( D )86. 下列何種商品適合採用選擇型商流通路？
(A)流行服飾
(B)餅乾
(C)手提包
(D)賽車用汽車。

( C )87. 使用信用卡或以行動支付方式付款，屬於哪一項現代化商業機能？
(A)商流　(B)物流　(C)金流　(D)資訊流。

( C )88. 下列關於物流的敘述，何者正確？
(A)物流必須有交易活動的產生
(B)倉儲保管是物流的核心功能
(C)廣義的物流包括原料的進貨
(D)透過物流系統可以將產品運送到顧客指定的地點，因此物流可以產生時間效用。
A：物流不需經由交易活動而產生。
B：運輸配送是物流的核心功能。
D：產生地域效用。

( D )89. 下列何者不是傳統金流的缺點？
(A)浪費人力、時間
(B)結帳的速度較慢、缺乏效率
(C)容易發生被搶或收到偽鈔的風險
(D)透過電信傳輸傳送交易資料，資金的流通效率較慢。

( C )90. 下列敘述何者正確？
(A)取代傳統商業下單接單的系統是銷售時點情報系統
(B)為了解決上、下游廠商因電腦之軟體、硬體及通訊方式不一致所產生的困擾，企業應使用電子訂貨系統
(C)NFC技術是由RFID演變而來，具有安全性高、耗電量低等特性
(D)企業使用電子資料交換系統可以得到結帳效率化、提供商品資訊、協助經營者作決策等利益。

A：是EOS系統。B：應使用EDI系統。D：此為使用POS系統的效益。

( D )91. 某商店推出「不滿意可退換貨」、「買貴退差價」等服務，這是為了改善下列哪一項服務的特性？
(A)不可分割性　(B)易變性　(C)易消逝性　(D)無形性。

( D )92. 有關現代化商業機能，下列敘述何者正確？
(A)製造商直接銷售商品給消費者，屬於一階通路
(B)消費者可以透過電子訂貨系統（EOS），直接向製造商訂貨
(C)汽機車是家庭必備交通工具，適合透過開放型商流通路來銷售
(D)狹義的物流指製成品銷售到消費者手中的過程，亦即銷售物流。

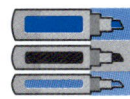

## 情境素養題

( A )1. 某連鎖髮廊銷售的進口染髮劑,經查證後發現其品名與製造商名稱均標示不實。試問此造假的行為違反了下列哪一項法令?
(A)商品標示法
(B)勞動基準法
(C)多層次傳銷管理法
(D)兩性平等法。 [3-1]

品名與製造商名稱標示不實,是違反了商品標示法。

( B )2. 某健身中心業者預先擬妥約定條款,強迫消費者一次必須購買整年度的健身課程,且中途不得退費。這種業者預先擬妥約定條款,消費者實際上只能被迫選擇同意或不同意,而無法修改約定條款的契約,是屬於
(A)彈性化契約
(B)定型化契約
(C)服務契約
(D)共同供應契約。 [3-1]

( A )3. 小紀以郵購的方式向廠商購買一隻睫毛膏,隔天到貨時她發現自己不喜歡睫毛膏的顏色,馬上打電話要求廠商退貨及退款。根據我國消費者保護法的規定,下列敘述何者正確?
(A)小紀可退貨,且無須說明理由或負擔費用
(B)小紀可退貨,但需賠償廠商的損失
(C)小紀可退貨,但不能退錢
(D)小紀不能退貨,因為睫毛膏的型號是小紀自行選購的型號。 [3-1]

根據我國消保法的規定,消費者採特種交易的方式購買商品,在收到商品後七日內,可向業者要求無因退貨,且睫毛膏並不屬於七天猶豫期的例外情形。

( D )4. 消基會於2013年年初針對52件市場銷售的純米米粉、調合米粉進行抽驗、檢測,結果發現多家廠商的米粉含米量過低,甚至以玉米澱粉作為原料。上述廠商之作為可能違反了何種政府法令?
(A)商標法
(B)定型化契約
(C)智慧財產權
(D)商品標示法。 [3-1][102統測]

( D )5. 台灣爆發油品安全風暴之後,消費者可憑購買發票、購買收據或其他可資證明之文件,向原購買之通路商辦理退貨,這是基於何種法律之規範?
(A)營業秘密法
(B)商標法
(C)公平交易法
(D)消費者保護法。 [3-1][103統測]

( D )6. 小歐跟一群朋友到墾丁參加幾天的萬人「春吶」，期間每天都在同一間便利商店購買飲料，該店卻從未因顧客人數眾多而產生缺貨現象，該店所以能供貨充足，其原因最不可能是？
(A)便利商店使用POS系統，精確掌握消費者需求
(B)EOS與POS緊密結合，使得進銷存管理更有效率
(C)便利超商總部根據歷年「春吶」銷售資料即早因應
(D)使用多階的通路系統，提高配送效率。 [3-2]

簡化通路的流通階層，才能提高配送效率。

( A )7. 某甲平常到大賣場快速剪髮的店理髮，費用便宜；但若有重要事情就會到專業理髮店整理頭髮，以得到更好的服務，上述服務品質的不同屬於哪一種服務的特性？
(A)異質性　(B)無形性　(C)不可儲存性　(D)不可分割性。 [3-2]

( C )8. 最近媒體上常常出現「巨量資料」、「大數據」；透過電腦做篩選、整理、分析，所得出的結果不僅可得到簡單、客觀的結論，更能用於幫助企業進行經營決策。蒐集的資料還可以被規劃，引導開發更大的消費力量。這個流程屬於下列何種機能？
(A)商流　(B)金流　(C)資訊流　(D)物流。 [3-2][103統測]

( C )9. 因行動支付日漸興盛，業者陸續推出Apple Pay、Google Pay與Line Pay等行動支付工具，這是屬於何種現代化商業機能？
(A)物流與資訊流
(B)商流與物流
(C)金流與資訊流
(D)金流與物流。 [3-2][106統測 改編]

Apple Pay、Google Pay與Line Pay等行動支付工具→金流。
上述行動支付工具所運用的技術，例如NFC、QR Code等→資訊流。

( A )10. 某訂房網站長期承包在地多家旅館的客房供消費者以優惠價格訂房，透過訂房網站平臺，消費者可清楚明瞭飯店的房型與附加的餐點服務，最重要的是在預訂的當下即能確定房間數、房型與價格，亦可立即選擇信用卡完成支付。以商業機能與通路階層來看，請問下列對其商業運作的敘述，何者正確？
(A)包含金流、商流、資訊流與一階通路
(B)包含商流、金流、物流與零階通路
(C)包含資訊流、金流、商流與二階通路
(D)包含金流、資訊流、物流與一階通路。 [3-2][107統測]

訂房網站提供飯店房型、餐點服務、房間數、價格等資訊情報→資訊流。
消費者預訂後可選擇信用卡完成支付→金流。
消費者透過該訂房網站可完成訂房交易→商流。
訂房網站承包多家旅館的房客訂房服務，讓客房住宿權從旅館經過訂房網站移轉至最終消費者→一階通路。

▲ 閱讀下文，回答第11～13題。
小杰在momo購物網上以信用卡付款的方式購買一台空氣清淨機，數天後空氣清淨機就以宅配的方式送到小杰的家。但小杰在收到空氣清淨機的隔一天改變主意，而向momo購物網表示想要取消這筆交易。

( C )11. 小杰到momo購物網購買空氣清淨機的行為，是屬於
　　(A)型錄購物　　　　　　　　(B)電視購物
　　(C)特種交易行為　　　　　　(D)訪問交易。　　　　　　　　　　　[3-1]
　　特種交易行為包括網路購物、訪問交易等。

( D )12. 小杰在收到空氣清淨機的隔一天向momo購物網表示要取消這筆交易，則
　　(A)小杰不能要求取消交易
　　(B)小杰可以取消交易，但須賠償廠商的損失
　　(C)小杰可以取消交易，但不得要求退款
　　(D)小杰可以要求無條件取消交易。　　　　　　　　　　　　　　　　[3-1]

( A )13. 承上題，根據消費者保護法規定，小杰若想要取消這筆交易，則必須在收到空氣清淨機的幾日內提出此項要求？
　　(A)7日　　　　　　　　　　　(B)10日
　　(C)14日　　　　　　　　　　(D)30日。　　　　　　　　　　　　　[3-1]
　　消費者享有七天猶豫期。

▲ 閱讀下文，回答第14～16題。
小雅到博客來網路書店以信用卡付款方式購買徐維老師的英文書，數天之後書籍就宅配到家。由於徐維老師的英文書銷售甚佳，因此博客來網路書局利用EOS系統向出版社追加訂單，以饗眾多書迷。

( B )14. 小雅以信用卡付款方式購買書籍，此種付款方式是屬於現代化商業機能的哪一環？
　　(A)商流　(B)金流　(C)物流　(D)資訊流。　　　　　　　　　　　　[3-2]

( C )15. 透過物流中心，小雅不需出門就可以收到書籍，這是物流所創造的何種效用？
　　(A)形式效用　(B)時間效用　(C)地域效用　(D)原始效用。　　　　　[3-2]

( A )16. 博客來網路書店利用EOS系統向出版社下訂單，EOS系統是一種
　　(A)電子訂貨系統
　　(B)銷售時點管理系統
　　(C)無線射頻辨識系統
　　(D)電子資料交換系統。　　　　　　　　　　　　　　　　　　　　　[3-2]

## 統測臨摹

( B )1. 某量販店從國外進口商品，送至某物流中心，於該量販店有需求時再配送至各需要的分店，下列何者不屬於此物流中心提供之功能？
(A)倉儲保管功能　(B)所有權移轉功能
(C)運輸功能　(D)裝卸搬運功能。　　　　　　　　[3-2][103統測]

所有權移轉→「商流」的功能。上述情形中，該物流中心不具有此項商流功能。

( A )2. 下列有關商品條碼的敘述，何者錯誤？
(A)二維條碼比一維條碼所儲存的資料較多，但安全性較低
(B)我國的EAN碼之國家代碼為471
(C)商品在生產階段就印在包裝上的條碼為原印條碼
(D)店內條碼僅供店內使用，無法對外流通。　　　　　　　　[3-2][104統測]

二維條碼比一維條碼所儲存的資料較多，且安全性「更高」。

( C )3. 協助買賣雙方交易款項之收付業務，例如：台灣的Yahoo!奇摩輕鬆付、歐付寶等，主要是負責現代化商業機能中的哪一種？
(A)商流　(B)物流　(C)金流　(D)資訊流。　　　　　　　　[3-2][104統測]

( B )4. 寒暑假赴遠地求學的學生，利用宅急便載送大件行李回家。此項作為應屬於物流的何種類型？
(A)工業品物流　(B)消費品物流　(C)行李物流　(D)資材物流。　　　　　　　　[3-2][105統測]

( D )5. 下列何者不屬於企業導入電子訂貨系統（EOS）的效益？
(A)下單作業更為便捷　(B)存貨管理更為準確
(C)提升訂單效率　(D)縮短收銀作業時間。　　　　　　　　[3-2][105統測]

縮短收銀作業時間→條碼（Bar Code）、銷售時點管理系統（POS）的使用效益。

( A )6. 現代商業從生產者到消費者的每個環節，都可能產生資訊或資訊的交換。下列何者是消費者與零售商之間產生資訊的資訊流工具？
(A)POS　(B)EDI　(C)EOS　(D)SOP。　　　　　　　　[3-2][106統測]

B：電子資料交換系統，屬於不同企業間標準化電子資料格式的資訊流。
C：電子訂貨系統，屬於不同企業間處理訂貨相關作業的資訊流。
D：標準作業流程。

( B )7. 下列何者不屬於POS系統所可收集的即時資訊？
(A)商品的品項與數量　(B)商品的銷售預測
(C)商品的銷售時間　(D)商品的廠商與國別。　　　　　　　　[3-2][107統測]

POS系統可透過讀取條碼（包含國家代碼與廠商代碼），收集商品種類、數量、銷售時間等銷售資訊。
POS系統收集的資料經電腦處理分析後，可列出各種表格以供企業做為銷售預測等決策參考，但POS系統本身無法預測商品的銷售情形。

CH3 商業現代化機能

( D )8. 近年來由於通路商日趨強勢，商品流通模式已漸由供應商主導改為需求鏈廠商主導。在這其中，物流的功能除了運輸配送與倉儲裝卸外，不包括下列何種功能？
(A)包裝　(B)流通加工　(C)分類貼標　(D)製造加值。　　　　　　　[3-2][108統測]
物流的功能包括「運輸配送」、「倉儲保管」、「裝卸搬運」、「加工包裝」、「資訊提供」，但不包含生產製造。

( C )9. 有三個連續的情境：
①身體不適，雖然不想出門，無奈必須親自去看醫生
②醫生診斷為普通感冒發燒，吃藥即可；但不放心又去看了第二位醫生，卻被診斷為腸胃炎發燒，應住院打點滴
③看完兩位醫生後兩天，感覺第二位醫生的診斷比較正確
以上情境依序屬於服務的何種特性？
(A)易逝性、變異性、無形性
(B)不可分割性、無形性、變異性
(C)不可分割性、變異性、無形性
(D)變異性、無形性、易逝性。　　　　　　　　　　　　　　　　　[3-2][108統測]
①：必須親自去看醫生：醫生診療必須由醫生親自執行→不可分割性。
②：兩位醫生診斷的結果不同：病情的診斷分析過程因人而異→易變性。
③：感覺第二位醫生診斷較為正確：接受診斷前不易判斷其良莠→無形性。

( B )10. 下列何項適合採用選擇型商流通路？
(A)通路廣且長，商品流通過程無特定中間商
(B)商品價格較高，購買頻率較低
(C)商品價格低廉，較容易取得
(D)消費者對商品的購買頻率高，不須專人解說。　　　　　　　　　[3-2][109統測]
選擇型商流通路適合通路窄且短、單價高、須專業人員解說的商品。
A、C、D：適合「開放型商流」。

( D )11. 以下何者不是「銷售點管理系統（Point of Sale, POS）」可能會帶來的效益？
(A)縮短收銀時間，提升服務品質
(B)系統簡單容易操作，降低出錯機率
(C)有效掌握庫存數量，並即時補貨
(D)解決廠商之間不同電腦系統的問題。　　　　　　　　　　　　　[3-2][109統測]
解決廠商之間不同電腦系統的問題→「電子資料交換系統（EDI）」的效益。

( B )12. 陽光公司負責農產品的集貨、驗收、理貨、包裝加工、儲存配送。此公司的業務主要屬於下列何者？
(A)商流　(B)物流　(C)金流　(D)資訊流。　　　　　　　　　　　[3-2][110統測]

( C )13. 有關企業建構電子訂貨系統（EOS）、電子資料交換系統（EDI），這些商業自動化工具之目的，下列何者錯誤？
(A)提升配銷效率　　　　　　　　(B)整合通路的產銷流程
(C)延長產品上架的時間　　　　　(D)即時掌握消費者的回應。　　　[3-2][110統測]
運用EOS及EDI之目的並非延長產品上架時間。

( A )14. 滷味業者除透過原有的零售通路外，新推出「智能販賣機」進行銷售，消費者可於選擇商品後，販賣機自動加熱3分鐘，就可以吃到熱騰騰的滷味。此外，消費者可以用VISA WAVE信用卡、街口支付等方式購買。以上商業現代化之敘述，下列何者正確？
(A)信用卡是採用無線射頻辨識系統
(B)街口支付是採取NFC的感應系統
(C)滷味商品販售是屬於選擇型商流
(D)智能販賣機是屬於提升服務品質。 [3-2][111統測]

A：信用卡付款方式包括採用磁條刷卡、RFID（無線射頻辨識系統）感應、NFC（近距離無線通訊）感應等。
B：街口支付的付款方式為掃描條碼。
C：滷味並非價格較高、需要專人解說、重視售後服務的商品，其較不適合採取選擇型商流。
D：服務具有不可分割性，須由服務人員提供給消費者；智能販賣機屬於無店鋪零售，可增加銷售機會與便利性，但不一定能提升服務品質。

( D )15. 疫情期間知名美式連鎖餐廳，出現以下情境：
①配合疫情推出「外帶自取五折優惠」限量促銷活動
②消費者於網路訂購時，感覺電子菜單較難挑選餐點
③消費者感覺外帶消費，沒有現場服務不像享受美食
根據上述，依序屬於何種服務特性？
(A)同時性、變異性、無形性　(B)同時性、易逝性、變異性
(C)易逝性、無形性、變異性　(D)易逝性、無形性、同時性。 [3-2][111統測]

①：消費者選擇外帶，無法將現場用餐所能享受到的服務加以儲存供未來使用→易逝性。
②：看不到實際商品，不易預測其內容與品質→無形性。
③：現場服務必須由服務人員直接提供給消費者→同時性。

( A )16. 全聯福利中心與Uber Eats合作推出「小時達」，提供線上訂購宅配外送服務，訴求外送員騎車一小時內就能把生鮮雜貨宅配到家，以滿足消費者之需求。關於業者①外送員產生之效用、以及②物流的機能，依序屬於下列何者？
(A)①勞務效用、②運輸配送　(B)①時間效用、②運輸配送
(C)①勞務效用、②裝卸搬運　(D)①時間效用、②裝卸搬運。 [3-2][112統測]

①：外送員提供外送服務→勞務效用。
②：物品從一地運到另一地的機能→運輸配送。

( C )17. 關於金流與行動支付之敘述，下列何者正確？
(A)電子票證具有儲值、付款、以及轉帳功能
(B)使用第三方支付可使消費者提早收到商品
(C)可用行動支付等方式付款，是便利性的考量
(D)選擇支付工具時，儲值性是首要的考量因素。 [3-2][112統測]

A：「電子支付」具有儲值、付款、以及轉帳功能。
B：使用第三方支付可使消費者在確定收到商品無誤後，再通知第三方機構將款項支付給廠商。
D：選擇支付工具時，「安全性」是首要的考量因素。

( C )18. 水梨小農王曉民為推動環境保護的理念，鼓勵某部落小農一起生產無農藥的水梨，並共同成立一家公司來推廣這些無農藥水梨，再直接運用網路平台與社群進行銷售工作，同時將賣相不佳的水梨製成果醬來販售。該公司採取自給自足的經營方式，盈餘主要用於永續推動環境保護活動及聘請藝術家教導偏鄉學童創作。另外將畫作轉化成文創商品，依客戶需求量身訂做商品，再將文創商品銷售所得捐給學校，資助學童支付營養午餐、急難救助等經費。請問該公司直接運用網路平台與社群進行水梨與加工品的販售，此屬於哪一種通路階層？　(A)開放型商流通路　(B)選擇型商流通路　(C)零階通路　(D)中間商通路。　[3-2][113統測 改編]
沒有透過零售通路，而是直接運用網路平台及社群銷售產品→零階通路。

( A )19. 石斑魚是臺灣重要的外銷魚種，年產量近16,000公噸，產值約40億元新臺幣。石斑魚外銷主要集中於某國約佔90%。然而，該國突然在2022年6月10日起以檢出禁用藥物及土黴素超標為理由，暫停臺灣石斑魚輸入，一時間造成臺灣石斑魚滯銷，對漁業產生很大的衝擊。力加漁業公司此時驟然失去70%的銷售量，創辦人沒有怨天尤人，反而積極尋找與聯繫其他國家的客戶，並迅速導入真空包裝生產設備，努力在最短時間內解決問題。為了擴展新的出口市場，該公司創立石斑魚品牌，將現撈漁獲急速冷凍後出口，透過當地電商平臺銷售給一般民眾。同時，該公司將石斑魚去皮、切塊、去骨、去頭尾後以真空包裝放到電商平台銷售。另外，力加為加強掌握新的外銷地區市場競爭與消費者喜好，蒐集美國、以色列……等國社群網路上的圖文資料、社會新聞、氣候變化、美食節目影片，還有不同國家客戶造訪力加網站的瀏覽紀錄，再利用電腦分析以得到重要的商業智慧。該公司透過一系列的措施，突破困境。根據上述情境，該公司蒐集多個市場的多種消費者相關資訊進行分析，是運用哪一種資訊流？　(A)大數據　(B)電子訂貨　(C)銷售時點情報　(D)電子資料交換。　[3-2][113統測 改編]
蒐集大量資料並透過電腦進行分析→大數據。

▲ 閱讀下文，回答第20～21題。
林小明收到C賣場DM，至賣場購買三盒限量的冷凍麻辣火鍋商品。結帳時，賣場結帳人員手持具光學自動閱讀與掃描的收銀機設備，逐項進行商品的掃描。付款時，小明以存於其手機內的某家銀行發行的信用卡進行支付。

( D )20. 賣場結帳人員手持具光學自動閱讀與掃描的收銀機設備，逐項進行商品的掃描，此為POS系統的應用。下列敘述哪一項正確？
(A)可於配銷時專供辨識使用
(B)可傳輸標準化資料向供應商訂貨
(C)可將POS機台資料直接分享給供應商
(D)可有效掌握限量商品的銷售情形以便補貨。　[3-2-4][113統測]
運用POS系統可提高結帳效率、掌握商品銷售情形與庫存變化。

( A )21. 林小明付款時，是採用哪一種金流交易方式？
(A)行動支付　(B)第三方支付　(C)簽帳卡支付　(D)儲值卡支付。　[3-2-3][113統測]
智慧型手機綁定信用卡資料，並於實體商店消費時直接持手機出示相關資訊結帳→行動支付。

( B )22. 阿好透過網路平台接案，幫其他企業設計活動需要的海報、看板…等。客戶可在平台瀏覽與選購阿好的作品，或是進一步討論客製化的需求。在作品確認後，客戶可以透過多種線上方式支付費用，且阿好在確認平台收到款項後，平台才開放客戶下載作品。完成工作後，阿好常到隔壁的便利超商逛逛。任何時間只要帶張悠遊卡，就可以使用悠遊卡付款購買小點心，享受小確幸。

①客戶可以透過多種線上方式支付費用，且阿好在確認平台收到款項後，平台才開放客戶下載作品，以保障雙方之權益。②阿好使用悠遊卡付款，在超商購買小點心。關於上述情境，依序應用下列何種資訊科技？
(A)①第三方支付、②近距離無線通訊（NFC）
(B)①第三方支付、②無線射頻辨識系統（RFID）
(C)①銷售時點管理系統、②近距離無線通訊（NFC）
(D)①銷售時點管理系統、②無線射頻辨識系統（RFID）。 [3-2][114統測 改編]

行動支付平台確保資金安全移轉以預防詐騙→第三方支付。
實體悠遊卡卡片、實體一卡通卡片、ETC等，均有採用RFID技術。

# CH 4 商業的經營型態

**114年統測重點**
專賣店的特性、無店鋪零售業、網路購物的商品種類、物流中心類型

## 本章學習重點

本章常考各類**零售業**與**批發業**
近年考出次數如下（以①、②…表示）

| 章節架構 | 必考重點 | |
|---|---|---|
| 4-1 業種與業態 ③ | • 業種店與業態店的差異<br>• 新興業態興起的原因 | ★★☆☆☆ |
| 4-2 零售業 ① | • 零售業的特性與功能 | ★★☆☆☆ |
| 4-3 有店鋪零售業<br>　4-3-1 便利商店　4-3-4 百貨公司<br>　4-3-2 超級市場 ②　4-3-5 購物中心 ①<br>　4-3-3 量販店 ②　4-3-6 專賣店 ③ | • 有店鋪零售業的特性<br>• 有店鋪零售業的發展<br>• 各種有店鋪零售業的比較 | ★★★★☆ |
| 4-4 無店鋪零售業<br>　4-4-1 多層次傳銷 ⑤<br>　4-4-2 網路購物 ⑦ | • 無店鋪經營型態的種類<br>• 多層次傳銷與老鼠會<br>• 網路購物的商品種類 | ★★★★★ |
| 4-5 批發業 ① | • 批發業的功能 | ★☆☆☆☆ |
| 4-6 重要的批發業<br>　4-6-1 生鮮處理中心 ①<br>　4-6-2 物流中心 ⑤<br>　4-6-3 盤商、代理商與經銷商<br>　　　　① ② | • 物流中心的類型<br>• 代理商與經銷商的差異 | ★★★★☆ |

## 統測命題分析

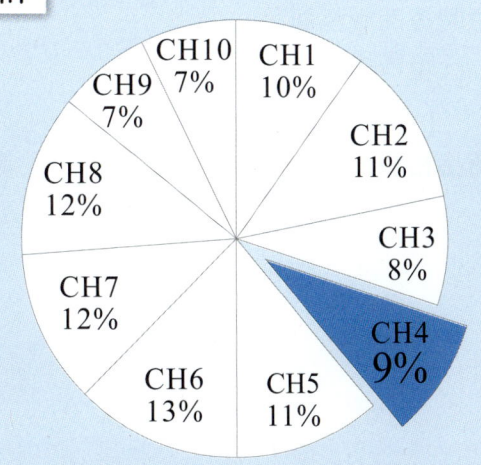

- CH1 10%
- CH2 11%
- CH3 8%
- CH4 9%
- CH5 11%
- CH6 13%
- CH7 12%
- CH8 12%
- CH9 7%
- CH10 7%

# 4-1 業種與業態

## 一、業種與業態的意義

| 型態 | 業種 | 業態 |
|---|---|---|
| 說明 | • 以販售商品種類區分<br>• 販售特定商品為主<br>• 通常可從店名判斷該店所販售的商品種類 | • 以經營型態區分<br>• 販售多種類商品、提供多元服務為主<br>• 通常無法從店名判斷該店所販售的商品種類 |
| 舉例 | 永和豆漿店<br>小林眼鏡<br>101文具店<br>阿瘦皮鞋 | 全家便利商店<br>全聯福利中心<br>家樂福量販店<br>新光三越百貨 |

## 二、業種店與業態店的差異

業種店與業態店的差異，可從下列五個角度區分：

| 型態<br>差異點 | 業種店 | 業態店 |
|---|---|---|
| 興起背景 | 物資缺乏時期<br>（需求＞供給） | 物質充足時期<br>（需求＜供給） |
| 核心理念 | 以販賣商品為主 | 以滿足顧客多樣化需求為主 |
| 經營方針<br>（行銷目標） | 致力於出清商品 | 販賣暢銷品、淘汰滯銷品 |
| 商家角色 | 替製造商販售商品<br>（銷售代理） | 替顧客採購商品<br>（採購代理） |
| 經營者知識 | 注重產品面<br>商品相關知識豐富 | 注重行銷面<br>顧客相關情報豐富 |

## 三、新興業態興起的原因

| 原因 | 說明 | 釋例 |
|---|---|---|
| 滿足消費者需求 （最主要原因） | 業者為了**滿足消費者多元的需求**，而發展出新興業態 | 為了滿足消費者在家也能吃美食的需求，網路外送平台foodpanda、Uber Eats等因應而生 |
| 市場競爭激烈 | 業者為了在日益激烈的**市場競爭**中脫穎而出，而發展出新興業態 | 為了跟量販店競爭生鮮產品市場，超級市場陸續成立生鮮中心 |
| 市場空隙存在 | 業者為了**填補市場缺口**、搶攻潛在商機，而發展出新興業態 | 零售業者看準台灣缺乏低價大型商場的市場缺口，近幾年陸續在北、中、南等處開設暢貨中心Outlet |
| 技術創新 | **資訊科技**與**經營管理技術**的進步創新，帶動新興業態的發展 | 隨著網路區塊鏈技術的進步，NFT（非同質化代幣）商品日漸盛行 |

註：NFT（Non-Fungible Token，非同質化代幣）是指在區塊鏈（可追蹤並記錄每次交易資產移動紀錄的網路技術）中，用來作為數位商品所有權的電子憑證。NFT商品則是指透過NFT技術來保障其數位所有權的商品。例如周杰倫推出1隻要價新台幣2.8萬元、限量1萬隻的NFT商品Phanta Bear，上架40分鐘便銷售一空。

### 小試身手 4-1

( C )1. 下列何者屬於業態店？ (A)魚攤 (B)肉攤 (C)超級市場 (D)水果店。

( D )2. 一些知名連鎖書局處理書本庫存時，會將連續擺放三個月而無任何銷售紀錄之書本撤下，此點與傳統業種店之不同點在於
(A)核心觀念 (B)興起背景 (C)經營者所擅長的知識 (D)經營方針。
由於業態店是以滿足顧客需求為目的，因此汰舊換新的速度相當快。

( D )3. 在國外的超級市場與便利商店之間，經常有迷你超市的存在，請問迷你超市興起原因是
(A)消費者的需求 (B)技術的創新 (C)市場的競爭 (D)市場空隙的存在。
迷你超市可滿足某些希望快速購物，但又不希望產品種類太少的顧客，所以是基於市場空隙的原因而存在。

( B )4. 業種店的經營方針主要為何？
(A)滿足客戶需求 (B)出清商品 (C)追求投機機會 (D)代客採購商品。

( C )5. 關於業態店，下列敘述何者正確？
①注重商品行銷
②興起於物資充足時期
③先有業態店，後才發展出業種店
④以販賣暢銷品、淘汰滯銷品為經營方針
(A)①④ (B)②③ (C)①②④ (D)①②③④。

## 4-2 零售業 統測 109

零售業是指**將商品銷售給最終消費者**的行業。製造商生產商品後，最後通常是由零售商將商品銷售給消費者，因此零售業可說是**商業活動中的最後一環**。

以下說明零售業的特性、功能及主要分類。

### 一、特性

| 特性 | 說明 |
| --- | --- |
| 商品周轉率較高 | 商品周轉率又稱商品迴轉率，是指商品在一定期間內的周轉次數。零售商通常會以少量多樣的商品進行銷售，因此商品周轉率較高 |
| 促銷方式多元 | 零售商通常會採用多樣化的促銷方式，來吸引消費者購買 |
| 營業時間較長 | 隨著市場競爭日益激烈，零售商通常會盡量拉長營業時間，以方便消費者前來購物 |
| 信用卡交易為主 | 由於網路購物蓬勃發展、行動裝置普及、支付方式多元，零售業之消費者付款方式已從現金交易為主轉變為以信用卡交易為主。但便利商店與超級市場的消費金額較小，因此仍較常以現金交易 |

根據經濟部「批發、零售及餐飲業經營實況調查報告」，台灣零售業的消費者付款方式，自2019年起信用卡已超越現金而躍居第1。

### 二、功能 統測 109

1. **對製造商**

   (1) **商品儲存**：零售商可分攤製造商儲存商品的壓力，並作為備貨庫存所需。

   (2) **商品配銷**：製造商透過零售商將商品配銷到消費者手中，可使**產銷專業分工**，並降低製造商的銷售風險。

   (3) **提供市場情報**：零售商可提供**消費者偏好**等市場資訊給製造商參考。

2. **對消費者**

   (1) **提供少量多樣的商品選擇**：零售商可向各製造商**購進多樣商品**並**少量分售**；消費者則可從零售商所提供的多樣商品中進行選擇並少量購買。

   (2) **提供舒適購物環境**：零售商多會提供良好的購物環境、流暢的購物動線、合宜的商品擺設，讓消費者能在舒適的空間進行購物。

   (3) **提供售後服務**：零售商可提供如送貨到府、安裝維修等售後服務，以**提高消費者滿意度**。

## 三、分類

1. **依有無實體店鋪區分**

   (1) **有店鋪零售業**：有實體店鋪的零售業，如便利商店、百貨公司等。

   (2) **無店鋪零售業**：無實體店鋪的零售業，如多層次傳銷、網路購物等。

2. **依行政院主計總處「行業統計分類」區分**

   根據行政院主計總處「行業統計分類」，**有店鋪零售業**可區分為以下兩種：

   (1) **綜合商品零售業**：銷售多種系列商品的零售業，通常以**業態**來區分。

   (2) **專賣零售業**：銷售單一系列商品的零售業，通常以**業種**來區分。

### 小試身手 4-2

( A )1. 城城企業為了讓其生產的曾拌麵能順利流通，以利消費者方便買到商品，因此在家樂福、好市多鋪貨。家樂福、好市多即是城城企業的
(A)零售商　(B)批發商　(C)大盤商　(D)物流中心。

( A )2. 在商業體系中，最能反映社會結構的轉型與消費者需求的轉變之行業別為
(A)零售業　(B)批發業　(C)製造業　(D)物流業。
零售業直接與消費者接觸，因此最能反映社會結構的轉型與消費者需求的轉變。

( B )3. 某服飾店向五分埔批發商批進40種不同的流行服飾數件，再一件一件的賣給消費者，這是零售業的何種功能？
(A)提供售後服務
(B)提供少量多樣的商品選擇
(C)商品儲存
(D)提供售後服務。

( A )4. 零售商將消費者對產品的使用意見反應給製造商，以協助製造商擬定產品改善計劃，這是零售業的何種功能？
(A)提供市場情報
(B)提供少量多樣的商品選擇
(C)商品儲存
(D)提供舒適的購物空間。

( A )5. 下列何者不屬於零售業的特性？
(A)顧客固定
(B)消費者的主要付款方式已從現金轉變為信用卡
(C)商品周轉率較高
(D)營業時間較長。

## 4-3 有店鋪零售業

統測 102 104 106 107 110 111 112 114

### 4-3-1 便利商店（Convenience Store, CVS）

#### 一、簡介

1. **定義**
   以銷售**便利性商品與服務**為主、滿足顧客**立即需求**的零售商店，又稱**超商**。

2. **起源**
   (1) 1927年，美國南方公司首先創立；1946年更名為7-ELEVEn。
   (2) 1977年，台灣首次出現便利商店：青年商店。
   (3) 1979年，統一企業引進7-ELEVEn的經營技術，便利商店在台灣開始興起。
   (4) 一般而言，當平均每人國民所得達**6,000美元**以上，便利商店即有發展空間。

#### 二、特徵

| 特徵 | 說明 |
| --- | --- |
| 營業時間 | 大部份都是**24小時**營業，全年無休 |
| 營業地點 | 多位於**人潮聚集地**，如車站、住宅區、市中心、風景遊樂區等 |
| 營業面積 | 通常約在20~70坪之間 |
| 商品種類 | 1. 以**周轉率高**、**少量多樣**的便利性商品為主，可滿足顧客**即時**之需求<br>2. 包括食品、日常用品、服務性商品（如領取包裹、代收費用）等<br>3. 以食品類商品為銷售主力 |
| 商品訂價 | 通常**較高**於傳統商店、超級市場、量販店 |
| 目標客群 | **臨時需求者**、**附近住戶**、**上班族** |
| 銷售方式 | 多採**自助式**銷售 |

**知識充電　　台灣的便利商店**

1. 四大超商（家數／營業額元）：
   7-11（7,110⁺家／3,300⁺億）、全家（4,300⁺家／1,050⁺億）、
   萊爾富（1,600⁺家／270⁺億）、OK（800⁺家／95⁺億）
2. 總家數約1.4萬家，超過7成集中在6大直轄市，其中以新北市最多。
3. 全台368個鄉鎮（烏坵除外）均有7-11。
4. 花蓮、台東尚無萊爾富。

## 三、我國便利商店的發展現況

1. **發展網路購物**

    業者積極架設**網路商店**，讓消費者可以上網訂購超商的商品，再直接到門市取貨（即**結合虛擬通路與實體通路**），或將商品宅配到府。

    **案例** 全家設立「全家行動購」網站，並開發「全家行動購」App，積極搶攻網路購物市場。

2. **採取複合式經營**

    複合式經營是指同一賣場內，結合兩個（含）以上的業種店或業態店，以提供更多種類商品（服務）的經營模式。業者可與合作夥伴進行**策略聯盟**，透過複合經營模式，共同提供商品（服務）給消費者，以提高競爭門檻，並增加營收。

    **案例** 7-11曾開設複合式自助加油站G-Store，近年來積極與康是美、Being Fit健身房結合，開設「Simple Fit」概念店。 全家與天和鮮物合作開設複合店。

3. **銷售自有品牌商品**

    業者常會委託製造商生產自有品牌商品並加以銷售，創造**商品差異性**、強化品牌形象，並藉以**增加銷售機會**。

    **案例** 7-11推出自有品牌天素地蔬。全家推出自有品牌FamiCollection。
    萊爾富推出自有品牌Hi-Life Original。OK推出自有品牌OKmart choice。

4. **提供創新商品與服務**

    業者藉由自行研發或運用**策略聯盟**等方式，提供更多元的創新商品與服務，以**創造附加價值**、滿足消費者的多樣化需求，並獲取競爭優勢。

    **案例** 全家與台鐵合作，推出滷排骨便當、排骨蛋吐司。
    全家、萊爾富、OK與foodpanda外送平台業者合作，提供外送服務。

5. **提供多元支付方式**

    除了現金支付、儲值卡支付、信用卡刷卡之外，業者也積極開發**自有支付工具**，讓消費者可以透過電子支付方式付款，藉由提供更多元的結帳方式，增加消費者的消費意願。

    **案例** 7-11提供的結帳支付方式包括：現金、信用卡、悠遊卡、icash 2.0儲值卡、以及7-11開發的icash pay自有支付工具。

6. **發展會員制**

    為了提高消費者對於品牌的忠誠度，業者積極發展會員制度，以掌握消費者需求，並可透過**分眾推播**（適時針對不同消費者進行不同優惠資訊）、累積紅利點數等行銷方式，促使消費者**增加來店次數與消費金額**。

    **案例** 全家推出FamiClub會員制，提供會員消費累積點數、購物優惠等服務，迄今已超過1,850萬名會員。

# 4-3-2 超級市場（Supermarket） 統測 110 112

## 一、簡介

1. **定義**
   以銷售**食品**為主、**日用品**為輔、滿足顧客**一次購足需求**的零售商店，簡稱**超市**。

2. **起源**
   (1) 起始於1930年美國紐約的金・庫侖（King Kullen）超市。
   (2) 台灣起始於1969年的西門超級市場。
   (3) 一般而言，當平均每人國民所得達**3,000美元**以上，超級市場即有發展空間。

## 二、特徵

| 特徵 | 說明 |
| --- | --- |
| 營業時間 | 1. 營業時間固定，部分門市為24小時營業<br>2. 幾乎全年無休 |
| 營業地點 | 多位於住宅區 |
| 營業面積 | 數十坪至上百坪 |
| 商品種類 | 1. 種類多樣化，可滿足顧客一次購足之需求<br>2. 包括一般食品、生鮮食品、日用品等<br>3. 以食品類（包含生鮮食品）商品為銷售主力，日用品次之 |
| 商品訂價 | 通常設定為介於便利商店與量販店之間的中價位 |
| 目標客群 | 社區住戶、一次購足者 |
| 銷售方式 | 多採自助式銷售 |

### 知識充電　台灣的超級市場

1. 四大超市之家數排名：
   全聯（1,200⁺家）、美廉社（800⁺家）、家樂福market（240⁺家）、楓康（50⁺家）。
2. 總家數將近2,500家。
3. 在超商、超市、量販店、百貨公司四種零售業中，營業額僅略高於量販店。

## 三、我國超級市場的發展現況

1. **發展網路購物**
   業者積極設立**網路商店**來拓展網路市場，並提供宅配到府或門市取貨之服務。
   *案例* 全聯設立「小時達」、「全電商」等網站，消費者在線上選購後，可選擇多種宅配方式（如1小時到貨、指定到貨日期等），亦可到店一次取貨或跨店分批取貨。

2. **銷售自有品牌商品**
   為了**降低成本、提高利潤**，許多業者推出自有品牌商品，並以比領導品牌商品**便宜**的價格來銷售以增加營收。
   *案例* 美廉社推出自有品牌商品「VV元氣純水」瓶裝礦泉水，售價較領導品牌便宜許多，甫推出1個月即銷售超過50萬瓶。
   （如悅氏、波爾、多喝水、泰山等礦泉水品牌）

3. **發展新型店鋪**
   為了開創新市場商機，業者透過開設新型態店鋪的方式，來**找尋新目標客群**。
   *案例* 全聯積極開發新型店鋪，如：
   二代店：主打在地生產、在地銷售的生鮮產品。
   三代店：主打都會風格。
   imart店：主打健康蔬活、便利生活的多樣化商品。
   mini輕超市：主打快速消費、熱食即用的便利性商品。

4. **成立生鮮處理中心**
   業者自行成立生鮮處理中心，以**垂直整合**的方式來降低生鮮食品的處理成本、提升生鮮食品的品質，同時可確保貨源充足。
   *案例* 全聯在北部、中部、南部共設立了六座生鮮處理中心，負責全台灣每日生鮮蔬果商品的進貨、清洗分切、包裝貼標、分貨到店等工作，以使所有門市均能達到「今天生產、今天到貨」的目標。

5. **提供多元支付方式**
   超級市場提供的結帳方式越來越多元，包括現金、信用卡、各種行動支付等；部分業者更藉由開發**自有支付工具**的方式，讓消費者結帳時更加方便。
   *案例* 全聯及楓康提供的支付方式包括現金、儲值卡（如icash卡等）、刷卡（信用卡或簽帳金融卡均可）、行動支付等，並且均有開發自有支付工具，如全支付、楓康行動GO等。

6. **發展會員制**
   業者藉由建立會員制度、發展紅利積點的方式，吸引消費者加入會員以**增加來店消費**的次數。
   *案例* 楓康推出VIP卡友會員制，加入會員即可享有「每消費100元可累積紅利3點、每10點紅利可折抵消費1元」的優惠。

## 4-3-3 量販店（Hypermarket） 統測 104 110 111

### 一、簡介

1. **定義**
   **結合倉儲與賣場**（貨架即倉庫）、銷售各類商品、**兼具批發**（大量進貨、大量銷貨）及**零售**（銷售給最終消費者）特性、滿足顧客**一次購足需求**的零售商店。

2. **起源**
   (1) 起始於1963年法國的家樂福量販店。
   (2) 台灣起始於1989年的萬客隆量販店。　2003年退出台灣市場。
   (3) 一般而言，當平均每人國民所得達**10,000美元**以上，量販店即有發展空間。

### 二、特徵 統測 104

| 特徵 | 說明 |
| --- | --- |
| 營業時間 | 營業時間固定，特殊節慶（如農曆年前、中元節）適時延長 |
| 營業地點 | 多位於**都會區**或**郊區**，交通方便且有提供停車空間 |
| 營業面積 | 數百坪至上千坪 |
| 商品種類 | 1. 種類多達數萬種，且多為**大包裝**，可滿足顧客**一次購足**之需求<br>2. 以食品類、日用品類商品為銷售主力 |
| 商品訂價 | **薄利多銷**，通常設定為低於便利商店與超級市場的**低價位** |
| 目標客群 | **價格敏感者**、公司行號、小型零售業者、鄰近住戶 |
| 銷售方式 | 多採**自助式**銷售 |

#### 知識充電　台灣的量販店

1. 四大量販店之家數排名：
   家樂福（66家）、大全聯（原大潤發）（21家）、愛買（14家）、好市多（14家）。
2. 四大量販店之營業額排名（新台幣元）：
   好市多（1500$^+$億）、家樂福（900$^+$億）、大全聯（原大潤發）（250$^+$億）、愛買（130$^+$億）。
3. 超過8成集中在6大直轄市，其中以新北市的家數最多。
4. 離島唯一的量販店：家樂福金門店。
5. 各大超商、超市、量販店中，僅好市多量販店採取收費式會員制。
6. 同一商品在不同通路的價格，通常由高到低依序為：便利商店＞超級市場＞量販店。

## 三、我國量販店的發展現況

1. **發展網路購物**
   部分量販店業者透過設立**網路商店**發展網路購物，並提供消費者到門市取貨、或送貨到府的服務，藉以拓展商機。
   *案例* 好市多設立「好市多線上購物」；家樂福設立「家樂福線上購物」。

2. **銷售自有品牌商品**
   業者以低於領導品牌商品的**便宜價格**，銷售委由廠商代工生產的自有品牌商品，以獲得較高的利潤。
   *案例* 家樂福推出自有品牌「Carrefour Discount」衛生紙，其價格比領導品牌的衛生紙要便宜一成以上。

3. **採取策略聯盟**
   為了開創新商機，許多業者與合作廠商採取策略聯盟方式，運用彼此的通路、知名度等資源，吸引顧客前來消費。
   *案例* 大全聯（原大潤發）與IKEA家居業者合作，在台北內湖地區推出複合店；透過此一策略聯盟方式，大全聯可創造與當地其他賣場的差異性，而IKEA則能藉以拓展北部市場。

4. **發展新型店鋪**
   許多業者積極調整展店策略、發展新型態的店面，以利突破超商及超市的重圍、提高市占率。
   *案例* 愛買推出「express便利店」。

5. **導入創新技術**
   業者藉由**開發自有支付工具**、設置**自助結帳機**、開設**無人商店**等新技術的導入，來提升競爭力。
   *案例* 好市多推出Costco Pay自有支付工具；
   家樂福推出自助結帳機。

6. **發展會員制**
   各大量販店業者均有發展會員制度，並且提供消費累積紅利、會員專屬優惠活動等，以增加消費者的**品牌忠誠度**，並藉以提高消費者前來消費的機會。

## 小試身手 4-3-1~4-3-3

( D )1. 消費者會選擇在便利商店消費，通常不是考量下列哪一項因素？
(A)營業時間長　　(B)位置便利
(C)要儘快使用產品　　(D)可以慢慢比價。
便利商店以提供消費者便利為主，價格並非主要考量。

( D )2. 下列何者不是超級市場的特徵？
(A)自助式的販賣方式
(B)賣場整齊乾淨，商品種類多樣化
(C)以販售中價位商品為主
(D)提供服務性商品（如影印）來加強競爭力。
超級市場較少提供服務性商品。

( C )3. 下列何種業態兼具批發與零售之特性？
(A)百貨公司　(B)專賣店　(C)量販店　(D)便利商店。

( A )4. 下列何者不是量販店所訴求的主要顧客群？
(A)有臨時需求者
(B)要求一次購足的消費者
(C)小型零售業者
(D)對價格敏感者。

( D )5. 下列對於量販店的敘述，何者錯誤？
(A)大量進貨
(B)大量銷售
(C)商品訂價通常低於超商
(D)採專櫃方式經營。

( B )6. 下列何者不是便利商店的特徵？
(A)多為全日24小時營業
(B)通常商店面積廣大，且多位於人潮聚集地
(C)多採自助式販賣
(D)提供便利性與服務性的商品。
便利商店的店鋪坪數通常不大。

( C )7. 有關便利商店、超市、與量販店的比較，下列敘述何者正確？
(A)三者皆採專人服務方式
(B)三者皆採低價位策略以吸引消費者
(C)三者的商品銷售主力皆有包含食品類商品
(D)三者皆能滿足消費者一次購足的需求。
A：皆多採自助式服務。
B：只有量販店採低價位策略。
D：便利商店較無法滿足消費者一次購足的需求。

# 4-3-4 百貨公司（Department Store）

## 一、簡介

1. **定義**

   在同一場所中，分部門零售多種商品、同一管理單位負責經營（含包裝、收銀及開立發票等）、且由許多**專櫃**（廠商承租來銷售自家商品之專門櫃位）及**自營櫃**（百貨公司自行設置來銷售所進貨商品之營業櫃位）所組成的零售商店。

2. **起源**

   (1) 起始於1852年法國的Le Bon Marché百貨公司。

   (2) 台灣起始於1932年的菊元百貨。　1932年12月3日，菊元百貨於台北市開幕。
   　　　　　　　　　　　　　　　　　　1932年12月5日，林百貨於台南市開幕。

   (3) 一般而言，當平均每人國民所得達**1,000美元**以上，百貨公司即有發展空間。

## 二、特徵

| 特徵 | 說明 |
| --- | --- |
| 營業時間 | 營業時間固定 |
| 營業地點 | 多位於**都會區**或**購物中心**內，交通方便且有提供停車空間 |
| 營業面積 | 數千坪至上萬坪 |
| 商品種類 | 1. 種類多樣化，可滿足顧客**一次購足**之需求<br>2. 具流行性、精緻性之商品居多，可滿足顧客**追求流行**之需求<br>3. 以服飾類、餐飲類、家電類等商品為銷售主力<br>4. 屬性相近的商品通常會規劃在同一樓層，方便消費者依需求選購 |
| 商品訂價 | **中高價位**為主，偶有特高價位商品或低價商品 |
| 目標客群 | 大多鎖定**全客層** |
| 銷售方式 | 多採**面對面**之專人服務 |

### 知識充電　　　　　　台灣的百貨公司

1. 四大百貨公司之家數排名：
   新光三越（12家）、遠東（12家）、微風（10家）、遠東SOGO（6家）。

2. 四大百貨公司之營業額排名（新台幣元）：
   新光三越（950⁺億）、遠東（610⁺億）、遠東SOGO（520⁺億）、微風（340⁺億）。

3. 全球百貨業密度最高的縣市：台北市。

### 三、我國百貨公司的發展現況

百貨公司的發展可反映一國之生活水準,故有**經濟櫥窗**之稱。在我國,百貨公司的年營業額常為綜合零售業中的第一名,故被稱為**零售業的龍頭**。

> 例外:2020～2021年,由便利商店居首(受Covid-19疫情影響)。

我國百貨公司的發展現況如下:

1. **發展會員制、開發持卡客層**

    為了掌握顧客資訊與消費動態、提高消費者的品牌忠誠度,業者積極**發展會員制**,並與銀行進行異業結盟推出**聯名信用卡**,讓會員持卡即可享有購物折扣、滿額禮、免費停車等優惠,以增加消費者的消費意願。

2. **透過體驗服務及促銷活動促進買氣**

    業者常透過舉辦如蛋糕烘焙DIY、寶寶爬行比賽等體驗活動,吸引消費者前來消費;並經常舉辦促銷活動,例如在歲末年終舉辦周年慶活動、在母親節舉辦感恩回饋活動等,藉以刺激買氣。

3. **拓展自營品牌(差異化經營)**

    百貨公司業者為了建立該百貨公司特色,會以開發**自營品牌**的方式來經營自營櫃,力求**差異化**,藉此建立品牌特色。

4. **朝大型化發展**

    為了提供消費者更舒適的消費環境,百貨公司逐漸朝大型化方向發展,除了可與屬性相近之購物中心抗衡外,也能發揮集客效果,提高營業額。

## 4-3-5 購物中心(Shopping Center) 統測 102 113

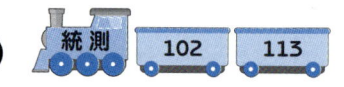

### 一、簡介

1. **定義**

    提供購物、餐飲、休閒娛樂、教育文化等多元功能、由**主力商店**(最主要的核心商店,如百貨公司、超市、電影院、大型書店等可**發揮集客力**之商店)及**專門店**(獨立經營的品牌門市,如餐飲店、專賣店等)等**多種業態與業種**所組成的複合商業空間。

2. **起源**

    (1) 起始於1948年美國俄亥俄州的Town and Country Shopping Center。

    (2) 1994年,遠企購物中心成立;1999年,首家依政府「工商綜合區設置政策」而開發的購物中心－台茂南崁購物中心開幕。

    (3) 一般而言,當平均每人國民所得達**12,000美元**以上,購物中心即有發展空間。

## 二、特徵

| 特徵 | 說明 |
| --- | --- |
| 營業時間 | 營業時間固定 |
| 營業地點 | 多位於**都會區**或**郊區**，交通方便且有提供停車空間 |
| 營業面積 | 上萬坪 |
| 商品種類 | 種類多樣化，可滿足顧客**一次購足**之需求 |
| 商品訂價 | 視各主力商店及專門店而定 |
| 目標客群 | 大多鎖定**全客層** |
| 銷售方式 | 多採**面對面**之專人服務 |

## 三、我國購物中心的發展現況

1. **都會區大型購物中心**

   位於都會區、**規模較大**、**交通條件較佳**、可聚集多種業種與業態的購物中心，目標客群通常是**全客層**。

   **案例** 高雄夢時代、新竹Big City遠東巨城、Mitsui Shopping Park（Lalaport南港、Lalaport台中）。

2. **都會區小型購物中心**

   位於都會區、**規模較小**、市場區隔較明顯，通常鎖定**特定族群**為目標客群。

   **案例** 以家庭親子為主要客群的台北美麗華、以女性為主要客群的台北微風。

3. **郊區購物中心**

   位於郊區，以**娛樂消費**為主，目標客群通常是**全客層**。

   **案例** 桃園台茂、高雄義大。

---

**知識充電** 新興的有店鋪零售業－暢貨中心（**Outlet**）

暢貨中心是以**出清商品**為目的、集合許多品牌廠商共同以**低價**方式促銷而設立的整合式商場。

暢貨中心起源於1890年代的美國東北部，台灣則於2000年左右開始出現，目前國內知名的暢貨中心包含三井Mitsui Outlet Park（林口、台中港、台南）、華泰名品城、麗寶OUTLET MALL、SKM Park等。

## 商業概論 滿分總複習（上）

### ◎ 零售業的經營型態比較

| 業態 | 便利商店 | 超級市場 |
|---|---|---|
| 發展要件 | 國民所得6,000美元↑ | 國民所得3,000美元↑ |
| 主要特徵 - 營業時間 | 1. 多為24小時<br>2. 全年無休 | 1. 固定<br>2. 全年無休 |
| 主要特徵 - 地點 | 人潮聚集地 | 住宅區 |
| 主要特徵 - 面積 | 約20～70坪 | 數十坪至上百坪 |
| 主要特徵 - 商品種類 | 1. 周轉率高、少量多樣<br>2. 包括便利性、服務性商品等<br>3. 滿足即時需求<br>4. 銷售主力：食品類 | 1. 種類多樣化<br>2. 包括一般食品、生鮮食品、日用品等<br>3. 滿足一次購足需求<br>4. 銷售主力：食品（含生鮮食品）類 |
| 主要特徵 - 商品訂價 | 偏高價位 | 中價位 |
| 主要特徵 - 目標客群 | 1. 臨時需求者<br>2. 附近住戶<br>3. 上班族 | 1. 社區住戶<br>2. 一次購足者 |
| 主要特徵 - 銷售方式 | 多採自助式 | 多採自助式 |
| 發展現況 | 1. 發展網路購物<br>2. 採取複合式經營<br>3. 銷售自有品牌商品<br>4. 提供創新商品與服務<br>5. 提供多元支付方式<br>6. 發展會員制 | 1. 發展網路購物<br>2. 銷售自有品牌商品<br>3. 發展新型店鋪<br>4. 成立生鮮處理中心<br>5. 提供多元支付方式<br>6. 發展會員制 |

### 知識充電　有店鋪零售業的發展時間序

| 起始順序 | 百貨公司 ➡ | 超級市場 ➡ | 便利商店 ➡ | 量販店 ➡ | 購物中心 |
|---|---|---|---|---|---|
| 台灣起始時間/業者 | 1932年<br>菊元百貨 | 1969年<br>西門超市 | 1977年<br>青年商店 | 1989年<br>萬客隆量販 | 1994年遠企<br>1999年台茂 |
| 發源地 | 法國 | 美國 | 美國 | 法國 | 美國 |
| 國民所得 | 1,000美元↑ | 3,000美元↑ | 6,000美元↑ | 10,000美元↑ | 12,000美元↑ |

| 量販店 | 百貨公司 | 購物中心 |
|---|---|---|
| 國民所得10,000美元↑ | 國民所得1,000美元↑ | 國民所得12,000美元↑ |
| 固定 | 固定 | 固定 |
| 都會區或郊區 | 都會區或購物中心內 | 都會區或郊區 |
| 數百坪至上千坪 | 數千坪至上萬坪 | 上萬坪 |
| 1. 種類多達數萬種<br>2. 多為大包裝<br>3. 滿足一次購足需求<br>4. 銷售主力：食品類、日用品類 | 1. 種類多樣化且精緻<br>2. 滿足一次購足及追求流行需求<br>3. 銷售主力：服飾類、餐飲類、家電類<br>4. 屬性相近的商品通常會規劃在同一樓層 | 1. 種類多樣化<br>2. 滿足一次購足需求 |
| 低價位（薄利多銷） | 中高價位為主 | 依主力商店及各專門店特性而定 |
| 1. 價格敏感者<br>2. 公司行號<br>3. 小型零售業者<br>4. 鄰近住戶 | 全客層 | 1. 全客層（都會區大型、郊區）<br>2. 特定族群（都會區小型） |
| 多採自助式 | 專人服務 | 專人服務 |
| 1. 發展網路購物<br>2. 銷售自有品牌商品<br>3. 採取策略聯盟<br>4. 發展新型店鋪<br>5. 導入創新技術<br>6. 發展會員制 | 1. 發展會員制、開發持卡客層<br>2. 透過體驗服務及促銷活動促進買氣<br>3. 拓展自營品牌（差異化經營）<br>4. 朝大型化發展 | 1. 都會區大型購物中心<br>2. 都會區小型購物中心<br>3. 郊區購物中心 |

### 知識充電　常見名詞的觀念比較

1. 
   - 專櫃：廠商向百貨公司承租來銷售自家商品之專門櫃位。
   - 自營櫃：百貨公司自行設置來銷售所進貨商品之營業櫃位。

2. 
   - 自有品牌：零售業者委託製造商代工生產商品，並冠上零售業者的品牌。
   - 自營品牌：百貨公司為了經營自營櫃，而自行開發或代理銷售的品牌。

3. 
   - 主力商店：購物中心內最主要、可發揮集客力的核心商店。
   - 專門店：購物中心內獨立經營的品牌門市。

## 4-3-6 專賣店

### 一、簡介

專賣店是指專門銷售某**特定商品（服務）**、提供**專業服務**與較多選擇樣式、且**顧客忠誠度較高**的零售商店。專賣店由傳統商店演變而來，無準確起始時間。台灣在便利商店、百貨公司尚未興起前，此類零售店最為普遍。

### 二、特徵

| 特徵 | 說明 |
| --- | --- |
| 商品種類 | 產品線窄而深，即產品線的數目較少、但各產品項目的樣式較多 |
| 目標客群 | 有特定需求或品牌偏好的特定消費者 |
| 銷售方式 | 多採面對面之專人服務，商品價格視專賣店之特性而定 |
| 商店陳設 | 透過具特色的外觀裝潢及內部佈置，來彰顯其商品特色與商店特質 |

### 三、種類

| 種類 | 說明 | 釋例 |
| --- | --- | --- |
| 品牌專賣店 | 販售某品牌商品的專賣店 | Apple Store販售Apple品牌的3C產品 |
| 產品線專賣店 | 販售某類型商品的專賣店 | 神腦國際門市販售各品牌的3C產品 |

### 四、我國專賣店的發展現況

1. **經營型態朝兩極化發展**

    國內專賣店有逐漸朝兩極化（小型化、大型化）發展的趨勢：
    - **小型**專賣店講求**精緻化**，以滿足消費者追求品味的需求。
    - **大型**專賣店講求**大眾化**，以寬敞空間及充足商品來滿足消費者的多元化需求。

2. **發展會員制**

    專賣店為了提高消費者的**品牌忠誠度**、**穩定客源**，積極發展會員制度，並提供專屬優惠。

3. **經營模式被模仿的速度快**

    某些專賣店（如飲料店、小吃店等）的進入門檻較低，當經營模式成功地建立後，就可能會被快速地模仿。

4. **設立特色店**

    為了**創造話題**，許多專賣店會開設特色店（外觀特別或內部裝潢具話題性），以吸引消費者前來消費。

5. **連鎖化發展**

    為了擴大經營規模，許多專賣店會朝連鎖化發展，並且透過統一進貨來壓低進貨成本（以量制價）。

## 小試身手 4-3-4～4-3-6

( D )1. 下列哪一種零售業態素有「經濟櫥窗」之稱？
(A)便利商店　　　　　　(B)超級市場
(C)購物中心　　　　　　(D)百貨公司。

( B )2. 販售特定商品群，以提供較專業的服務、及較多的選擇樣式的業態是
(A)便利商店　　　　　　(B)專賣店
(C)百貨公司　　　　　　(D)量販店。
專賣店販售特定商品群，但提供的產品樣式較多，且提供專業的服務。

( C )3. 下列哪一種業態較強調專人專業化的服務方式？
(A)便利商店　　　　　　(B)超市
(C)百貨公司　　　　　　(D)量販店。

( D )4. 購物中心不提供哪一項功能？
(A)購物　(B)休閒　(C)娛樂　(D)製造。

( B )5. Gogoro電動機車直營專賣店屬於何種類別的專賣店？
(A)產品線專賣店
(B)品牌專賣店
(C)二手專賣店
(D)超級市場專賣店。

( D )6. 星巴克咖啡、麗嬰房、摩斯漢堡等商店是屬於以下哪一類的業態店？
(A)便利商店　　　　　　(B)超級市場
(C)量販店　　　　　　　(D)專賣店。

( A )7. 在百貨公司、便利商店尚未引進台灣之前，最普遍的零售業態為
(A)專賣店　　　　　　　(B)購物中心
(C)百貨公司　　　　　　(D)折扣商店。

( D )8. 下列有關百貨公司的敘述，何者錯誤？
(A)強調高品質，因此商品以中高價位為主
(B)多以專櫃或自營櫃方式經營
(C)通常國民所得達1,000美元以上，即有發展空間
(D)多採自助式服務。
百貨公司有專櫃人員提供專業的服務。

( D )9. 下列有關專賣店的敘述，何者正確？
(A)多位於人潮較少之處
(B)較不重視與顧客間的溝通
(C)可選擇的商品樣式較少
(D)商店的外觀與陳列較能突顯商店特色。
A：多位於人潮較多之處。B：較重視與顧客間的溝通。C：選擇樣式較多。

( D )10. 下列何者較不可能是消費者到專賣店購買商品的原因？
(A)有較多的選擇樣式
(B)得到較為專業的服務
(C)賣場佈置較為專業化
(D)自助化方式購物較無壓力。
專賣店採專人專業化服務。

( D )11. 下列有關購物中心的敘述，何者錯誤？
(A)設有主力商店　　　　(B)經過妥善的規劃
(C)提供多元化的功能　　(D)採專櫃方式經營。

( C )12. 有關專賣店、百貨公司、與量販店的比較，下列敘述何者正確？
(A)百貨公司提供的商品價格最低
(B)量販店最講究裝潢
(C)專賣店能夠提供消費者關於商品的專業知識
(D)專賣店減少行銷活動以降低營運成本。
百貨公司以提供中高價位的商品為主。
量販店最不講究裝潢。
專賣店藉由舉辦行銷活動來吸引消費者。

( C )13. 關於百貨公司與專賣店的比較，下列敘述何者正確？
(A)百貨公司的商品種類以周轉率高、可滿足即時需求為主
(B)專賣店的產品線較窄且深度較淺
(C)二者皆有提供專人服務
(D)二者的目標顧客群都是上班族。
百貨公司的商品種類多樣化，可滿足一次購足及追求流行之需求。
專賣店的產品線較窄但深度較深。
百貨公司的目標客群→全客層；專賣店的目標客群→特定需求者。

( D )14. 下列有關購物中心與量販店的敘述，何者錯誤？
(A)二者通常皆會提供停車空間
(B)二者通常多設置於都會區或郊區
(C)二者皆能滿足消費者一次購足的需求
(D)二者皆以販售當季的流行商品為主。
量販店販賣的商品以食品、日用品為主。

( B )15. 下列有關百貨公司、專賣店、與購物中心的敘述何者有誤？
(A)三者的從業人員都較具有商品的專業知識
(B)三者都以專櫃的方式經營
(C)三者皆發展會員制以維持消費者的忠誠度
(D)三者皆多採專人服務的銷售方式。
專賣店通常為「獨立店鋪」，購物中心則多以「專門店」的方式經營。

## 4-4 無店鋪零售業

無店鋪零售業是指以**沒有透過實體店面**的方式來銷售商品之零售業,其可節省店鋪租金,在營運上較具彈性。行銷大師柯特勒特將無店鋪零售業分為:

1. **自動販賣**

   藉由**自動販賣機**來銷售商品、可**24小時營業**,常設於**人潮聚集處**。

2. **人員銷售(直接銷售)**

   亦稱**直銷**,是指銷售人員在**不固定**的地點,與消費者直接**面對面**進行商品推銷,促使消費者在**可以檢視實體商品**的情形下進行消費。常見的人員銷售方式包括:

| 常見方式 | 說明 |
| --- | --- |
| 訪問銷售 | 銷售人員在**未被邀約**的情形下,於消費者的住家、工作場所、公共場合或其他場所進行商品推銷,亦即消費者保護法中所稱的**訪問交易** |
| 展示銷售 | 銷售人員在臨時租用之場所展示商品,並向消費者進行推銷 |
| 聚會銷售 | 銷售人員邀約親朋好友與其熟識者共同聚會,並進行商品推銷 |
| 多層次傳銷 | 詳見第4-4-1節 |

若依「銷售人員與公司的關係」區分人員銷售,則可分為以下兩類:

| 種類 | 說明 |
| --- | --- |
| 傳統直銷系統 | 通常**有保障底薪**,再依銷售績效賺取獎金;銷售人員一般多被稱為業務員或業務代表 |
| 獨立直銷系統 | 通常**無保障底薪**,而以銷售績效賺取獎金;依賺取獎金之方式,又可分為以下兩種:<br>• 單層次傳銷:銷售人員藉由銷售商品賺取零售獎金<br>• 多層次傳銷:詳見第4-4-1節 |

3. **直效行銷**

   藉由各種媒介(如廣播、電視、電話、型錄、報紙、雜誌、網路、或傳單等)來傳遞商品資訊,促使消費者在**未能檢視實體商品**的情形下進行消費,亦即消費者保護法中所稱的**通訊交易**。常見的直效行銷方式包括:

| 常見方式 | 說明 |
| --- | --- |
| 型錄購物 | 透過**商品型錄**來傳遞商品訊息,促使消費者進行訂購;俗稱郵購 |
| 電視購物 | 透過**電視購物頻道**來傳遞商品訊息,促使消費者進行訂購 |
| 網路購物 | 詳見第4-4-2節 |

以下介紹常見的無店鋪零售型態:多層次傳銷及網路購物。

## 4-4-1 多層次傳銷

統測 102 105 108 110 111

### 一、簡介

1. **別稱**：**網絡行銷**、**結構行銷**、倍增市場學。

2. **定義**：以建立**多層級**的組織網來**銷售商品**，傳銷人員可獲得下列兩種收入：
   - **零售獎金**：傳銷人員直接銷售商品所賺取之獎金。（包含自己向公司進貨後銷售給顧客所賺取的價差，以及推薦顧客直接向公司購買商品所獲得的獎勵）
   - **佣金**：傳銷人員擔任**上線**，建立自己的**金字塔型**組織網，並從**下線**及整個組織網的銷售績效中所賺取之佣金。

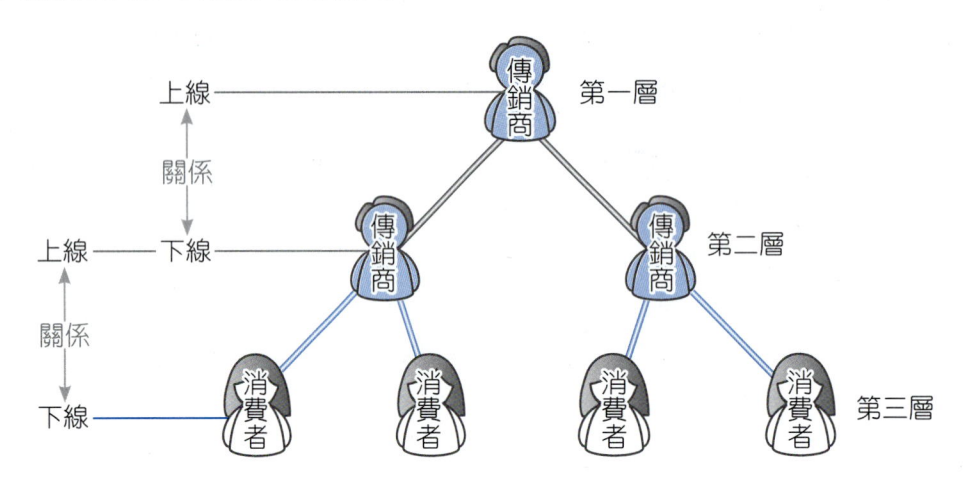

```
上線 ─────────────── 傳銷商   第一層
  ↕關係
上線 ── 下線 ── 傳銷商    傳銷商   第二層
  ↕關係
下線 ─── 消費者 消費者 消費者 消費者  第三層
```

3. **起源**：起始於1945年**美國**紐崔萊公司所發展出之營運制度。

### 二、特徵

1. **業者佣金支出高**：多層次傳銷會以較優厚的**佣金制度**鼓勵民眾從事傳銷工作，因此**佣金支出**通常會高於進貨（製造）成本。

2. **可節省部分營運成本**：多層次傳銷大多未廣設實體門市，因此較無租金、水電等門市成本負擔；且企業與大部分傳銷人員是屬於合作關係而**非雇傭關係**，因此人事成本負擔較少。 部分多層次傳銷事業設有體驗中心門市，但基本上仍以人員銷售為主

3. **工作自主性高**：從事多層次傳銷工作的門檻不高（本輕利厚），**可兼職經營**，因此工作的**時間彈性大**、**自主性高**。

4. **善用體驗式行銷**：多層次傳銷善於藉由消費者**親身體驗**試用、增加其認同感的方式，促使其加入傳銷體系。

5. **營養保健食品為主要銷售品項**：多層次傳銷通常販售高單價、高毛利、且與生活較為相關的各類商品，其主力商品為營養保健食品。

## 知識充電　　台灣的多層次傳銷

1. 台灣共有約440家多層次傳銷事業、超過370萬名從業人員。
2. 超過5成的多層次傳銷事業，其傳銷人員未達1千人；約有8家超過10萬人。
3. 超過7成的傳銷人員是女性，其中以50～59歲女性居多。
4. 傳銷人員平均一年賺取的佣金約4.6萬元。
5. 超過8成的多層次傳銷事業有銷售營養保健食品，其營業額占整體營業總額的6成以上。

## 三、多層次傳銷與老鼠會的差異

1. **何謂老鼠會**

   老鼠會是指建立多層級的組織網，加入者須**繳交高額會費**成為下線，而**上線之收入即來自於下線的會費**。由於其招募人員方式如同老鼠繁殖般快速，故被稱為老鼠會。此種組織之收入並非來自於銷售商品，為多層次傳銷管理法所禁止。

2. **多層次傳銷與老鼠會的差異比較**

   根據多層次傳銷管理法，多層次傳銷事業在實施（或停止）多層次傳銷行為之前，均應向**公平交易委員會**報備，實施期間應依規定報告經營概況。合法的多層次傳銷與非法的老鼠會差異如下。

| 比較項目 ＼ 類型 | 多層次傳銷 | 老鼠會 |
| --- | --- | --- |
| 向公平會報備 | 有 | 無 |
| 入會費 | 低或無 | 高額 |
| 從業人員收入來源 | 1. 零售獎金<br>2. 組織網銷售額的佣金 | 介紹新人入會的佣金 |
| 公司利潤來源 | 整體的銷售業績 | 新人入會時繳交的入會費 |
| 公司策略 | 零售＋吸收新人拓展組織網 | 吸收新人拓展組織網 |
| 號召重點 | 努力以獲得成就 | 低付出高報酬 |
| 核心理念 | 長期提供商品滿足顧客需求 | 短期吸金謀取暴利 |
| 商品價格 | 訂價合理、具競爭性 | 訂價高，或價值難以確定 |
| 商品保證 | 有商品保證或責任保險 | 無商品保證或責任保險 |
| 商品退貨 | 於一定期間內可退貨 | 不可退貨，或退貨條件嚴苛 |

## 4-4-2 網路購物 統測 102 105 108 110 111 113 114

### 一、簡介

網路購物是指企業在**網路上展示**商品,以供消費者瀏覽並**購買**的商業活動。

### 二、特徵 統測 105

1. **不受地點及時間的限制**:企業可以透過網路全天**24小時**地展示商品,不被展示地點、展示時間所侷限。

2. **展示空間不受限制**:企業可透過網路來展示商品的相關資訊及多元樣態,並不會受到實體展示空間的限制。

3. **無需負擔店鋪租金**:以網路商店取代實體店鋪,無須支付實體店鋪租金,可節省經營實體店面的相關營運成本。

4. **消費者購物自主權高**:消費者可以隨時隨地在網路上瀏覽選購商品而不被店員影響,擁有高度的購物自主權。

### 三、網路購物的商品種類 統測 102 108 110 111 113 114

| 商品種類 | **實體**商品 | **數位化**商品 | **線上服務**商品 |
|---|---|---|---|
| 說明 | **實際形體**的商品 | 透過**網路傳送**的商品 | 透過**網路提供**的服務 |
| 釋例 | 日常用品、3C家電、服飾配件、各類食品 | 線上影音註、電子書、線上遊戲、電腦軟體 | 線上購票、求職仲介、線上同步互動教學 |

註:例如Netflix、愛奇藝、KKTV、friDay影音等。

線上同步互動教學:可即時互動,且透過網路提供→線上服務商品;
線上函授課程:非即時互動,且透過網路傳送→數位化商品。

### 四、我國網路購物的發展現況

1. **販售商品多樣化**:由於消費者的需求越來越多元,因此網路商店所販售的商品也愈來愈多樣化。

2. **衝擊實體通路**:隨著消費型態的改變,越來越多消費者喜歡在網路上購物,網路購物市場快速成長,對實體通路(如百貨公司等)造成威脅。

3. **以複合式通路的方式經營**:許多網路購物業者**結合實體店鋪**,採用線上購物、超商門市付款取貨的方式,讓消費者更方便地購買商品。

4. **提升物流效率**:網路購物的配送速度會影響消費者的購買意願,因此網路購物業者通常會建立有效率的物流模式,以加快商品的配送速度。

## 小試身手 4-4

( D )1. 下列何者不屬於無店鋪經營型態？
(A)路旁的地攤
(B)沿街兜售的小販
(C)自動販賣機
(D)統一超商販售的無印良品零食。
D：屬有店鋪經營型態。

( C )2. 銷售人員在不固定的地點，以面對面的方式直接向消費者推銷產品或服務，這種銷售方式是屬於
(A)直效行銷  (B)自動販賣
(C)人員銷售  (D)有店鋪經營。

( B )3. 小玲和小A到西門町逛街，發現許多有「珠寶盒」、「聚寶盒」等多種百元投幣機，只要投入百元鈔，就可獲得驚喜商品。請問這種透過無人服務機器的銷售方式是屬於
(A)直效行銷  (B)自動販賣
(C)訪問銷售  (D)聚會銷售。

( A )4. 關於無店鋪經營型態的敘述，下列何者錯誤？
(A)無需與消費者直接面對面即可推銷商品
(B)可以節省店面租金
(C)可以選擇較有利的時間、地點來販售商品
(D)在營運上較具彈性。
無店鋪經營型態中的「人員銷售」，需與消費者直接面對面。

( B )5. 下列何者不是多層次傳銷的特徵？
(A)佣金支出占營業額的比例高
(B)傳銷人員自主性低
(C)強調親身體驗
(D)可較節省門市經營的成本。

( C )6. 下列何者不屬於直效行銷？
(A)杰倫上網購買一套情人對錶
(B)雨薇透過型錄購買化妝品
(C)廠商在世貿電腦展上設置櫃位，向丹尼爾推銷摺疊式平板電腦
(D)靜雯購買東森電視購物台所販售的名牌包包。
C：此種銷售型態為「展示銷售」，屬人員銷售的一種。

## 4-5 批發業 統測 111

批發業是指**將大宗商品成批銷售給零售商**的行業。製造商生產商品後，通常會透過批發商來轉售給零售商，因此批發商可說是發揮**協調生產與消費**功能的重要中介角色。

以下說明批發業的特性、功能及主要分類。

### 一、特性

| 特性 | 說明 |
| --- | --- |
| 販售單位大 | 批發商通常會以整批、整箱、整打、整袋為單位來銷售給零售商，以利零售商備貨。相對地，批發商必須大量進貨才足以供應零售商，因此必須投入較多的資本以利建置相關設備 |
| 價格便宜 | 批發商的進貨量大，對製造商的議價空間也因而較大，可壓低進貨成本；相對地，銷售給零售商的批發價也會比零售價還要便宜 |
| 顧客固定 | 批發商主要銷售對象多為固定合作的零售商，通常較少進行廣告推廣，並且較不重視門面 |

### 二、功能 統測 111

批發商是**製造商與零售商的溝通橋樑**，其主要功能如下。

| 對象 | 功能 | 說明 |
| --- | --- | --- |
| 對製造商 | 降低存貨風險 | 製造商生產商品後，由批發商進貨並倉儲保存，可降低製造商囤積太多存貨的風險 |
| | 提供市場資訊 | 批發商可收集到眾多零售商的市場訊息，並提供給製造商，以作為商品改善或新品研發之參考 |
| | 降低成本 | 批發商將眾多零售商的訂單化零為整向製造商訂購，可降低製造商處理訂單的成本 |
| | 產銷分離 | 批發商專注於彙整訂單提供給製造商，有助於協助製造商縮減交易對象、專注在生產上，促使產銷分離 |
| 對零售商 | 便於取得商品與服務 | 批發商可供應零售商所欲銷售的商品，並提供各種與商品相關的服務，如技術移轉、問題諮詢、協助行銷活動等 |
| | 提供融資 | 批發商售貨給零售商時，多有提供月結付款、延遲付款、或其他非現金付款等資金融通方式，有助於零售商的資金調度 |
| | 降低存貨風險 | 批發商通常可倉儲大宗存貨，以利零售商隨時訂貨、少量多樣配送，故零售商無須額外囤積貨品，降低承擔存貨的損壞、失竊等風險 |

# 4-6 重要的批發業

## 4-6-1 生鮮處理中心

### 一、簡介

1. **生鮮食品**
   是指如蔬果類、水產類、畜產類等**易腐**、**易耗損**、型態**大小不一**、生產**易受季節或自然環境限制**等特性之商品。

2. **生鮮處理中心**
   是指以**批發生鮮食品給零售商**、並在過程中會對生鮮食品進行**集貨**、**加工**、**分級**、**包裝**、**儲藏**及**運送**等作業之批發業態。

> **知識充電　生鮮處理中心的作業內容**
>
> 1. **集貨**：從**原產地採購**生鮮食品。
> 2. **加工**：將生鮮食品加以清洗、切片等。
> 3. **分級**：根據生鮮食品的**品質**、**大小**、**產地**等條件進行分類。
> 4. **包裝**：使用可**緩衝碰撞**、**減少耗損機會**的材料來包裝生鮮食品。
> 5. **儲存及運送**：根據不同條件的生鮮食品保存需求,進行專業的保存(如密封保存、真空保存等)及配送。

### 二、功能

1. **提供專業低溫儲存及配送**
   大部分的生鮮食品需要以冷藏或冷凍方式儲存,因此生鮮處理中心會設置**低溫儲存設備**與**專業低溫配送車隊**,以妥善保存各類生鮮食品。

2. **提供零售商整合性服務**
   生鮮處理中心提供零售商各類生鮮食品的採購、加工、到配送之整合服務,讓零售商可以免除自行從產地購買、自行加工處理的困擾。

3. **滿足零售商多元化之需求**
   生鮮處理中心銷售的對象主要是超商、超市、量販店等零售商,不同零售商對於生鮮食品的分級或包裝等方式會有不同的要求,因此生鮮處理中心可提供不同方式的加工、分級、包裝等服務,以滿足零售商的多元需求。

# 4-6-2 物流中心 統測 102 103 104 111 112 114

## 一、簡介

1. **定義**
   從事商品**倉儲**、**運輸**、**加工**等作業，以將商品**從製造商配送給零售商**的批發業態。

2. **目的**
   物流中心**連結製造商與零售商**，可達到**縮短流通通路**、**降低流通成本**等目的[註]。
   註：有些物流中心會替企業直接配送商品至**消費者**端，因此亦能達到滿足市場**少量多樣**需求之目的。

## 二、種類

1. **依「成立者」區分物流中心** 統測 112 114

   ※統一企業及泰山企業均為食品製造商

| 類型 | | 說明 | 釋例 |
|---|---|---|---|
| 製造商型<br>物流中心<br>（M.D.C.） | 成立者 | 上游**製造商** | 捷盟行銷<br>（統一企業成立）<br><br>喜威世流通<br>（泰山企業成立） |
| | 成立目的 | **縮短流通通路**、**降低配送成本** | |
| | 運作模式 | 製造商**向下整合**，直接將商品運送給零售商 | |
| 零售商型<br>物流中心<br>（R.D.C.） | 成立者 | 下游**零售商** | 全台物流<br>（全家超商成立） |
| | 成立目的 | **少量多樣需求**、**降低配送成本**、**增加議價空間** | |
| | 運作模式 | 零售商**向上整合**批發商物流作業 | |
| 批發商型<br>物流中心<br>（W.D.C.） | 成立者 | 中間**批發商**或**代理商** | 通達智能運籌（聯強國際3C代理商成立） |
| | 成立目的 | **促進商品銷售**、**降低配送成本** | |
| | 運作模式 | 向製造商進貨後，轉賣並配送給零售商，**兼具「商流」與「物流」**功能 | |
| 轉運型<br>（貨運型）<br>物流中心<br>（T.D.C.） | 成立者 | **貨運公司** | 新竹物流<br>（新竹貨運轉型） |
| | 成立目的 | **善用自身優勢**拓展商機 | |
| | 運作模式 | 貨運公司利用本身的車隊、集貨站及其所建立之運輸網等營運優勢，為不特定對象配送貨品 | |

2. 依「經營型態」區分物流中心 統測 111

| 類型 | 說明 | 釋例 |
| --- | --- | --- |
| 封閉型<br>物流中心 | • 又稱**專用型**物流中心、**專屬型**物流中心<br>• 專責配送自身**企業體系內**之商品，不對外開放 | 大智通行銷（統一企業成立）專為統一關係企業配送出版品等商品 |
| 營業型<br>物流中心 | • 又稱**混合型**物流中心<br>• 以配送**自身企業體系**之商品為主，亦開放配送**其他企業**之商品；部分業者會**銷售商品**（擁有商品所有權）以擴展商機 | 喜威世流通替泰山關係企業及部分其他企業配送商品，並兼營御奉茗茶商品 |
| 中立型<br>物流中心 | • 又稱為**開放型**物流中心、**泛用型**物流中心<br>• 專責配送**各企業**之商品，**不從事商品銷售**（不擁有商品的所有權） | 嘉里大榮物流替各委託客戶配送商品 |

## 三、經營物流中心的成功因素 統測 112

1. **保持倉儲系統高度流通**
   物流中心透過有效的儲位規劃與管理，**加速物流效率**，讓倉儲系統的流通可以更快速。

2. **縮短處理訂單的時間**
   物流中心透過電子訂貨系統**EOS**接收訂單，並快速揀貨與出貨，減少訂單的處理時間。

3. **降低配送成本**
   物流中心根據市場需求，提供**少量多樣**、**高頻率**的配送模式，並妥善規劃最有效率的車次與路徑，以提高配送效率、降低運輸成本。

4. **合宜適當的倉儲地點**
   物流中心選擇**空間充足**、**交通便捷**的地點設置倉儲地點，例如靠近高速公路或主要道路的**郊區**，以使物流效益最大化。

5. **運用資訊科技進行管理**
   物流中心透過資訊系統（如EOS）與現代化科技，加強**自動化**作業管理，掌控即時物流情形，並整合顧客資訊，近一步分析以優化物流管理、提升服務品質。

## 4-6-3 盤商、代理商與經銷商

### 一、盤商

是指**大批進貨**，再**分批銷售**以**賺取價差**的批發商。從**商品流通階層**來看，可分為：

| 種類 | 說明 |
| --- | --- |
| 大盤商 | • 又稱**一次批發商**<br>• **向製造商購買**大批商品，並分批銷售給下游廠商 |
| 中盤商 | • 又稱**二次批發商**<br>• **向大盤商購買**整批商品，再分批銷售給下游廠商 |

### 二、代理商與經銷商

| 種類 | 說明 |
| --- | --- |
| 代理商（類似盤商的角色但無商品所有權） | 1. 定義：<br>是指接受委託人（如上游廠商）委託，**代為執行委託業務**（如協助銷售商品）的商家<br>2. 特點：<br>• 擁有代理權：代理商擁有**代替委託人處理**受託業務的權利<br>• 沒有商品所有權：代理商以委託人名義處理受託業務，並從中**賺取佣金**，代理商並**未擁有商品所有權** |
| 經銷商 | 1. 定義：<br>是將供應商（如製造商或盤商）所供應的商品**銷售給第三方**（如零售商或消費者）的商家<br>2. 特點：<br>• 擁有經銷權：經銷商與供應商簽定契約取得經銷權，由供應商在**約定區域及期間**，持續供應商品給經銷商，使經銷商得以**銷售商品**<br>• 擁有商品所有權：經銷商向供應商進貨**取得商品所有權**，再將商品轉售給第三方，以**賺取價差** |

### 知識充電　代理商的種類

1. **銷售代理商**：是指接受製造商委託，代為**銷售其商品**之代理商，對產品價格、銷售條件具有一定的影響力。例如汽車銷售代理商。
2. **製造代理商**：是指接受2家（含）以上生產**互補性產品**的製造商委託，代為**銷售其商品**之代理商。例如汽車零組件（如雨刷、胎壓偵測器等）銷售代理商。
3. **採購代理商**：是指接受廠商委託，代為**採購所需商品**之代理商，該代理商通常會提供收貨、驗貨、儲藏、配送等服務。
4. **廣告代理商**：是指接受廠商委託，代為**進行廣告設計**、**規劃執行**等業務之代理商。

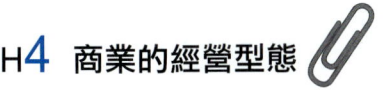

## 小試身手 4-5~4-6

( D )1. 若與零售業相互比較，下列何者屬於批發業的經營特性？
(A)強調門面裝潢
(B)銷售領域範圍較小
(C)商品來往均為現金交易
(D)批發價格通常低於零售價格。

( A )2. 下列哪一種批發商本身不擁有商品所有權，而以賺取銷售金額之一定比例的佣金為主要收入？
(A)代理商　(B)批發商　(C)大盤商　(D)中盤商。

( C )3. 下列何者不是生鮮食品的特性？
(A)易受季節影響　　　　(B)易耗損
(C)齊一性　　　　　　　(D)易腐壞。

( D )4. 下列何者不是生鮮處理中心的主要功能？
(A)從原產地取得貨源
(B)食品之加工處理
(C)適溫配送商品
(D)過期商品進行再包裝。

( D )5. 物流中心所從事的主要營業內容不包括下列哪一個項目？
(A)倉儲　　　　　　　　(B)運輸
(C)商品加工整理　　　　(D)製造。

( A )6. 製造商為確保其商品的通路，並提高物流效率而成立物流中心，此種屬於何種物流中心？
(A)M.D.C.　(B)R.D.C.　(C)W.D.C.　(D)T.D.C.。

( A )7. 針對批發商對製造商的功能，下列敘述何者錯誤？
(A)批發商最大的功能在於協助製造商生產
(B)製造商可以節省直接銷售商品給零售商所需負擔的銷售成本
(C)製造商可以減少囤積商品的風險
(D)製造商可以專注於生產上。
批發商的功能在於協調生產與消費。

## 滿分練習

### 4-1 業種與業態

( C )1. 下列何者屬於業種店？
(A)新光三越百貨公司　　　(B)美廉社
(C)天星運動服飾店　　　　(D)家樂福量販店。

( B )2. 遠東百貨公司歸類為百貨公司業，不歸類為日用品業，此是以什麼為區分行業的方式？
(A)業種　(B)業態　(C)經營地域　(D)資本額多寡。

( D )3. 下列何者不是以業態為分類方法？
(A)便利商店業　　　　　　(B)量販店業
(C)超級市場業　　　　　　(D)文具事務業。

( C )4. 下列哪兩個商家應該歸類於業態？
①漢神百貨　②丁丁藥局　③好市多　④金石堂書店
(A)①②　(B)②③　(C)①③　(D)②④。

( A )5. 雙薪家庭已成為現在社會的常態，因此許多傳統市場逐漸被超級市場所取代。請問上述情形，最符合超級市場興起的哪一項原因？
(A)消費者的需求
(B)景氣的變動
(C)技術的創新
(D)市場空隙的存在。
超級市場的營業時間比傳統市場長，因此較能滿足雙薪家庭的需求。

( B )6. 在區分行業的方式中，下列何者是以「販賣商品的種類」來區分？
(A)業態　(B)業種　(C)業配　(D)業績。

( D )7. 下列關於業種店與業態店興起背景的敘述，何者有誤？
(A)業種店出現在物資缺乏的時代，顧客只要能買到商品就已經感到滿足
(B)業態店出現在物資豐富、供過於求的時代
(C)業態店的業者必須絞盡腦汁提供更多的選擇，以吸引顧客上門
(D)業種店對於顧客相關情報十分豐富。
「業態店」對於顧客相關情報十分豐富。

( B )8. 對於業種與業態之敘述，下列何者有誤？
(A)業態是以滿足消費者之需求為重心
(B)業態是業主對商品知識充足、業種是消費者對商品知識充足
(C)業種較屬於銷售代理業、業態較屬於採購代理業
(D)業種的年代背景是物資缺乏的時代、業態的年代背景是物資豐富的時代。
業種是業主對商品知識充足、業態是業主對顧客情報充足。

( C )9. 零售業可依業種和業態加以區分,若林董事長多角化經營商業,分別開設一家鞋店、一家服飾店、一家便利商店和一家超市,則下列敘述何者有誤?
(A)鞋店屬於業種
(B)服飾店屬於業種
(C)便利商店屬於業種
(D)超市屬於業態。
便利商店屬於「業態」。

( B )10. 下列有關業種店與業態店的敘述,何者正確?
(A)業種店以滿足顧客需求為出發點
(B)以整體商業發展史來看,先有業種店才出現業態店
(C)業種店代表零售店的新趨勢
(D)業態店以直接販賣商品為出發點。
業種店以「直接販賣商品」為出發點。
「業態店」代表零售店的新趨勢,其以「滿足顧客需求」為出發點。

( D )11. 下列對業態店特點的描述,何者不正確?
(A)興起於物資充足的時代
(B)商家通常扮演購買代理者之角色
(C)顧客情報知識豐富
(D)以販售商品為目的,不淘汰滯銷品。
業態店以販售暢銷品、淘汰滯銷品為經營方針。

( A )12. 下列有關商業型態的敘述,何者正確?
(A)便利商店是屬於業態店
(B)業態店是以商品種類來區分行業
(C)業種店是以經營型態來區分行業
(D)傳統文具店是屬於業態店。
業態店是以「經營型態」來區分。業種店是以「商品種類」來區分。
傳統文具店屬於「業種店」。

( B )13. 有關業種店與業態店的敘述,下列何者有誤?
(A)業態店重視消費者需求
(B)業種店是以經營型態來區分行業
(C)業態店追求販賣暢銷品
(D)業種店的經營者商品知識較充足。
業種店是以「商品種類」來區分。

( C )14. 下列有關業種店與業態店的敘述,何者錯誤?
(A)業種店以販售商品的種類來區分
(B)業態店的角色扮演為替顧客採購商品
(C)業態店的銷售人員商品專業知識較強
(D)暢貨中心Outlet應屬於業態。
「業種店」的銷售人員商品專業知識較強。

( C )15. 下列有關「業種店」與「業態店」的敘述,何者錯誤?
(A)全聯福利中心屬於「業態店」
(B)「業態店」扮演替顧客採購商品的角色
(C)「業種店」興起於物資充足的時代
(D)「業種店」以販售商品的種類來區分。
「業態店」興起於物資充足的時代。

( B )16. 現今業者提供了線上購物、網路書店等,讓消費者只要透過網路即可購買,上述新興業態興起的原因最可能是哪一因素所引起?
(A)消費者的需求　　　　　　　(B)技術的創新
(C)市場的競爭　　　　　　　　(D)彌補市場空隙。

( B )17. 下列何者不是新興業態興起的主要原因?
(A)市場競爭激烈　　　　　　　(B)批發商的需要
(C)填補市場缺口　　　　　　　(D)資訊技術的創新。

( A )18. 關於業種店與業態店的敘述,下列何者錯誤?
(A)業種店以滿足顧客的需求為理念
(B)業態店以商店的「經營型態」來區分行業
(C)業種店是台灣早期興盛的型態
(D)業態店以販售暢銷品、淘汰滯銷品為目的。
「業態店」以滿足顧客的需求為理念。

( B )19. 不管是一大清早起來運動的民眾,或是夜貓族,都可以在二十四小時營業的便利商店購買所需的商品。請問這種業態興起的主要原因為何?
(A)市場競爭　　　　　　　　　(B)消費者的需求
(C)市場空隙的存在　　　　　　(D)技術的創新。

( A )20. 所謂業態是以下列哪一項區隔來劃分行業?
(A)經營型態　　　　　　　　　(B)商品坪數
(C)顧客來源　　　　　　　　　(D)商品種類。

( A )21. 關於業種店,下列敘述何者正確?
①注重商品行銷
②擔任銷售代理的角色
③以滿足顧客需求為核心理念
④注重產品面
(A)②④　(B)③④　(C)①④　(D)②③。

## 4-2　零售業

( C )22. 從製造商或批發商處購進商品,加以分裝整理,並銷售給最終消費者的商業行為,稱為
(A)批發　(B)配送　(C)零售　(D)代理。

( D )23. 在家樂福量販店購買冷氣機,可享有「免費安裝服務」,此屬於零售商對消費者的哪一種功能?
(A)商品儲存
(B)提供少量多樣的選擇
(C)提供舒適購物環境
(D)提供售後服務。

( A )24. 根據中華民國行業統計分類來區分,銷售多種系列商品的零售業,稱為
(A)綜合商品零售業
(B)專業零售業
(C)批發零售業
(D)複雜零售業。

( D )25. 下列何者不是採有店鋪的方式來經營的零售業?
(A)便利商店　　　　　　　　(B)超級市場
(C)量販店　　　　　　　　　(D)網路購物。

( C )26. 製造商製造的產品,部份可儲存於零售商的倉庫,待消費者需要時才出售,這是零售通路的何種功能?
(A)提供市場資訊
(B)提供多樣少量的商品
(C)商品儲存
(D)扮演商品流通的最終角色。

( A )27. 下列何者不是零售業所提供的功能?
(A)提供少樣多量的商品
(B)扮演商品流通的最終角色
(C)提供市場資訊給批發商、製造商
(D)提供售後服務。
提供少量多樣的商品。

( B )28. 製造商的產品可以透過各地的零售業者,傳送到不同消費者手中,而使產銷專精化,並降低製造商的銷售風險,這是零售業對製造商的何種功能?
(A)儲存功能
(B)配銷功能
(C)提供情報功能
(D)提升品質的功能。

( B )29. 下列何項不是零售業者提供給製造商的功能?
(A)提供市場情報
(B)提供少量多樣的商品選擇
(C)商品配銷
(D)商品儲存。

## 4-3 有店鋪零售業

( A )30. 全家便利商店提供代客影印的服務,其目的是
(A)提供服務性商品
(B)顯示服務之專業性
(C)提升工作效率
(D)降低客訴發生。

( B )31. 統一超商推出「博多風豚骨拉麵」,強調博多豚骨湯頭與特製叉燒,全家便利商店也推出「紅燒牛肉麵」,各家便利商店紛紛推出特色商品,其目的不包括下列哪一項?
(A)強化品牌形象
(B)擴張營業據點
(C)提高商品差異性
(D)與競爭者做市場區隔。

( A )32. 下列何者是便利商店的發展現況?
①自有品牌商品日漸盛行　　②發展會員制
③發展網路購物　　　　　　④只接受現金付款及儲值卡付款
(A)①②③　(B)②③④　(C)①②④　(D)①②③④。
④提供多元支付方式。

( A )33. 關於目前我國超級市場業的發展現況,下列敘述何者有誤?
(A)以獨立別無分號的大型超級市場為主流
(B)發展新型店鋪
(C)成立生鮮處理中心
(D)銷售自有品牌的商品。

( C )34. 透過複合結盟之便利商店的誕生,朝向G商店方式來經營,所謂G商店係指
(A)提供遊樂場的商店(Garden)
(B)以女店員服務的商店(Girl)
(C)加油站內的商店(Gas Station)
(D)提供遊戲的商店(Game)。

( C )35. 下列哪一項不是超級市場的特徵?
(A)營業時間固定
(B)產品以中價位為主
(C)銷售商品以日用品為主、食品為輔
(D)採自助式銷售。

( D )36. 下列對於量販店的敘述,何者錯誤?
(A)大量進貨　　　　　　　(B)大量銷售
(C)倉庫即貨架式擺設　　　(D)採專櫃方式經營。
專櫃為「百貨公司」的經營方式。

( A )37. 下列何者不是量販業所訴求的顧客群？
(A)有臨時需求者
(B)要求一次購足的消費者
(C)小型零售業者
(D)對價格敏感者。
滿足臨時需求的業態是「便利商店」。

( D )38. 下列哪一項不是我國量販店業的發展現況？
(A)採取策略聯盟　　　　　　(B)發展新型店鋪
(C)發展自有品牌　　　　　　(D)提倡現金交易。

( D )39. 何種商店型態具有下列三種特徵？
甲、商品採自助式販賣
乙、商店面積不大，常位於人潮聚集的地點
丙、商品以少量多樣為原則，營業時間長
(A)量販店　(B)百貨公司　(C)超級市場　(D)便利商店。

( B )40. 下列有關便利商店的敘述何者為非？
(A)許多便利商店發展會員制度以吸引消費者
(B)各家便利商店以商品相同化來加強競爭
(C)便利商店多以研發自有品牌商品來增加營收
(D)便利商店業者大多有開發網路購物市場。
便利商店以商品差異化來強調與其他便利商店之不同處。

( C )41. 關於超級市場與量販店的比較，下列敘述何者錯誤？
(A)皆可滿足顧客一次購足的需求
(B)皆有銷售自有品牌商品
(C)皆以販售生鮮食品為主
(D)皆有舉辦促銷活動。
量販店以販售食品及日用品為主。

( B )42. 關於我國量販店業發展的情形，下列敘述何者錯誤？
(A)近年來多家量販店業者投入網路購物市場，以拓展商機
(B)為了降低成本，量販店目前尚不接受信用卡交易
(C)許多量販店業者皆有發展會員制度，以會員優惠吸引消費者加入會員
(D)許多量販店委託廠商代工生產該量販店自有品牌的商品。
量販店目前已有超過5成是採信用卡交易。

( D )43. 下列有關楓康超市與愛買量販店的敘述何者錯誤？
(A)二者皆有生鮮食品專區
(B)二者皆銷售自有品牌商品
(C)二者的銷售主力均包含食品類商品
(D)前者屬零售業，後者屬批發業。
量販店亦屬零售業。

( B )44. 下列何者不是百貨公司的特徵？
(A)多處於都會區或購物中心之內
(B)商品多為中低價位，以吸引顧客前來
(C)有專業人員提供服務
(D)設有多樣分類的銷售部門。
百貨公司的商品以中高價位為主。

( C )45. 下列何者不是百貨公司的發展現況與趨勢？
(A)朝向會員制發展
(B)朝向提供體驗服務發展
(C)朝向24小時全天候營業發展
(D)朝向拓展自營品牌發展。

( B )46. 下列哪一種業態通常有主力商店？
(A)百貨公司　(B)購物中心　(C)量販店　(D)超級市場。

( B )47. 由經營團隊做整體的營運規劃，以專門店的經營模式供消費者購物，並設有電影院、遊樂園地等供消費者從事休閒娛樂活動。以上的敘述是在描述哪一個業態的特徵？
(A)百貨公司　(B)購物中心　(C)專賣店　(D)超級市場。

( D )48. 請問以下哪一家商店不屬於專賣店？
(A)康青龍飲料店　　　　　(B)新學友書局
(C)一二三家具店　　　　　(D)楓康超市。

( C )49. 下列對於專賣店的敘述，何者正確？
(A)在台灣的起源比便利商店還要晚
(B)賣場寬闊，內部裝潢簡單
(C)商店外觀與陳列能突顯商品特色
(D)銷售對象以家庭為主。
專賣店是由傳統商店演變而來，較便利商店早。
專賣店會有一定的裝潢，使消費者能明確辨識商店特色。
因專賣店販售特定商品群或服務，因此以特定消費者為銷售對象。

( C )50. 專賣店所提供的商品和服務，通常具有何項特色？
(A)較不具有特定用途
(B)可滿足大部份消費者的需求
(C)產品線較深
(D)產品線較廣。

( A )51. 大江購物中心擁有多家主力商店，其中誠品書局鎖定上班族與年輕族群，H&M鎖定時尚愛好族群，星橋影城則鎖定全客層。購物中心設置主力商店的主要目的為何？
(A)發揮集客力　　　　　　(B)降低人事成本
(C)吸引高消費族群　　　　(D)統一管理。

( B )52. 下列四種業態中,哪一種業態以販售中高價位、領導流行的商品為主?
(A)便利商店 (B)百貨公司 (C)量販店 (D)超級市場。

( C )53. 下列關於專賣店的敘述何者有誤?
(A)專賣店是指專門銷售特定商品群或服務的零售商店
(B)專賣店可以提供較專業的服務、較多的選擇樣式
(C)專賣店是在百貨公司、便利商店以後才出現的新興零售型態
(D)專賣店可透過會員制度來穩定客源,並提高消費者品牌忠誠度。
早在百貨公司、便利商店還沒引進台灣之前,專賣店是最普遍的零售業態。

( D )54. 下列有關百貨公司特徵的敘述,何者錯誤?
(A)百貨公司商品繁多,但以中高價位為主,特高價位與特賣便宜商品為輔
(B)百貨公司重視服務品質,提供一次購足的需求
(C)台灣的百貨公司多拓展自營品牌,以凸顯品牌特色
(D)百貨公司以販賣便利商品為主。
百貨公司以販賣「流行性商品」為主。

( D )55. 下列有關購物中心的敘述,何者錯誤?
(A)購物中心可以滿足消費者一次購足的需求
(B)購物中心集合了多種的業態與業種於一身
(C)購物中心包括娛樂、購物、文化、服務等多元功能
(D)購物中心多以超級市場為主力商店,以便與百貨公司進行區隔。
購物中心的主力商店包括百貨公司、超級市場、電影院等。

( D )56. 專賣店的特徵不包括下列何者?
(A)提供特定商品群或服務,其服務較具專業化
(B)重視與顧客間的溝通
(C)產品線的數目較少、但各產品項目的樣式較多
(D)從商店的外觀及陳列上不容易看出該店銷售的商品特色。
專賣店的特徵可從商店的外觀及陳列突顯商品特色。

( B )57. 路易莎、CAMA咖啡等平價咖啡專賣店成功在市場占有一席之地後,市場上陸續快速出現很多家相似的專賣店,由此可知
(A)專賣店的定位不清晰
(B)專賣店之經營模式被模仿的速度快
(C)專賣店發展會員制度的效益不佳
(D)專賣店的商店形象不具體。

( B )58. 商品以少量多樣、營業時間較長、多採自助式銷售,可滿足消費者臨時性需求,以上敘述符合哪種經營型態?
(A)超級市場 (B)便利商店 (C)量販店 (D)購物中心。

( A )59. 下列何者有「經濟櫥窗」之稱,亦為零售業龍頭?
(A)百貨公司 (B)量販店
(C)超級市場 (D)便利商店。

( C )60. 貨架即倉庫是哪一種實體店鋪的特色？
(A)便利商店　　　　　　　　　(B)百貨公司
(C)量販店　　　　　　　　　　(D)超級市場。

( D )61. 許多量販店或便利超商會委託廠商代工生產商品在店內銷售，這種開發自有品牌之策略，與下列何者較無關？
(A)價格較便宜　　　　　　　　(B)成本較低
(C)銷售利潤較高　　　　　　　(D)品質比領導品牌佳。

( C )62. 各種零售業中，何種最適合安排家人假日一同前往，進行各種娛樂、購物、藝文等各類活動？
(A)百貨公司　(B)量販店　(C)購物中心　(D)專賣店。

( A )63. 產品組合不廣，但非常具有深度，這屬於哪一種商業型態？
(A)專賣店　　　　　　　　　　(B)百貨公司
(C)量販店　　　　　　　　　　(D)購物中心。

( D )64. 下列哪一種有店鋪零售業最沒有辦法滿足消費者一次購足的需求？
(A)超級市場　　　　　　　　　(B)量販店
(C)百貨公司　　　　　　　　　(D)便利商店。

( D )65. 下列有關量販店的敘述，何者正確？
(A)主要以提供即時的顧客服務為主
(B)店面多位於都會區或郊區，鮮少提供停車空間
(C)通常擁有24小時營業的長時間經營優勢
(D)兼具批發與零售的特性。
量販店以滿足顧客一次購足的需求為主，其通常會提供有停車空間，且營業時間固定（非24小時），特定節日才會延長營業時間。

( A )66. 有關專賣店的敘述，下列何者錯誤？
(A)由於著重專業諮詢服務，因此商品定價會偏高
(B)為了建立顧客忠誠度，多半發展會員制
(C)顧客群以特定對象為主
(D)產品線較窄且深。

( A )67. 有關便利商店與超級市場的比較，下列敘述何者正確？
(A)便利商店銷售的商品周轉率高
(B)兩者皆可滿消費者一次購足的需求
(C)兩者商品價格相同
(D)兩者的消費付款方式皆以信用卡交易為主。
便利商店可滿足即時需求，超級市場則可滿足一次購足的需求。
兩者的消費付款方式仍以現金交易為主。

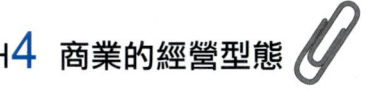

( C )68. 關於有店鋪經營型態，下列敘述何者正確？
①百貨公司可滿足消費者一次購足的需求
②專賣店以提供即時便利性與服務性的商品為主
③超級市場以提高生鮮食品的品質來加強競爭力
④便利商店的販售對象以公司行號與零售商為主
(A)①②③④ (B)②③④ (C)①③ (D)②④。
②：此為便利商店的特徵。④：此為量販店的特徵。

( A )69. 某電腦專賣店專門銷售各種品牌的電腦及其相關產品，其應屬於何種專賣店？
(A)產品線專賣店 (B)便利專賣店 (C)品牌專賣店 (D)多層次專賣店。

( C )70. 下列有關「有店鋪經營型態」的敘述，何者正確？
①量販店逐漸發展網路購物
②便利商店、超級市場、量販店等，多有發展會員制
③所有「有店鋪經營型態」商店都有提供服務性商品（如代收費用等）
④超級市場的商品訂價通常會高於便利商店、但低於量販店
(A)①②③④ (B)②③④ (C)①② (D)①③④。
③並非所有商店都提供服務性商品。
④同一商品的訂價，由高到低通常為：便利商店＞超級市場＞量販店。

( A )71. 近年來便利商店陸續採取策略聯盟，提供更多元化服務，企圖在激烈競爭中脫穎而出。下列敘述何者不屬於策略聯盟的實例？
(A)統一超商推出City-Café商品
(B)統一超商推出博客來書店專區
(C)全家便利商店推出天和鮮物有機商品
(D)全家便利商店推出好市多（Costco）熱賣商品。

( B )72. 某百貨商城推出網路商店販賣傳統百貨，並與知名漁撈公司及超商業者合作，可以線上下單百貨及生鮮漁獲，還可線下超商取貨。上列敘述不包含何種特性？
(A)朝向複合經營及多元發展 (B)開發自有品牌
(C)結合虛實通路 (D)採取異業策略聯盟。

## 4-4 無店鋪零售業

( A )73. 直效行銷不包括以下何種行銷方式？
(A)人員銷售 (B)電視購物 (C)郵購 (D)網路購物。

( C )74. DHC化妝品將商品目錄置放於便利商店之流動櫃檯，供消費者自由索取，消費者可透過電話訂購產品。請問該公司是採用何種銷售管道？
(A)自動販賣 (B)人員銷售 (C)型錄購物 (D)電視購物。

( A )75. 明月從學校畢業，利用所學架設網站銷售手工藝品。請問這是何種型態的銷售方式？ (A)無店鋪經營型態 (B)專賣店 (C)便利商店 (D)自動販賣。
明月此種銷售方式是以網路商店為主，屬於無店鋪經營。

( A )76. 利用各種非人員的傳播媒體來影響消費者，與消費者產生互動的一種銷售方式稱為　(A)直效行銷　(B)無人商店　(C)多層次傳銷　(D)展示銷售。

( A )77. 零售業目前正從傳統有店鋪型態走向無店鋪型態，請問下列何者不屬於無店鋪型態？　(A)便利商店　(B)多層次傳銷　(C)郵購　(D)電視購物。

( D )78. 下列何者是直效行銷最大的特徵？
(A)消費者從網路得知商品的訊息
(B)消費者使用信用卡付款
(C)商品以貨運的方式送到消費者手中
(D)消費者在購買前並未實際檢視過商品。

( C )79. 人員銷售與直效行銷的最大差異，在於
(A)直效行銷採人員面對面銷售
(B)人員銷售是以型錄、電話、電視、或網路等方式來銷售產品或服務
(C)人員銷售在未固定場地採人員面對面的方式銷售
(D)兩者沒有差異。

( D )80. 有關無店鋪經營型態，下列敘述何者正確？
①可節省店面租金的成本
②以專人服務方式銷售
③營運上較具彈性
④訪問銷售是直效行銷的一種
⑤企業採自動販賣機銷售較不受時間的限制
(A)①②③④⑤　(B)②③④⑤　(C)②③④　(D)①③⑤。
②：自動販賣機、直效行銷等並非採專人服務方式銷售。
④：訪問銷售是人員銷售的一種。

( A )81. 下列何者不屬於無店鋪零售的經營型態？
(A)購物中心　(B)電視購物　(C)網路購物　(D)自動販賣機銷售。
購物中心屬於有店鋪經營型態。

( C )82. 網路商店不需要實際的店面來放置貨品，並且可以在頁面上進行自由的商品展示。這代表的是網路購物的哪一項特徵？
(A)全天候的服務　　　　　　　　(B)打破地域障礙
(C)展示空間可以無限延伸　　　　(D)高度的消費決策自主權。
展示空間（即網路上的頁面）可以無限延伸，以展示多樣化的商品樣態。

( C )83. 雖然外面月黑風高，又下著大雷雨，但是不想出門的人仍然可以自由地在網路商城裡選購衣服。試問這屬於網路購物的哪一項特質？
(A)不受干擾的消費自主權　　　　(B)搭配良好的物流配送系統
(C)打破時間與地點的限制　　　　(D)展示空間不受限制。

( A )84. 下列何者屬於網路購物商品形態分類中的實體商品？
(A)一本書　　　　　　　　　　　(B)網路售票系統
(C)線上音樂專輯　　　　　　　　(D)網路下單進行證券交易。

4-42

( B )85. 有關自動販賣機的敘述，下列何者錯誤？
(A)屬無店鋪經營型態的一種　(B)屬直效行銷的一種
(C)具有全年無休的便利性　(D)常設於人潮聚集處。
自動販賣不屬於直效行銷。

( B )86. 合法的多層次傳銷事業並不會有以下哪一種情形？
(A)從業人員除了招募下線外，也努力地推銷商品
(B)從業人員積極招募下線，並抽取下線繳交的會費做為佣金收入
(C)向公平會報告經營概況
(D)努力建立並拓展屬於自己的銷售組織網。

( B )87. 我國多層次傳銷事業每年需向哪個單位報告營運概況，以避免不肖商人變相經營，造成社會問題？
(A)立法院　(B)公平交易委員會
(C)當地法院　(D)消費者保護中心。

( D )88. 電視及網路購物是屬於是下列何種購物型態？
(A)實體零售　(B)人員銷售　(C)自動販賣　(D)直效行銷。

( B )89. 從報紙和電視報導得知，一些初進入職場的新人，因為誤入老鼠會而受騙；若比較老鼠會和多層次傳銷的不同，下列敘述何者有誤？
(A)老鼠會的獲利來源是招募下線介紹人頭，收取入會費，賺取佣金
(B)老鼠會的退貨處理方式是無條件保證可以退貨
(C)多層次傳銷是透過一連串傳銷商來銷售商品
(D)多層次傳銷事業的利潤來源是銷售商品。
老鼠會的退貨條件非常嚴苛或規定不准退貨。

( C )90. 下列有關電視購物的敘述，何者錯誤？
(A)電視購物是一種無店鋪經營方式
(B)電視購物屬於零售業的業態分類
(C)電視購物必須要透過網路來傳遞商品訊息
(D)電視購物屬於直效行銷的一種。
電視購物是透過電視購物頻道來傳遞商品訊息。

( C )91. 線上購物的售價通常比有店鋪的通路來得低，其主要的原因為何？　(A)產品品質比較差　(B)競爭程度比較低　(C)營運成本比較低　(D)進貨成本比較低。
開設網路商店可免去實體店面所需的裝潢、租金等費用。

( C )92. 有關線上購物之特性，下列何者正確？
(A)受時間及地點限制　(B)營運成本較高
(C)屬於無店鋪經營型態　(D)消費者擁有較低的購物自主性。

( A )93. 下列哪一項不是多層次傳銷的特性？
(A)商品的價格低廉　(B)商品可在一定期間內退貨
(C)強調消費者親身體驗　(D)傳銷人員的自主性高。

( D )94. 台北國際書展吸引國內外近千家出版社參與展出，下列有關此活動之敘述何者正確？
(A)該活動主要從事批售商品為主，屬於批發業的經營型態
(B)該活動屬於有店鋪的經營型態
(C)該活動主要收入來源為佣金
(D)該活動屬於人員銷售的展示銷售。

( C )95. 下列何者不屬於直效行銷？
(A)網路購物　(B)型錄購物　(C)專賣店　(D)電視購物。

( A )96. 有關多層次傳銷敘述，下列何者有誤？
(A)進貨成本高於佣金成本
(B)無須繳費或只需繳付小額入會費
(C)商品在一定期間內可以退貨
(D)長期提供商品並滿足消費者需求。

( D )97. 下列共有幾種是屬於無店鋪經營的型態？
①自動販賣機　　②網路商城　　③Outlet
④便利商店　　　⑤電視購物　　⑥郵購
(A)①③⑤　(B)①②④　(C)③⑤⑥　(D)①②⑤⑥。

( C )98. 關於多層次傳銷與老鼠會的敘述，下列何者錯誤？
(A)老鼠會的商品價格偏高，缺乏合理性
(B)多層次傳銷公司利潤來自於直銷人員的銷售業績
(C)多層次傳銷沒有七天鑑賞期，也不可以退貨
(D)老鼠會入會條件是需繳交高額入會費。

( B )99. 下列有關網路購物的商品種類，何者正確？
(A)在Netflix影音平台付費觀看台灣影集「模仿犯」：線上服務商品
(B)透過拓元售票系統購買陳奕迅世界巡迴演唱會門票：線上服務商品
(C)在蝦皮購物網站購買Blackpink演唱會周邊商品T恤：數位化商品
(D)在通訊軟體LINE的貼圖小舖購買「我是佐藤」貼圖：實體商品。

( C )100. 下列何者不是網路購物的特性？
(A)不需負擔實體店面租金
(B)消費者可以自行透過網頁或App進行產品比較、查詢
(C)銷售人員可以對消費者作面對面銷售
(D)消費者可以隨時上網購物。

( D )101. 甲生擔心自己的電腦會中毒，所以特地上網購買防毒軟體並下載安裝，以保護他的電腦。請問這是屬於以下何種商品？
(A)線上服務商品　(B)型錄購物商品　(C)實體商品　(D)數位化商品。

( A )102. 下列哪一項是屬於老鼠會的特徵？
(A)需繳高額入會費　　　　　　(B)有商品保證書
(C)可在期間內退貨　　　　　　(D)須向公平交易委員會報備。

( B )103. 百貨公司美食街常有銷售人員提供顧客試吃,以增進銷售量。請問這是屬於下列何種購物型態?
(A)網路行銷 (B)人員銷售 (C)自動販賣 (D)直效行銷。

( A )104. 亞尼克蛋糕公司近年來推出蛋糕販賣機,消費者可以透過行動支付等方式付款購買蛋糕產品,此屬於何種經營型態?
(A)自動販賣 (B)直效行銷 (C)實體經營 (D)人員銷售。

( B )105. 網路購物根據所販售商品的型態,可區分為實體化商品、數位化商品及
(A)直銷商品 (B)線上服務商品 (C)多層次傳銷商品 (D)郵購商品。

( B )106. 有關有店鋪經營型態與無店鋪經營型態,下列敘述何者正確?
①有店鋪經營型態的門市經營成本較高
②二者皆以專人服務方式銷售
③二者的銷售對象均以最終消費者為主
④二者在營運上皆不受時間與空間的限制
⑤二者皆採取24小時營運的方式
(A)①②③ (B)①③ (C)②③④ (D)①②③④⑤。
②:未必都採專人服務方式銷售。④:有店鋪型態在營運上較易受到時間與空間的限制。
⑤:僅便利商店、自動販賣機等多採取24小時營運。

## 4-5～4-6 批發業、重要的批發業

( B )107. 傳統的製造商因為無法直接對面消費者,必須透過批發商層層的轉達才能了解消費者的意見。物流中心的哪一項成立目的就是要解決這個問題?
(A)滿足多樣少量的消費需求 (B)有效連結製造商與零售商
(C)降低流通成本 (D)提供融資功能。

( C )108. 物流中心協助網路店家將商品直接配送給消費者,此說明了物流中心成立的哪一目的?
(A)有效連結製造商與零售商 (B)增加議價空間
(C)滿足多樣少量的消費需求 (D)減少消費爭議。

( B )109. 哪一種物流中心不會與其關係企業以外的企業來往?
(A)貨運公司成立的物流中心 (B)封閉型物流中心
(C)營業型物流中心 (D)中立型物流中心。

( A )110. 下列有關生鮮處理中心的功能何者有誤?
(A)提供批發商整合性的服務
(B)同時從事採購、運銷等業務
(C)為了因應客戶的需求,生鮮處理中心會針對不同種類的生鮮食品,分別加工處理與分級包裝
(D)超市與量販店都是生鮮處理中心可能的客戶。
提供「零售商」整合性的服務。

( B )111. 許多超市販售生鮮食品時，會依照品質、外觀等條件分類，這是基於生鮮食品的哪一種特性？
(A)易腐性
(B)大小不一
(C)生產受自然環境的限制
(D)季節性。

( C )112. 有關嘉里大榮物流的敘述，下列何者錯誤？
(A)屬於轉運型物流中心，以貨品的轉運為主
(B)由原貨運公司充分運用本身的運輸網及集貨站等營運優勢而成立的物流中心
(C)擁有商品所有權
(D)屬於中立型物流中心。
以貨品的轉運為主，並沒有商品所有權。

( A )113. 下列何者不是這些製造商成立物流中心的原因？
(A)剝削盤商的利潤
(B)有效縮短流通通路
(C)降低流通成本
(D)有效向下整合通路。

( A )114. 對於物流中心的敘述，下列何者有誤？
(A)又稱為盤商
(B)物流中心不具有生產製造與創新研發的行為
(C)不僅負責配送，亦可進行商品倉儲、加工等作業
(D)可降低流通成本。

( D )115. 下列何者不是經營物流中心的成功因素？
(A)保持倉儲系統高度流通
(B)縮短處理訂單的時間
(C)合宜適當的倉庫地點
(D)提升製程加工能力。
物流中心不參與商品製造，但會根據顧客的需求予以加工。

( B )116. 統一企業成立捷盟物流是為了直接將其所製造的產品運送給零售商，故以向下整合的角度來看，捷盟物流是屬於
(A)零售商成立的物流中心
(B)製造商成立的物流中心
(C)批發商成立的物流中心
(D)直銷商成立的物流中心。

( B )117. 全聯福利中心在桃園、台中、高雄設立的物流中心，依成立者角色來看，可歸類為
(A)製造商成立的物流中心
(B)零售商成立的物流中心
(C)批發商成立的物流中心
(D)貨運公司成立的物流中心。

( D )118. 以發起的業者來分類，比較不同類型的物流中心，下列敘述何者有誤？
(A)零售型物流中心是由零售商向上整合而成
(B)製造商型物流中心是由製造商向下整合而成
(C)貨運型物流中心是由貨運公司轉型而成
(D)批發型物流中心是由零售商指定專業公司而成。
批發型物流中心是批發商或代理商成立的物流中心。

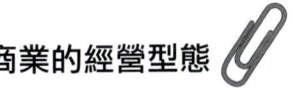

( B )119. 下列何種商業組織擁有其銷售產品的所有權？
(A)代理商　(B)經銷商　(C)中立型物流中心　(D)轉運型物流中心。

( D )120. 有關批發商與零售商的敘述，下列何者正確？
(A)零售商的銷售價格比批發商的銷售價格較低
(B)兩者與其主要銷售對象均為固定合作關係
(C)兩者銷售對象皆為最終消費者
(D)批發商販賣商品可透過少量多樣方式配送。
零售的價格比批發的價格較高。零售商的主要銷售對象為消費者，通常不是固定合作關係。批發商的主要銷售對象為零售商。

( B )121. 快捷物流中心專門配送其母企業體系內之商品，該物流中心是屬於
(A)中立型物流中心　　　　　　(B)封閉型物流中心
(C)營業型物流中心　　　　　　(D)區域型物流中心。

( B )122. 好鄰居便利商店成立方便物流，期能順利向上取得商品並穩定貨源，故方便物流屬於何種類型的物流中心？
(A)製造商成立的物流中心　　　(B)零售商成立的物流中心
(C)批發商成立的物流中心　　　(D)貨運公司成立的物流中心。

( D )123. 對製造商而言，下列何者不是批發商所具備的功能？
(A)提供市場資訊　(B)降低訂單處理成本　(C)產銷分離　(D)提供融資功能。

( B )124. 冬天時因為寒害，使得人工養殖的虱目魚苗大量死亡。這個現象顯示了生鮮食品的哪項特性？
(A)易腐性　　　　　　　　　　(B)生產受自然環境限制
(C)大小不一　　　　　　　　　(D)齊一性。

( D )125. 金玉趁著暑假到超市的生鮮處理中心打工，她的工作內容是把香蕉分成「外觀完整無碰傷」及「表面發黑或有碰傷」兩類，請問此屬於生鮮處理中心的哪一種作業內容？　(A)包裝　(B)加工　(C)集貨　(D)分級。

( C )126. 有關生鮮處理中心與物流中心之敘述，下列何者正確？
(A)生鮮處理中心與物流中心都是針對生鮮食品進行相關作業流程工作
(B)製造商型物流中心只為其旗下關係企業服務
(C)生鮮處理中心與物流中心的主要服務對象為零售商
(D)轉運型物流中心兼具了銷售與配送的功能。

( A )127. 「T.D.C.」是指那一類型的物流中心？
(A)轉運型物流中心　　　　　　(B)製造商型物流中心
(C)零售商型物流中心　　　　　(D)批發商型物流中心。

( C )128. 金車飲料（食品）製造公司成立了金車物流公司，整合物流作業，其屬於哪一類物流中心？
(A)批發商型物流中心　　　　　(B)零售商型物流中心
(C)製造商型物流中心　　　　　(D)貨運型物流中心。

( D )129. 物流公司不僅為自家相關企業配送商品,也同時為其他企業進行配送,請問此物流業者是屬於下列何者?
(A)封閉型物流中心
(B)開放型物流中心
(C)中立型物流中心
(D)營業型物流中心。

( D )130. 下列哪一種批發商,針對食品進行集貨、加工、分級、包裝、儲藏及運送等功能? (A)大盤商 (B)中盤商 (C)代理商 (D)生鮮處理中心。

( D )131. 順豐速運擁有多個轉運中心、營業據點,並且致力於顧客商品的運送,而不介入商品的買賣行為。請問這是屬於下列何種經營型態的物流中心?
(A)零售商型物流中心
(B)封閉型物流中心
(C)混合型物流中心
(D)開放型物流中心。

( C )132. 下列對於批發業與零售業的比較,何者正確?
(A)零售價格通常較批發價格便宜
(B)零售商的採購數量通常較批發商多
(C)迪化街批發商品之商家的主要銷售對象為各個零售商
(D)零售商與批發商之間的合作期間通常不長。
A:零售價格通常較批發價格貴。B:零售商的採購數量通常較批發商少。
D:零售商與批發商之間的合作期間通常較長。

( C )133. 關於大盤商與中盤商的比較,下列何者有誤?
(A)大盤商直接向製造商採購商品
(B)中盤商向大盤商採購商品
(C)大盤商協助製造商銷售商品,並賺取製造商所支付的佣金
(D)中盤商又稱為二次批發商。
大盤商採大批進貨、分批銷售之模式,從中賺取價差。

( D )134. 某製造商委託A公司擔任其商品銷售代理商,則下列敘述何者正確?
(A)A公司必須擁有商品的所有權,才能銷售商品
(B)該製造商應授與A公司其代為處理銷售之商品經銷權
(C)A公司應以自己公司的名義來銷售商品
(D)A公司在此代理過程中,主要是賺取佣金。
A:代理商並未擁有商品所有權。
B:該製造商應授與A公司「代理權」。
C:代理商應以委託人之名義處理受託業務。

( C )135. 有關批發業的敘述,下列敘述何者正確?
(A)新竹物流以承攬運輸為主,服務對象廣泛,屬營業型物流中心
(B)大、中盤商不具有商品所有權,收入來源是以促成交易賺取佣金為主
(C)批發商的銷售對象固定且經常維持長期合作關係,所以較不重視廣告推廣及店面裝潢
(D)批發商介於製造商與零售商之間,居中傳遞市場資訊、提供商品儲存配送等服務,但不涉及融通資金。

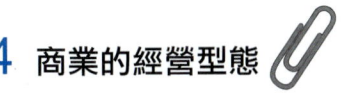

## 情境素養題

( C )1. 為了與量販店的生鮮食品部門競爭，全聯及楓康等超級市場紛紛成立生鮮處理中心，將處理生鮮食品的效率提高，以便提供更新鮮、更便宜的商品。以上敘述為新興業態興起的哪一種原因？
(A)市場缺口的彌補
(B)技術的創新
(C)市場競爭激烈
(D)滿足消費者需求。 [4-1]

( A )2. 某家傳統五金行，為了擴大服務顧客，增加了銷售五金以外的商品，消費者可以在轉型後的賣場購足平日所需物品。該廠商零售經營型態是如何轉變？
(A)專業零售業轉型為綜合零售業
(B)綜合零售業轉型為專業零售業
(C)業態店轉型為業種店
(D)有店鋪零售轉型為無店鋪零售。 [4-2][109統測]

原先為傳統五金行→專業零售業。
轉型增加銷售不同類型商品→綜合零售業。

( C )3. 位處高雄的義大世界，同時提供消費者一個購物、休閒娛樂、餐飲、文教及生活等多樣化的商品與服務，是屬於何種經營型態？
(A)量販店
(B)百貨公司
(C)購物中心
(D)專賣店。 [4-3-5]

集多種業態與業種於一身，提供購物、休閒娛樂、餐飲、文教及生活等多元功能的經營型態，是屬於「購物中心」。

( B )4. 有關專賣店的種類，下列何者正確？
(A)摩曼頓運動用品店銷售各知名品牌的運動用品，屬於品牌專賣店
(B)Uniqlo服飾店銷售Uniqlo品牌的服飾，屬於品牌專賣店
(C)阿瘦鞋店銷售皮鞋、皮包、皮帶等商品，屬於產品線專賣店
(D)三星體驗館銷售Samsung手機等3C產品，屬於產品線專賣店。 [4-3-6]

( A )5. 某慢跑裝備專賣店，提供各種慢跑裝備，舉凡壓力衣、壓力褲、壓力背心等產品皆有，下列敘述何者不正確？
(A)產品線窄而深，商品的選擇樣式少
(B)商店外觀與陳列設計較能凸顯專賣商品特色
(C)較能提供消費者專業化的諮詢服務
(D)為穩定客源，專賣店常推出會員制。 [4-3-6][106統測]

專賣店的產品線窄而深，商品的選擇樣式「多」。

**商業概論** 滿分總複習（上）

( D )6. 某市中心近來剛開了一家高級的手工巧克力專賣店，從專賣店、業種、業態等角度綜合判斷，下列關於該店的敘述，何者較不正確？
(A)提供多樣的巧克力選擇
(B)可提供客製化的加值服務
(C)可提供專業的商品諮詢服務
(D)以全客層作為銷售對象。 [4-3-6][107統測]
A：符合專賣店「產品線窄而深」的特性。
B、C：符合專賣店「能提供顧客專業化服務」的特性。
D：不符合專賣店「販售特定商品群，以滿足特定需求對象為主」的特性。

( B )7. 下列哪一項不屬於人員銷售？
(A)養樂多媽媽挨家挨戶推銷養樂多
(B)電視購物專家以創新的銷售方式，向觀眾解說產品
(C)法拉利姐在美食展的展示櫃位上，向參觀者推銷新口味的香腸
(D)雅芳小姐透過熟識人員舉辦小型美容聚會，向與會者介紹各種保養品。 [4-4]
A：人員銷售－訪問銷售。B：直效行銷－電視購物。
C：人員銷售－展示銷售。D：人員銷售－聚會行銷。

( A )8. 旅客只要在台鐵火車站內，依據購票機的指示操作即可買到車票，請問台鐵購票機是屬於下列哪一種銷售方式？
(A)自動販賣 (B)人員銷售
(C)直效行銷 (D)型錄購物。 [4-4]

( C )9. 某國際傳銷公司於電視上大肆宣傳，以獨特的電視行銷方式招募新會員加入，並且只要以九萬元即可入會，加入後只要靠招募新會員即可獲取佣金。請問該公司屬於何種傳銷種類？
(A)人員銷售 (B)多層次傳銷 (C)老鼠會 (D)聚會示範銷售。 [4-4-1]

( C )10. 阿牛在網路上發現情人節當晚，國父紀念館有一場不錯的演唱會，趕快連上年代售票系統預約訂票。這屬於網路購物的哪一種商品型態？
(A)實體商品 (B)型錄購物商品
(C)線上服務商品 (D)數位化商品。 [4-4-2][102統測]
透過網路提供的服務性商品，如代客訂票、求職、求才、仲介等，都是屬於「線上服務商品」。

( B )11. 下列有三種網購商品，請依序判斷屬於何種類型的商品？
①金石堂網站所販售的暢銷書
②蘋果公司所提供付費下載的音樂
③訂房網所提供的訂房仲介服務
(A)實體商品、線上服務商品、數位化商品
(B)實體商品、數位化商品、線上服務商品
(C)實體商品、線上服務商品、線上服務商品
(D)線上服務商品、數位化商品、線上服務商品。 [4-4-2][108統測]

4-50

▲ 閱讀下文，回答第12～14題。

「PChome 24h購物」銷售上萬種商品，由於網上之售價經常比實體店鋪之售價便宜，因此吸引許多消費者上網購買。 [4-4-2]

( C )12. 「PChome 24h購物」之銷售型態是屬於
(A)訪問銷售 (B)人員銷售 (C)直效行銷 (D)展示銷售。

( D )13. 卜心自該網站上購買一件上衣，此商品之型態是屬於
(A)數位化商品　　　　　　　(B)線上服務商品
(C)郵購商品　　　　　　　　(D)實體商品。

( B )14. 不管是屏東萬巒豬腳或是台中太陽餅，消費者都可透過「PChome 24h購物」買到，以上敘述顯示出網路購物的哪一項特徵？
(A)消費者有高度的決策自主權
(B)打破地域障礙
(C)全天候的服務
(D)囤貨空間可無限延伸。

▲ 閱讀下文，回答第15～16題。

萊爾富超商為了縮短商品配送時間、降低配送成本、並提供符合消費者少量多樣需求的服務，成立了萊爾富物流中心，專門配送全台萊爾富門市的各項商品。 [4-6-2]

( B )15. 以物流中心的成立者來區分，萊爾富物流中心屬於
(A)製造商型物流中心　　　　(B)零售商型物流中心
(C)批發商型物流中心　　　　(D)轉運型物流中心。

( A )16. 若從經營型態來看，則萊爾富物流中心屬於
(A)封閉型物流中心　　　　　(B)混合型物流中心
(C)開放型物流中心　　　　　(D)營業型物流中心。

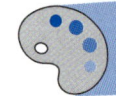

## 統測臨摹

( B )1. 關於多層次傳銷特性的敘述，下列何者不正確？
(A)進貨成本低，佣金支出高
(B)以電話行銷為主，須設立營業據點
(C)透過體驗式行銷，讓使用者變成愛用者，愛用者再成為經營者
(D)受老鼠會事件影響，消費者對於多層次傳銷的模式仍有疑慮。 [4-4-1][102統測]

多層次傳銷屬於「人員銷售」的一種，並非以電話行銷為主，且其屬於「無店鋪經營型態」，不須設立營業據點。

( A )2. 物流中心可依其成立背景與通路功能而有所不同，例如統一企業為有效掌握通路，提高物流效率而成立了捷盟行銷公司，此屬於何種類型的物流中心？
(A)製造商型物流中心
(B)零售商型物流中心
(C)批發商型物流中心
(D)轉運型物流中心。 [4-6-2][102統測]

統一企業（製造商）為了將產品運送給零售商，成立捷盟行銷公司→製造商型物流中心。

( D )3. 以業種店的特性來看，下列有關蘭山烘焙咖啡豆商店的敘述，何者不正確？
(A)該店是以銷售商品為中心
(B)該店的經營者對商品知識較為充足
(C)該店是以出清商品為主要行銷目標
(D)該店主要扮演替顧客採購商品的角色。 [4-1][103統測 改編]

主要扮演替顧客採購商品的角色：屬於業態店的特性。

( C )4. 有關生鮮處理中心與物流中心的敘述，下列何者不正確？
(A)生鮮處理中心是進行生鮮食品集貨、加工及配送等作業
(B)物流中心是進行訂單處理、揀補貨、配送等工作
(C)生鮮處理中心配送車隊須符合通用特性
(D)物流中心的設立地點以交通便捷的地方為主。 [4-6-2][103統測]

生鮮處理中心的配送車隊並不符合通用特性，而是必須因應不同生鮮食品的特性（例如低溫、冷凍），來調整其運送的配備，以確實完成配送任務。

( C )5. 以日用商品及生鮮食品齊全、中低價位之特色，來吸引一次購足、對價格敏感且精打細算之顧客族群，此最有可能之店鋪經營型態為何？
(A)百貨公司　　　　　　　　(B)超級市場
(C)量販店　　　　　　　　　(D)購物中心。 [4-3-3][104統測]

( B )6. 專業物流中心的主要活動是什麼？
(A)定價與零售　　　　　　　(B)運輸與倉儲
(C)促銷與廣告　　　　　　　(D)保險與保鮮。 [4-6-2][104統測]

物流中心是以「運輸、倉儲、及商品加工整理」為主要營業內容的批發業。

4-52

( B )7. 關於合法的多層次傳銷，下列敘述何者錯誤？
(A)在一定期間內可以退貨
(B)須繳付高額入會費
(C)以直銷商整體業績為公司利潤來源
(D)提供商品滿足顧客需求。 [4-4-1][105統測]
加入多層次傳銷通常「無須」繳費，或只須繳交「小額」資料費。
加入非法的老鼠會則通常須繳交高額入會費。

( D )8. 網路購物平臺的規模不斷擴大，已經逐漸衝擊到相關零售業的發展，下列何者不屬於其優勢？ (A)營運成本較低 (B)不受空間時間之限制 (C)結合實體通路 (D)產品單一標準化。 [4-4-2][105統測]
為了滿足不同類型的消費需求，網路購物平臺所販售的商品越來越「多樣化」。

( A )9. 下列關於代理商的敘述，何者錯誤？
(A)代理商擁有商品的所有權，接受委託執行業務
(B)製造商的代理商通常會代理二家或更多互補產品製造商的產品
(C)銷售代理商代理製造商的產品銷售，類似該公司的銷售部門
(D)採購代理商代理用戶進行採購，負責驗貨、倉儲及遞送等活動。 [4-6-3][107統測]
代理商「不擁有」商品所有權。

( C )10. 供應鏈中最接近消費者的零售業，其可提供給製造商的功能不包含下列何項？
(A)提供市場情報 (B)商品配銷
(C)提供少量多樣的商品選擇 (D)商品儲存。 [4-2][109統測]
提供少量多樣的商品選擇為零售業提供給「消費者」的功能。

( C )11. 下列有關超級市場的敘述何者正確？
(A)美廉社、家樂福、好市多都是國內知名的超級市場
(B)開發售價較高的自有品牌商品是超級市場的發展趨勢
(C)生鮮食品是主要的銷售商品，所以國內超級市場陸續成立生鮮處理中心，以降低加工處理成本
(D)超級市場除了面臨同業競爭，更遭遇營業據點較多的量販店，及品項齊全的便利商店等零售業威脅。 [4-3][110統測 改編]
A：家樂福、好市多為國內知名的「量販店」。
B：超級市場開發的自有品牌商品通常售價「較低」。
D：營業據點較多→便利商店；品項齊全→量販店。

( D )12. 有關無店舖零售的敘述，下列何者正確？
(A)手機體積小、單價高，適合透過自動販賣機銷售
(B)音樂、線上遊戲等數位商品無法退貨，不適合透過網路銷售
(C)合法的多層次傳銷會透過銷售人員面對面說明，所以商品售出概不退貨
(D)多層次傳銷主要以人員銷售及口耳相傳方式經營，可以節省廣告、租金等營運成本。 [4-4][110統測]
A：自動販賣機通常銷售體積小、「單價低」的商品。
B：網路銷售的商品種類與商品可退貨與否並無相關。
C：合法的多層次傳銷於一定期間內「可」無因退貨。

( A )13. 關於無店鋪經營型態，下列敘述何者正確？
(A)臺北車展是一種展示銷售型態，屬於人員銷售
(B)多層次傳銷又稱為「直接銷售」，屬於直效行銷
(C)威秀影城可提供消費者網路訂票，屬於數位化商品
(D)App Store透過網路傳送之商品，屬於線上服務商品。 [4-4][111統測]
多層次傳銷→人員銷售。
提供網路訂票服務→線上服務商品。
App應用程式等透過網路傳送之商品→數位化商品。

( B )14. 關於商業的經營型態，下列敘述何者正確？
(A)電視購物屬於人員銷售的型態，如：東森購物
(B)混合型物流中心替關係企業以及其他企業配送商品，如：德記物流
(C)業態是以販售的商品種類來區分，如：手搖飲料店
(D)線上服務商品是透過網路提供之服務，如：Netflix電影。 [4-6][111統測 改編]
電視購物→直效行銷。
「業種」是以販售的商品種類來區分。
Netflix電影→數位化商品。

( D )15. 關於批發業，下列敘述何者錯誤？ (A)批發商對於零售商，具有融資功能 (B)中盤商向大盤商進貨，又稱為二次批發商 (C)代理商類似盤商的角色，不具商品所有權 (D)量販店結合倉儲與賣場，屬於批發業的經營型態。 [4-6][111統測]
量販店屬於「零售業」。

( C )16. 小張的住宅社區附近新開了一家零售商店，以販售生鮮食品為主、日常用品為輔。關於此零售店的特徵敘述，下列何者正確？
(A)滿足顧客立即性的需求　　(B)以販售大包裝商品為主
(C)商品訂價以中價位為主　　(D)以特定品牌偏好顧客為客群。 [4-3][112統測]
以生鮮食品為主、日常用品為輔→超級市場，其商品訂價通常為中價位。

( A )17. 業者①透過社群媒體建立官方帳號，消費者可直接下單訂購商品、②避免進口肉類來源疑慮，特別標示產地與成分、③手機掃描二維條碼（QR Code）點餐，以降低人員感染風險，也能減少作業成本。上述關於業者的「銷售方式」與「商業現代化內容」，依序何者正確？
(A)①直效行銷、②落實消費權益、③提升商業技術
(B)①直效行銷、②提升服務品質、③改善商業環境
(C)①展示銷售、②提升服務品質、③改善商業環境
(D)①展示銷售、②落實消費權益、③提升商業技術。 [4-4][112統測]
①網路購物→直效行銷。②規範商品標示→落實消費者權益之保護。
③推動商業電子化→提升商業技術水準。

( B )18. 為提升物流配送效率，超市與超商龍頭積極建立物流中心。關於此物流中心的敘述，下列何者正確？
(A)屬於製造商型物流中心
(B)可有效連結製造商與零售商，縮短流通通路
(C)為由業者憑藉本身優勢成立的貨（轉）運型物流中心
(D)為了提升配送自動化，物流中心導入銷售時點管理系統（POS）。 [4-6][112統測]
由零售商建立的物流中心→零售商型物流中心。
物流中心導入EOS電子訂貨系統，以快速揀貨出貨，提升配送效能。

( C )19. 臺灣於1999年開始成立購物中心，自此開啟北中南各購物中心的發展。有關購物中心的敘述，下列哪一項正確？
(A)高雄夢時代購物中心內設有百貨公司、主題餐廳、遊樂園等，屬於郊區型購物中心
(B)購物中心的目標客群主要鎖定中高收入族群消費者
(C)購物中心是集多種業態與業種於一身的零售業態
(D)購物中心所販售之商品價格以高價位為主。　　　　　　　　　　　[4-3-5][113統測]

高雄夢時代購物中心→都會型大型購物中心。
目標客群→全客層。
商品價格→依主力商店及各專門店之特性而定。

( B )20. 近來網路駭客詐騙手法推陳出新，A君從網路購買防毒軟體來阻擋電腦被入侵，該產品屬於下列哪一種商品？
(A)實體商品　　　　　　　　　　(B)數位化商品
(C)型錄購物商品　　　　　　　　(D)線上服務商品。　　　　　　　[4-4][113統測]

電腦軟體屬於「數位化商品」。

( D )21. 年節將近，各大飯店紛紛在官網上推出年菜促銷方案。BEST五星級飯店推出讓消費者在飯店官網上選購年菜組合的服務，除了中式、西式菜色任選外，更針對素食年菜組合推出「買年菜送汽車」的抽獎活動，推升年菜買氣熱鬧滾滾。訂購流程如下圖：

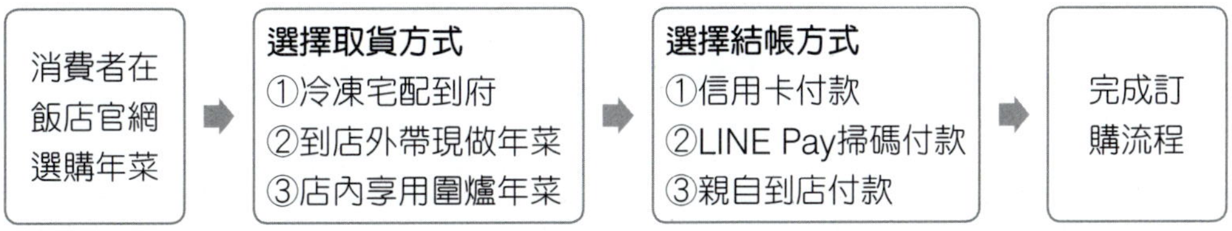

| 消費者在飯店官網選購年菜 | → | 選擇取貨方式 ①冷凍宅配到府 ②到店外帶現做年菜 ③店內享用圍爐年菜 | → | 選擇結帳方式 ①信用卡付款 ②LINE Pay掃碼付款 ③親自到店付款 | → | 完成訂購流程 |

關於BEST五星級飯店年菜的訂購流程，下列敘述何者正確？
(A)飯店在官網銷售年菜，屬於專賣店的一種型態
(B)消費者使用LINE Pay掃碼支付，此條碼為商品條碼
(C)消費者在飯店官網選購年菜並宅配到府，屬於一階通路
(D)消費者上網選購年菜，屬於消費者保護法中的通訊交易。　　　　[4-3][114統測]

在官網銷售年菜→網路購物。
LINE Pay掃碼支付的條碼通常稱為付款條碼，其並「不是」商品條碼。
在飯店官網選購年菜後宅配到府→零階通路。

**NOTE**

# CH 5 連鎖企業及微型企業創業經營

**114年統測重點**
連鎖組織的類型、連鎖經營的3S原則、異業結盟的型態

## ■ 本章學習重點

| 章節架構 | 必考重點 | |
|---|---|---|
| 5-1 傳統商店的經營 | • 傳統商店的經營優勢與劣勢 | ★☆☆☆☆ |
| 5-2 連鎖企業<br>　5-2-1 起源與定義<br>　5-2-2 連鎖組織的類型（幾乎年年考）<br>　5-2-3 連鎖企業的經營與管理 | • 連鎖企業的定義<br>• 連鎖加盟組織的比較<br>• 連鎖經營的3S原則 | ★★★★★ |
| 5-3 異業結盟<br>　5-3-1 異業結盟簡介<br>　5-3-2 異業結盟的型態（幾乎年年考） | • 異業結盟的簡介與型態 | ★★★★☆ |
| 5-4 微型企業的經營<br>　5-4-1 微型企業概述<br>　5-4-2 微型企業的籌設 | • 微型企業的簡介與籌設 | ★★☆☆☆ |

## ■ 統測命題分析

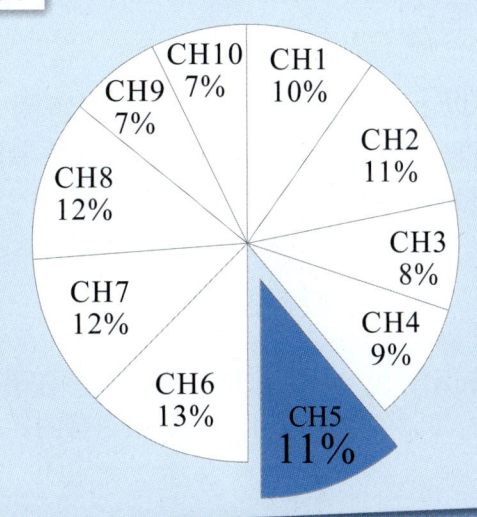

- CH1 10%
- CH2 11%
- CH3 8%
- CH4 9%
- CH5 11%
- CH6 13%
- CH7 12%
- CH8 12%
- CH9 7%
- CH10 7%

## 5-1 傳統商店的經營

### 一、經營優勢

1. **經營具彈性**，可隨時調整營業時間、及商品的種類與售價。
2. 與顧客互動頻繁，**人情味**濃厚。
3. 門市裝潢簡單不重視行銷活動、**管銷費用較少**。

### 二、經營劣勢

1. 經營規模小、經營管理知識不足。
2. 立地位置不佳、賣場規劃不足、購物環境不良。
3. 進貨成本偏高、進貨效率差。
4. 商品種類不全、存貨管理不良。
5. 商品價格競爭力低、標價不明。
6. 服務品質不一、促銷活動不足。

### 三、改善之道

1. 添購**現代化設備**（如POS系統等），以提高商品管理能力及經營效能。
2. 加強賣場規劃、**改善購物動線**。
3. 加入連鎖加盟體系，以透過聯合採購來降低進貨成本。

## 5-2 連鎖企業

統測 102 103 104 105 106 107 108 109 110 111 112 113 114

### 5-2-1 定義與起源

#### 一、連鎖的定義  統測 108

連鎖企業是指**兩家（含）以上**之**零售商店**，使用相同商標、品牌、經營模式，提供相同（或部分相同）商品與服務，且同時具備**經營理念**一致、**管理制度**一致、**商品服務**一致、**企業識別系統**一致等四項要件的組織。

> **知識充電　企業識別系統**
>
> **企業識別系統**（Corporate Identity System, **CIS**）是企業為了傳達**企業理念**與**品牌形象**，透過商標、顏色、字體、標語、口號等規劃設計，來彰顯企業的經營理念與企業文化，使消費者對企業有一致的印象。

## 二、加盟的定義

加盟是指**連鎖總部**與**個別零售商店**業主**簽訂契約**共同合作，透過商標品牌、經營模式與技術的授權，使個別零售店接受連鎖總部的管理與指導，提供相同的商品與服務。

## 三、連鎖企業的起源與發展

現代連鎖企業的起源於**美國**，而台灣的連鎖企業發展，則可分為以下幾個階段：

1859年，美國「大西洋與太平洋茶葉公司」在紐約開設連鎖店。

| 階段 | 時間 | 說明 | 代表商家 |
|---|---|---|---|
| 本土經營期<br>（萌芽期）<br>（探索期） | ～1979年 | • 以**本土經營**為主<br>• 連鎖拓展速度**慢** | 天仁茗茶　新東陽、麗嬰房<br>阿瘦皮鞋　新學友、郭元益<br>全國電子　寶島鐘錶 |
| 引進國際連鎖期<br>（適應期） | 1979～<br>1983年 | • **統一企業**引進美國南方公司（7-11）連鎖技術<br>• 連鎖概念興起 | 統一超商　三商巧福<br>信義房屋　小林眼鏡<br>金石堂 |
| 多元發展期<br>（成長期）<br>（蓬勃發展期） | 1984～<br>1990年 | • **麥當勞**進駐台灣<br>• 連鎖經營的業態種類朝多元化蓬勃發展 | 麥當勞　肯德基、必勝客<br>全家超商　家樂福、柯尼卡<br>屈臣氏　香雞城 |
| 整合連鎖期<br>（成熟期）<br>（外溢期） | 1991～<br>2000年 | • **台灣連鎖暨加盟協會**成立，整合國內連鎖企業相關資源<br>• 開始向**海外**發展 | 全家福鞋業<br>康是美　丹堤<br>大全聯　全聯<br>（原大潤發） |
| 海外拓展期 | 2000年～ | • 連鎖企業積極**拓展國際**市場<br>• 以**餐飲業**居多 | 王品　鬍鬚張、鼎泰豐<br>85度C　日出茶太<br>CoCo |

亦有版本將1991年後，統稱為「發展國際市場階段」。

## 四、連鎖經營的優勢

1. 對總部而言：
   (1) 可大量採購以**降低成本**，提供相同的商品亦可確保品質一致。
   (2) 可累積企業**知名度**，展店速度快。

2. 對連鎖店而言：
   (1) 品牌較易為**消費者所認同**，辨識度高。
   (2) 增加連鎖店**經營成功**的機會。

## 5-2-2 連鎖組織的類型

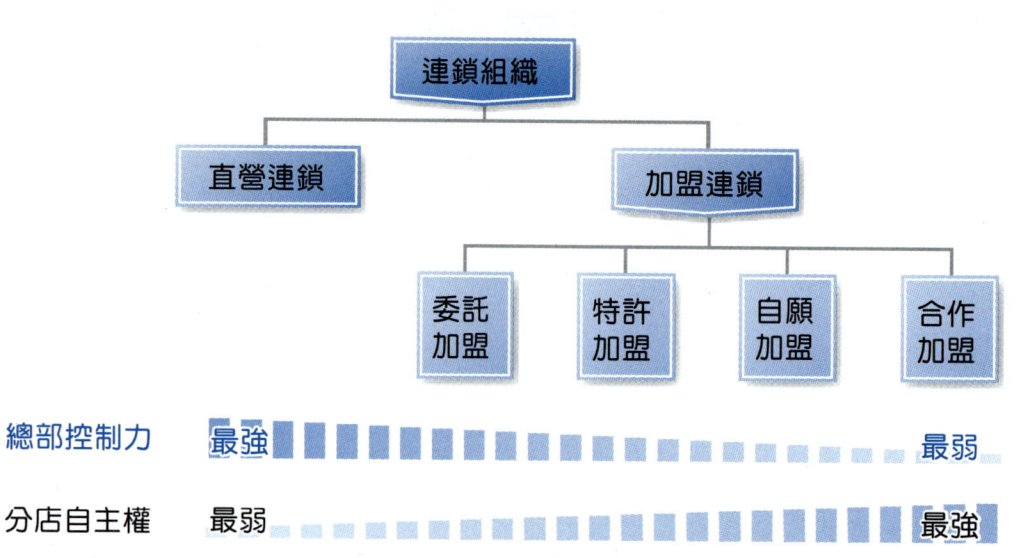

統測 102 103 104 105 106 107 109 110 111 112 113 114

```
                    連鎖組織
                   /        \
              直營連鎖      加盟連鎖
                         /   |   |   \
                    委託  特許  自願  合作
                    加盟  加盟  加盟  加盟
```

總部控制力　最強 ────────────────────── 最弱

分店自主權　最弱 ────────────────────── 最強

### 一、直營連鎖（Regular Chain, RC）

統測 105 107 112

| 項目 | | 說明 |
|---|---|---|
| 定義 | | 又稱**所有權連鎖**；是由**總部直接投資經營**各連鎖店的連鎖型態 |
| 經營模式 | 店面所有權 | 總部 |
| | 決策管理權 | 總部 |
| | 費用負擔 | 總部負擔全部 |
| | 利潤分配 | 總部享有全部 |
| 優點 | | 1. **較易貫徹總部政策**：各連鎖店的**管理權集中**於總部，**體系內互動效率高**，能有效貫徹政策<br>2. **較易建立連鎖形象**：總部採行標準化制度，各分店提供**一致化產品及服務**，可建立一致的連鎖企業形象 |
| 缺點 | | 1. **承擔全部經營風險**：總部出資經營，必須完全承擔各連鎖店盈虧的風險<br>2. **拓點速度較慢**：總部負擔展店的全部費用，資本壓力大，拓點速度較慢<br>3. **人才留任不易**：店長具經營能力但仍屬總部聘任之員工，易有離任風險 |
| 實例 | | 均為直營（不開放加盟）的企業包括：<br>王品牛排、誠品書店、寶島眼鏡、特力屋、全聯、鬍鬚張等 |

註：購物中心、百貨公司、量販店等業態產業，設立連鎖店所需要的資本較大，因此通常是由總部投資經營設立連鎖店。

## 二、委託加盟（Franchise Chain 2, FC2）

> 總部把店委託加盟者經營

統測 104 107 111 114

| 項目 | 說明 |
|---|---|
| 定義 | 又稱**委任加盟**（License Chain, LC / Authorized Chain）；是由總部將直營店或新設立店面**委託給加盟者經營**的連鎖型態 |
| 經營模式 | **店面所有權**：總部<br>**決策管理權**：總部<br>**資金條件**：加盟者通常需支付**加盟金**、**保證金**；有些總部會要求支付**權利金**<br>**費用分擔**：<br>• 總　部：設備費用、店鋪租金、裝潢費用<br>• 加盟者：人事費用、管銷費用<br>**利潤分配**：利潤共享，但**總部＞加盟者** |
| 優點 | 1. 對總部<br>　(1) 提振員工士氣：總部可鼓勵已具經營能力之直營店店長轉為自行經營加盟店，有助於激勵員工士氣、降低員工流動率<br>　(2) 營運成本較低：加盟者負擔人事費用、管銷費用，可降低總部營運成本<br>　(3) 利潤分配較多：總部負擔較多的費用，分配到的營業利潤也較多<br>2. 對加盟者<br>　(1) 獲得自我實現：員工有機會達成自我實現的目標，成為經營者<br>　(2) 創業較為容易：加盟主僅需負擔人事費用、管銷費用即可創業，財務壓力較小；部分總部提供營業保證額以保障獲利，鼓勵加盟者投入創業 |
| 缺點 | 1. 對總部<br>　(1) 拓點時負擔較多費用：總部需負擔設備費用、店鋪租金、裝潢費用以拓展新連鎖店，財務壓力較大<br>　(2) 不易尋得加盟者：總部對於欲加盟者的審核條件較嚴格，因此較不容易找到合適的加盟者<br>2. 對加盟者<br>　(1) 沒有經營自主權：加盟店須完全遵從總部的指揮，包括向總部統一進貨、行銷策略由總部決定等，因此沒有經營自主權<br>　(2) 利潤分配較少：加盟者負擔較少的費用，分配到的營業利潤也較少，較缺乏經營激勵效果 |
| 實例 | 開放委託加盟的企業包括：<br>7-11、全家、達美樂、寶島鐘錶等 |

### 知識充電　直營店與加盟店

依據不同的經營方式，連鎖店可分為直營店及加盟店：
- **直營店**：由連鎖總部負擔全部費用、並且由**連鎖總部直接經營**的連鎖店。
- **加盟店**：由加盟者負擔部分（全部）費用、且**加盟者負責經營**的連鎖店。

**商業概論** 滿分總複習（上）

> 加盟者**帶店投靠**總部
> 總部特別許可給予加盟

## 三、特許加盟（Franchise Chain 1, FC1）

統測 110 111 113

| 項目 | 說明 |
|---|---|
| 定義 | 又稱**授權加盟**；是由加盟者**自備店面**，且總部**授權許可**加盟的連鎖型態 |
| 經營模式 - 店面所有權 | 加盟者 |
| 經營模式 - 決策管理權 | 總部 |
| 經營模式 - 資金條件 | 加盟者通常需支付**加盟金**、**保證金**；有些總部會要求支付**權利金** |
| 經營模式 - 費用分擔 | • 總　部：設備費用<br>• 加盟者：店鋪租金、裝潢費用、人事費用、管銷費用 |
| 經營模式 - 利潤分配 | 利潤共享，但**加盟者＞總部** |
| 優點 | 1. 對總部<br>　(1) **營運成本較低**：總部僅負擔設備費用，投入的成本較少<br>　(2) **展店速度較快**：總部確認加盟者符合條件後即可展店，拓點速度較快<br>　(3) **服務品質一致**：總部提供經營技術，有助於使服務品質一致<br>2. 對加盟者<br>　(1) **利潤分配較多**：加盟者負擔較多費用，故可分配到較多的利潤<br>　(2) **充分發揮經營效率**：加盟者分配到的利潤比較多，且有些總部亦會提供**營業保證額**以保障獲利，有助於激勵加盟者發揮經營效率 |
| 缺點 | 1. 對總部<br>　(1) **利潤分配較少**：總部負擔較少費用，故可分配到較少的利潤<br>　(2) **實際營業額易被隱瞞**：加盟者可能會隱瞞實際營業額以增加獲利，因而**破壞信任關係**<br>2. 對加盟者<br>　• **較無經營自主權**：加盟店須**完全遵從**總部的指揮，包括向總部統一進貨、行銷策略由總部決定等，因此沒有經營自主權 |
| 實例 | 開放特許加盟的企業包括：<br>7-11、全家、cama咖啡、肯德基、SUBWAY等 |

2017年，美國麥當勞總公司以「授權經營」的方式，將台灣20年的特許經營權售予和德昌公司。

### 知識充電　　加盟三金

連鎖加盟總部與加盟者在簽約合作後，通常會要求加盟者支付下列費用：

| 種類 | 說明 | 支付方式 | 合作結束是否退還 |
|---|---|---|---|
| 加盟金（授權金） | 加盟者為了取得**加盟授權**而支付給總部之費用 | 一次性 | 否 |
| 保證金（履約保證金） | 總部為了確保加盟者**履約**，要求加盟者繳交特定額度的押金 | 一次性 | 是 |
| 權利金（定期服務費） | 加盟者在合約期間為取得總部提供廣告宣傳、經營技術等**資源**所支付之費用 | 定期 | 否 |

5-6

## 四、自願加盟（Voluntary Chain, VC）

統測 102 106 109 111 112

| 項目 | 說明 |||
|---|---|---|---|
| 定義 | 是由加盟者<u>自備店面</u>、<u>支付所有費用</u>，並<u>自願納入</u>連鎖體系中，而與總部共同議定雙方權利義務的連鎖型態 |||
| 經營模式 | 店面所有權 | 加盟者 ||
| | 決策管理權 | 加盟者 ||
| | 資金條件 | 加盟者通常需支付<u>加盟金</u>、<u>保證金</u>；有些總部會要求支付<u>權利金</u> ||
| | 費用分擔 | <u>加盟者</u>負擔全部 ||
| | 利潤分配 | <u>加盟者</u>享有全部 ||
| 優點 | 1. 對總部<br>　(1) <u>經營風險低</u>：加盟者全額出資並自負盈虧，總部的經營風險相當低<br>　(2) <u>展店速度快</u>：總部確認加盟者符合條件後即可展店，拓點速度較快<br>2. 對加盟者<br>　(1) <u>進貨方式多元</u>：加盟者<u>可選擇自行進貨</u>、或透過總部統一採購（有些總部會規範加盟者對於總部統一採購的進貨比例）<br>　(2) <u>有經營自主權</u>：加盟者擁有決策管理權，<u>自主性強</u>，較能<u>因地制宜</u>；亦可自由選擇是否參與總部提供的教育訓練、促銷活動、統一採購等<br>　(3) <u>擁有全部利潤</u>：加盟者負擔全部費用，也享有全部營業利潤 |||
| 缺點 | 1. 對總部<br>　(1) <u>缺乏管理強制力</u>：總部沒有決策管理權，對加盟店缺乏強制力，經營品質較難管控<br>　(2) <u>不易維持連鎖形象</u>：加盟者的<u>自主性高</u>，各店差異性大，不易建立一致的連鎖形象<br>2. 對加盟者<br>　● <u>經營風險較大</u>：加盟者全額出資並自負盈虧，必須完全承擔經營風險 |||
| 實例 | 開放自願加盟的企業包括：<br>早安美芝城、錢都涮涮鍋、貴族世家、鮮茶道、胖老爹等 |||

## 五、合作加盟（Cooperate Chain, CC） 統測 111

| 項目 | 說明 |
|---|---|
| 定義 | 又稱**合作加盟連鎖**；是由**性質相同**的**零售商**共同組成連鎖總部，以對抗大型連鎖組織、免於單打獨鬥的連鎖型態 |
| 經營模式 | 店面所有權：加盟者<br>決策管理權：加盟者<br>費用分擔：加盟者負擔全部<br>利潤分配：加盟者享有全部 |
| 優點 | 1. **提高知名度**：透過企業識別系統的建立，總部可快速提高知名度，加盟店則可迅速拓展市場<br>2. **降低進貨成本**：加盟店除了自行進貨外，亦可透過**總部採購**來獲得議價優勢 |
| 缺點 | 1. **總部提供資源有限**：總部多負責採購及行銷活動，較少提供經營技術指導<br>2. **不易維持連鎖形象**：各加盟店皆有經營決策權、**自主性高**，因此較易導致意見分歧，不易建立及維持一致的連鎖形象 |
| 實例 | 曾經採用合作加盟的企業包括：<br>博登藥局、躍獅藥局、長青藥局、眼鏡人眼鏡公司等 |

### 知識充電　台灣的連鎖組織

| 類型 | 常見企業實例 |
|---|---|
| 僅有直營<br>（無加盟） | 王品牛排、鼎泰豐、鬍鬚張、瓦城、摩斯、必勝客、爭鮮<br>星巴克、天仁茗茶、翰林茶館、春水堂<br>楓康、全聯、家樂福、遠東百貨、義美、新東陽、生活工場、威秀影城<br>誠品書店、阿瘦皮鞋、La New、Uniqlo、全國電子、小林眼鏡、寶島眼鏡、屈臣氏、康是美、特力屋 |
| 開放<br>委託加盟 | 7-11、全家、萊爾富、OK超商<br>達美樂、寶島鐘錶、EASY SHOP、台鹽生技、DUSKIN樂清 |
| 開放<br>特許加盟 | 7-11、全家、萊爾富、OK超商<br>cama咖啡、85度C、怡客咖啡、肯德基、SUBWAY、聖德科斯生機店、台灣房屋 |
| 開放<br>自願加盟 | 早安美芝城、瑞麟美而美、拉亞漢堡、錢都涮涮鍋、貴族世家、大上海生煎包、丐幫滷味、三顧茅廬、胖老爹、派克雞排、小人物炸雞<br>壹咖啡、鮮茶道、圓石禪飲、貢茶、TEA'S原味、鬍子茶<br>金玉堂、吉的堡教育集團、櫻花廚藝生活館 |
| 曾採<br>合作加盟 | 博登藥局、躍獅藥局、長青藥局、眼鏡人眼鏡公司 |

## ◎ 連鎖組織的比較

| 型態<br>項目 | 直營連鎖 | 委託加盟 | 特許加盟 | 自願加盟 | 合作加盟 |
|---|---|---|---|---|---|
| 店面所有權 | 總部 | 總部 | 加盟者 | 加盟者 | 加盟者 |
| 決策管理權 | 總部 | 總部 | 總部 | 加盟者 | 加盟者 |
| 設備費用 | 總部 | 總部 | 總部 | 加盟者 | 加盟者 |
| 店鋪租金 | 總部 | 總部 | 加盟者 | 加盟者 | 加盟者 |
| 裝潢費用 | 總部 | 總部 | 加盟者 | 加盟者 | 加盟者 |
| 人事費用 | 總部 | 加盟者 | 加盟者 | 加盟者 | 加盟者 |
| 管銷費用 | 總部 | 加盟者 | 加盟者 | 加盟者 | 加盟者 |
| 利潤分配 | 總部 | 總部較多 | 加盟者較多 | 加盟者 | 加盟者 |
| 優點 | • 政策容易貫徹<br>• 連鎖形象一致 | 對總部<br>• 提振員工士氣<br>• 營運成本較低<br>• 利潤分配較多<br>對加盟者<br>• 獲得自我實現<br>• 創業較為容易 | 對總部<br>• 營運成本較低<br>• 展店速度較快<br>• 服務品質一致<br>對加盟者<br>• 利潤分配較多<br>• 發揮經營效率 | 對總部<br>• 經營風險較低<br>• 展店速率較快<br>對加盟者<br>• 進貨方式多元<br>• 有經營自主權<br>• 擁有全部利潤 | • 快速提高知名度<br>• 降低進貨成本 |
| 缺點 | • 經營風險較高<br>• 拓點速度較慢<br>• 人才留任不易 | 對總部<br>• 費用負擔較多<br>• 加盟者較難找<br>對加盟者<br>• 較沒有自主權<br>• 利潤分配較少 | 對總部<br>• 利潤分配較少<br>• 易隱瞞營業額<br>對加盟者<br>• 較沒有自主權 | 對總部<br>• 無法強制管理<br>• 形象不易維持<br>對加盟者<br>• 經營風險較大 | • 總部資源有限<br>• 形象不易維持 |

## 商業概論 滿分總複習（上）

### 小試身手 5-1~5-2-2

( C )1. 傳統商店經常發生暢銷品存貨不足而滯銷品存貨積壓的現象，主要是因為
(A)經營規模不大
(B)店址位置不佳
(C)存貨管理不良
(D)營業時間太短。

( A )2. 下列何者不是傳統商店的經營現況？
(A)專業的服務品質
(B)促銷活動不足
(C)進貨作業繁複
(D)未使用現代化設備輔助經營。

( B )3. 有關傳統商店，下列敘述何者錯誤？
(A)經營較有彈性
(B)管銷費用較多
(C)與街坊鄰居建立深厚的客情
(D)缺乏促銷活動。

( D )4. 許多傳統商店進貨數量有限，無法以大量進貨的方式降低單位進貨成本，這是傳統商店所面臨的哪一項內在危機？
(A)立地位置普遍不佳
(B)普遍缺乏現代化經營設備
(C)缺乏專業的經營管理知識
(D)不具規模經濟效益。

( B )5. 自願加盟的店面所有權是屬於何人所有？
(A)總部
(B)加盟者
(C)總部與加盟者所有
(D)總部與加盟者各佔一半。

( B )6. 下列哪一種連鎖加盟型態之總部與加盟店訂定的契約範圍包含經營的全部，且雙方可共享利潤，但以加盟者所分配的利潤較多？
(A)直營連鎖
(B)特許加盟
(C)委託加盟
(D)合作加盟。

( B )7. 下列哪一種連鎖加盟型態之加盟者為了獲得更多收益，經常會隱藏實際的銷售金額，以減少應支付給總部的各項費用？
(A)自願加盟
(B)特許加盟
(C)委託加盟
(D)直營連鎖。

( C )8. 下列四種連鎖加盟型態中，哪一種型態之連鎖店所分配到的利潤比例最少？
(A)自願加盟
(B)特許加盟
(C)委託加盟
(D)合作加盟。

( A )9. 下列何種連鎖體系並非依照契約建立關係？
(A)直營連鎖　　　　　　　(B)特許加盟
(C)自願加盟　　　　　　　(D)委託加盟。

( D )10. 各加盟主皆具有股東的身分，皆能參與決策；當各加盟主意見紛歧時，總部的制度與策略較難以推動。以上敘述是在描述下列哪一個連鎖加盟型態的缺點？
(A)直營連鎖　　　　　　　(B)特許加盟
(C)委託加盟　　　　　　　(D)合作加盟。

( C )11. 關於自願加盟，下列敘述何者錯誤？
(A)各加盟店營運方式不完全相同
(B)各加盟店的制度不完全相同
(C)店面所有權歸總部所有
(D)決策管理權歸加盟者所有。

( B )12. 關於特許加盟，下列敘述何者錯誤？
(A)特許授權者提供商標、設備、經營技術等
(B)店面所有權與決策管理權皆歸總部所有
(C)各加盟店能充分發揮經營效率
(D)兼顧服務品質與拓點速度。

( C )13. 關於委託加盟，下列敘述何者正確？
(A)加盟者分配到的利潤較多
(B)由加盟者自行進貨
(C)店面所有權歸總部所有
(D)加盟者的開店成本相當高。

( D )14. 關於直營連鎖，下列敘述何者錯誤？
(A)店面所有權歸總部
(B)決策管理權歸總部
(C)容易建立連鎖企業的形象
(D)總部無須承擔各連鎖店的虧損。

( A )15. 將下列三種連鎖加盟型態依總部對分店控制力的大小排列，正確順序為何？
(A)特許加盟＞自願加盟＞合作加盟
(B)自願加盟＞特許加盟＞合作加盟
(C)合作加盟＞特許加盟＞自願加盟
(D)自願加盟＞合作加盟＞特許加盟。

## 5-2-3 連鎖企業的經營與管理

### 一、連鎖經營的3S原則　統測 102 103 108 109 111 114

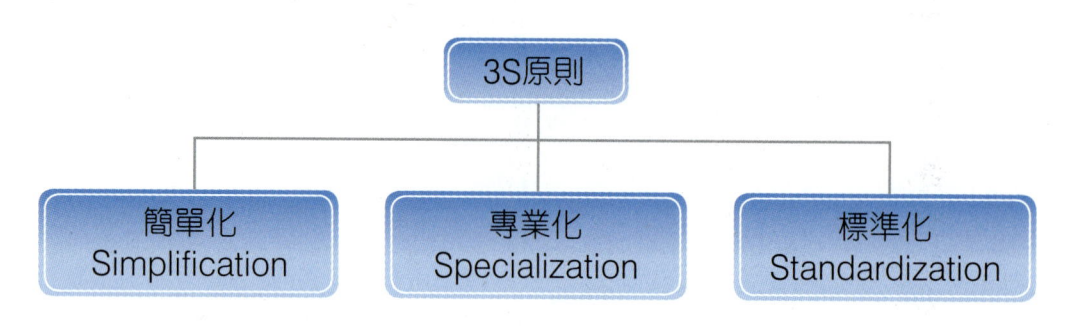

```
           3S原則
      ┌──────┼──────┐
   簡單化      專業化       標準化
Simplification Specialization Standardization
```

| 3S原則 | 說明 | 釋例 |
|---|---|---|
| 簡單化 | 工作化繁為簡<br>1. 作業內容簡單化：編製工作手冊，幫助員工依據手冊執行，於短時間內迅速上手<br>2. 作業程序簡單化：制定標準作業流程SOP、導入現代化管理系統，以簡化作業程序，提高作業效率 | 連鎖咖啡店編製工作指導手冊，要求新進員工參照學習 |
| 專業化 | 職能專業分工<br>1. 分工合作：總部負責統籌規劃與提供經營技術（know-how），連鎖店負責執行；雙方分工合作，共同提升競爭力<br>2. 各司其職：各職務均由該領域之專業人員負責，以發揮專長 | 連鎖咖啡店的內場人員負責製作餐點飲料，外場人員負責送餐收銀 |
| 標準化 | 工作標準一致<br>1. 企業形象標準化：建立企業識別系統CIS，透過一致性的招牌、裝潢、促銷、廣告、員工制服、服務流程等，展現連鎖企業的整體形象<br>2. 作業標準化：制定標準作業流程SOP、透過一致的連鎖管理制度，使各連鎖店均依標準程序執行，以提升營運效率 | • 連鎖咖啡店的制服穿著、服務流程、促銷活動皆依照總部規定<br>• 總部設立中央廚房，以確保原料品質及產品風味一致性 |

## 二、連鎖經營管理的範圍

| 範圍 | 說明 |
| --- | --- |
| 營業管理 | 1. 賣場管理：制定一致的賣場風格、購物動線、商品擺設等賣場規範<br>2. 商品管理：根據商品銷售資訊進行分析，擬訂合適的商品銷售組合<br>3. 工作流程管理：針對各項經營管理工作制定標準作業流程 |
| 行銷管理 | 以提升銷售量為目的，由總部規劃各項行銷活動（包含行銷商品的種類、價格、活動期間等），而後交由各連鎖店負責執行 |
| 採購管理 | 由總部統一訂購、大量進貨，以取得進貨折扣，達到採購規模經濟之效益 |
| 存貨管理 | 以控制合理存貨量為目的，由總部建立存貨管理作業程序，結合POS、EOS等管理系統，掌握各連鎖店的銷售與庫存情形，以適時進貨 |
| 人力資源管理 | 以人盡其才為目的，依據工作需求辦理人員甄選作業，並透過教育訓練使員工獲得工作上需要的技能，並讓各連鎖店的員工服務品質達到一致 |
| 顧客管理 | 以了解顧客需求為目的，由總部建立顧客資料庫（如顧客基本資料、購買偏好、使用意見等），以掌握市場需求、提供適合的商品與服務；同時透過顧客管理來妥善處理顧客抱怨、精進作業模式 |
| 財務管理 | 由總部制定財務管理作業方式，彙整各連鎖店的財務資訊，以利定期進行財務分析、了解整體經營績效 |
| 資訊管理 | 總部透過POS、EOS、EDI等資訊流系統，來彙整各連鎖店的銷售情形，以利分析營運狀況、調整經營決策、掌握市場動態 |

## 小試身手 5-2-3

( C )1. 下列何者不是連鎖企業營業管理的重點？
(A)工作流程管理　(B)商品管理　(C)進貨驗收　(D)賣場管理。

( B )2. 總部辦理新進員工訓練是屬於連鎖企業經營管理的哪一環？
(A)營業管理　(B)人力資源管理　(C)財務管理　(D)行銷管理。

( C )3. 各連鎖店的銷貨、進貨、退貨、存貨、及市場調查等工作流程，都設計標準化的程序及表單，並交由各連鎖店去執行。請問這是屬於連鎖企業的哪一項管理制度？
(A)賣場管理　(B)商品管理　(C)工作流程管理　(D)人力資源管理。

( A )4. 透過POS系統蒐集銷售資料，並統計何種商品為暢銷品，是屬於連鎖企業經營管理的哪一環？
(A)資訊管理　(B)財務管理　(C)營業管理　(D)顧客管理。

( B )5. 關於連鎖企業的營業管理，下列敘述何者錯誤？
(A)總部設計標準化的程序與表單，使各連鎖店的工作流程一致
(B)總部根據員工的喜好來決定商品組合
(C)連鎖店利用有限的賣場空間來做最有利的商品組合
(D)透過縝密的商品訂價策略來確保各連鎖店能獲得最大利益。
總部根據市場反應來決定商品組合。

( C )6. 關於存貨管理，下列敘述何者錯誤？
(A)總部可利用商品條碼來統計所配送的商品種類與數量
(B)總部應蒐集員工意見與客戶對商品的反應等資料，以決定存貨數量
(C)連鎖店怕發生缺貨情形，通常會縮小賣場空間，加大存貨空間
(D)利用物流中心協助商品配送，可增加存貨管理的效率。
應縮小存貨空間，加大賣場空間。

( D )7. 關於連鎖企業的人力資源管理，下列敘述何者錯誤？
(A)人員的徵選工作通常由總部執行
(B)總部分析工作性質與責任，作為徵選人才的依據
(C)定期考核員工工作表現以作為獎懲依據
(D)人力資源的工作包括工作分配、教育訓練、維持顧客忠誠度、與員工離職預防等工作。
維持顧客忠誠度是屬於顧客管理的一環。

( B )8. 關於連鎖企業的行銷管理，下列敘述何者錯誤？
(A)連鎖店需確實配合連鎖總部對行銷活動的規範
(B)連鎖店為節省成本，很少舉辦促銷活動
(C)超商常見的消費集點送活動，也屬於行銷管理的一環
(D)連鎖店促銷的商品種類、價格等，通常是由連鎖總部統一規劃。
連鎖店為了吸引顧客，經常舉辦促銷活動。

## 5-3 異業結盟

統測 103 104 105 106 107 108 109 110 111 113 114

### 5-3-1 異業結盟簡介

統測 105 107 113

#### 一、意義

又稱**異業結合**，是指**不同業種或業態**的企業進行合作，透過**資源互補**的方式共同提升競爭力，以期在合作期間達到共同的策略目標。

#### 二、特性

1. **以契約為合作基礎**：結盟雙方的合作是透過**訂定契約**來規範彼此的權利義務。
2. **合約具時效性**：契約通常會有起訖的時間，因此當合約到期時，合作關係即結束。
3. **資源具互補性**：結盟雙方互相運用對方的優勢資源，來補強自己的不足之處，透過**資源互補**的方式，提升雙方的競爭力。
4. **有共同目標**：結盟雙方主要是為了達到共同的**策略性目標**而進行結盟。

#### 三、優勢

統測 113

1. **創造綜效**：綜效是指「**1＋1＞2**」的效果，即結盟雙方合作後所創造的整體價值，會大於雙方個別創造價值之總和，藉以達到**雙贏**的目的。
2. **降低風險**：與個別企業自行投入資源相比，結盟雙方整合彼此的優勢資源朝共同目標邁進，可降低其風險。
3. **達到規模經濟**：結盟雙方藉由共同採購、共同生產等方式，可**降低進貨成本**、擴大營業利潤。
4. **提高進入障礙**：異業結盟可提升企業競爭力，以提高競爭者進入市場的難度。
5. **提升知名度**：結盟雙方可透過彼此的企業形象來相互提高知名度。

#### 四、成功關鍵

1. **協議明確**：異業結盟的協議應具體、明確、合理、有彈性。
2. **資源互補**：結盟雙方的資源應具有**互補性**，才能發揮綜效。
3. **具有共同目標**：異業結盟的合作目的，在於雙方必須朝**共同目標**邁進。
4. **組織文化一致**：結盟雙方的組織文化應具**相似性**或**一致性**，以降低認知上的差異。
5. **聯絡管道暢通**：結盟雙方應建立**暢通及時的溝通管道**。
6. **互信互助**：結盟雙方的合作應以**互信互助**為基礎。

## 5-3-2 異業結盟的型態

統測 103 104 105 106 108 109 110 111 112 114

| 型態 | 說明 | 實例 |
|---|---|---|
| 生產製造型結盟 | 是指以提高產製效能為目的，透過委託代工、統一採購、專利共用、聯合投資設廠等方式所進行的結盟 | 全聯與日本阪急（BAKERY）麵包進行異業結盟，共同合資設廠，生產平價現烤麵包 |
| 技術研究發展型結盟 | 是指以提高創新能力為目的，透過技術交換、技術移轉、共同研發等方式所進行的結盟 | 人工智慧（AI）晶片大廠輝達公司與鴻海集團異業結盟，共同研發可運用於智慧電動車的AI服務技術 |
| 行銷及售後服務型結盟 | 是指以提高銷售機會及提升品牌形象為目的，透過共同進行商品企劃與促銷活動、共同運用銷售通路、針對共同目標顧客群提供服務等方式所進行的結盟 | Uniqlo與Gogoro、鼎泰豐、大同等知名品牌進行異業結盟，共同推出聯名T恤。Uniqlo將各品牌的產品意象（如Gogoro車身、鼎泰豐小籠包、大同電鍋等）融入設計中，不僅能吸引消費者購買、亦可提升上述品牌的形象 |
| 人力資源型結盟 | 是指以培養專業人才為目的，透過共同培訓、建教合作、人才交流等方式所進行的結盟 | 王品餐飲集團與臺中科技大學進行異業結盟，透過建教合作的方式，讓該校學生至該企業實習，以培養專業餐飲人才 |
| 財務型結盟 | 是指以提升財務能力為目的，透過資金挹注等方式所進行的結盟 | 南紡集團與老爺酒店進行異業結盟，由南紡集團投入八千萬元資金，協助老爺酒店在台南興建五星級飯店 |
| 資訊型結盟 | 是指以取得顧客資訊及降低蒐集成本為目的，透過顧客情報交流等方式所進行的結盟；此結盟必須注意個資法的相關規定 | 國泰金控與蝦皮購物進行異業結盟，在有短期資金需求的蝦皮賣家同意下，國泰金控可取得賣家相關交易紀錄等資訊，以利快速提供貸款信用評比的服務 |
| 通路型結盟（流通型結盟） | 是指以提高物流效率為目的，透過與物流業者合作所進行的結盟 | 全聯與Uber Eats進行異業結盟，透過上述兩家外送平台，提供消費者線上選購、立即外送的服務 |

## 小試身手 5-3

( A )1. 企業以聯合採購或是聯合投資設廠的方式結盟,是屬於何種類型的異業結盟?
(A)生產製造型結盟
(B)技術研究發展型結盟
(C)行銷及售後服務型結盟
(D)財務型結盟。

( D )2. 下列何者不屬於連鎖企業的異業結盟?
(A)DHL國際快遞公司利用統一超商代收國際快遞文件
(B)泰利連鎖乾洗店代售家樂福自製月餅
(C)曼都髮型設計與住商不動產交換顧客名單
(D)全家便利商店銷售礦泉水。

( B )3. 有關異業結盟,下列敘述何者錯誤?
(A)結盟後容易產生綜效
(B)無須考量對方的背景即可結盟
(C)與知名企業結盟容易提高本身企業的知名度
(D)藉由資源互補可為消費者提供多樣化的服務。
須考量對方的背景才可考慮結盟,否則風險較大。

( D )4. 異業結盟較易成功的關鍵因素不包括下列何者?
(A)結盟夥伴間應具有相似或一致的組織文化
(B)企業需具備完善的結盟組織,且職掌該組織的人員須有良好的溝通能力與領導能力
(C)結盟夥伴間應具有互補資源
(D)結盟夥伴應各自為政,各謀其利。

( D )5. 異業結盟的特性,不包括下列何項?
(A)策略性的合作目標　　　　(B)相互交換的資源具有互補性質
(C)以契約方式合作　　　　　(D)永續性的結盟。

( B )6. 學校與企業一起共同進行產學合作或建教合作,讓學生至企業實習,請問是屬於何種異業結盟的形式?
(A)生產製造型結盟　　　　　(B)人力資源型結盟
(C)行銷及售後服務型結盟　　(D)資訊型結盟。

( B )7. 消費者於平日使用星展銀行信用卡購買華納威秀電影票,可享最低6折優惠,這是屬於何種異業結盟方式?
(A)財務型結盟　　　　　　　(B)行銷及售後服務型結盟
(C)生產製造型結盟　　　　　(D)資訊型結盟。

# 5-4 微型企業的經營

## 5-4-1 微型企業概述

### 一、簡介

| 項目 | 說明 |
|---|---|
| 定義 | 我國以及各國際組織對於微型企業，有以下兩種不同的定義：<br>1. 員工人數（不含負責人）未滿5人之企業：我國經濟部、亞太經濟合作會議（APEC）<br>2. 員工人數在10人以下之企業：經濟合作發展組織（OECD）、歐洲聯盟（EU）、國際勞工組織（ILO） |
| 特色 | 1. 組織規模小：員工人數少，可快速傳達命令、整合內部資源<br>2. 員工相互支援性強：一人兼任數職，員工之間可相互支援<br>3. 經營彈性大：保有靈活應變的經營彈性，應變機動性高 |
| 常見型態 | 1. 自營店：投入小額資本自行開設實體商店（如：小吃店、飲料店等）<br>2. 網路商店：利用網路商店平台（如蝦皮商城等）開設網路商店<br>3. 個人工作室：即以SOHO族的方式來創業<br>4. 加盟店：透過加盟連鎖體系的方式來創業 |

### 二、我國政府對微型企業的輔導

我國政府推出多項輔導（或貸款）方案，來幫助微型企業發展；舉例說明如下：

| 推出年份 | 2009年 | 2012年 | 2014年 | 2018年 |
|---|---|---|---|---|
| 項目 | 微型創業鳳凰貸款 | 企業小頭家貸款 | 青年創業及啟動金貸款 | 創業天使投資方案 |
| 推動單位 | 勞動部 | 經濟部中小及新創企業署 | 經濟部中小及新創企業署 | 國家發展委員會 |
| 目的 | 協助成年女性、中高齡國民及離島居民創業 | 促進小規模事業發展 | 協助青年創業 | 協助新創企業發展 |
| 適用對象 | • 未滿45歲之成年女性<br>• 年滿45歲至65歲者<br>• 65歲以下，且設籍於離島之成年人 | 員工人數10人以下之營利事業 | 18～45歲國民 | 成立未滿5年且實收資本額（或過往累計實際募資金額）不超過1億元之新創企業 |
| 最高額度 | 200萬元（政府提供貸款） | 500萬元（政府提供貸款） | 1,800萬元（政府提供貸款） | 2,000萬元（政府進行投資） |

## 5-4-2 微型企業的籌設

### 一、創業評估階段的工作

| 項目 | 說明 |
| --- | --- |
| 評估是否適合創業 | 創業前須先評估**創業條件**（如資金、知識、技術、問題解決能力、抗壓性等）是否足夠，並可藉由性向測驗來了解自己是否適合創業 |
| 評估投入行業類別 | 以個人專長、興趣、工作經驗等來選擇未來要創立的行業；台灣目前創設微型企業的行業以**小吃餐飲業**、**零售服務業**較多 |
| 評估創業模式 | 根據自身能力來評估創業的模式，例如獨資或合夥、開設網路商店或個人工作室等 |

### 二、創業準備階段的工作

| 項目 | 說明 |
| --- | --- |
| 研擬創業計畫書 | 藉由擬訂創業計畫書來**檢視創業構想**是否詳盡；同時可藉由計畫書來**申請貸款**、**尋找合作夥伴**。創業計畫書通常包含以下項目：<br>1. **摘要**：如創業動機、目標等<br>2. **基本資料**：如創業內容、未來發展等<br>3. **市場分析**：如競爭對手分析、風險評估、目標客群等<br>4. **經營模式**：如行銷策略、開店模式、開店地點等<br>5. **財務預估**：如資金分配、營收預估等<br>6. **總結／附錄**：對可行性進行總結，並檢附相關資料 |
| 籌措創業資金 | 常見的創業資金來源包括：創業者的自有資金、政府或銀行貸款、合夥人投資等 |
| 選擇開店地點 | 開店地點的選擇，應考量店鋪租金、客流量、周邊競爭者家數等 |
| 選擇目標客群 | 可從**開店地點**判斷當地的主要消費族群，並了解其消費能力、習慣與偏好 |

### 知識充電　籌措資金新管道－群眾募資

**群眾募資**（簡稱**眾籌**）是指透過募資平台**向大眾募集資金**的方式。創業者可在該平台上說明自己的創業計畫，向有興趣的群眾募資，以達成創業目標。常見的群眾募資平台包括 flyingV、嘖嘖等。群眾募資的方式包括：

- 出資者提供資金以**優先獲得產品**
- 出資者以借款方式提供資金以**賺取利息**
- 出資者提供資金以**取得股權**
- 出資者**直接捐贈**資金協助創業者創業

## 三、創業營運階段的工作

| 項目 | 說明 |
|---|---|
| 店務管理 | 包括進貨、銷貨、存貨、與環境維護等日常作業的處理 |
| 人員管理 | 透過工作分析掌握人力的需求、建立完善的人事制度（如獎金制度、員工福利等）來吸引人才，以降低員工的流動率 |
| 行銷活動 | 利用有限的資金來行銷與推廣，例如透過網路進行傳播、善用媒體報導、舉辦小型促銷活動等 |
| 財務控管 | 先妥當規劃並隨時掌握各項收支進出、借貸還款情況、週轉金的準備等事項 |
| 創新研發 | 掌握消費脈動，不斷推陳出新，提供具有特色的產品與服務 |

### 小試身手 5-4

( C )1. 根據我國經濟部對微型企業的認定，微型企業是指員工數（不含負責人）未滿幾人的企業？
(A)3人 (B)4人 (C)5人 (D)6人。

( D )2. 下列何者屬於微型企業的特色？
(A)組織規模可以大也可以小
(B)員工各司其職，多獨立作業
(C)老闆管理的事情太多，經營彈性較小
(D)內部訊息溝通迅速。

( B )3. 為了幫助微型企業發展，我國提供青年創業及啟動金貸款方案，以協助青年實現創業夢想，請問此貸款提供最高多少新台幣的貸款額度？
(A)200萬元
(B)1,800萬元
(C)2,000萬元
(D)1,200萬元。

( A )4. 下列何者不屬於創業評估階段的工作？
(A)研擬創業計畫書
(B)評估是否適合創業
(C)評估所要投入的行業類別
(D)評估創業模式。

# 滿分練習

## 5-1 傳統商店的經營

( A )1. 在傳統商店買到過期食品的機率比在超級市場大得多，這主要是因為傳統商店
(A)存貨管理不良　(B)促銷活動不足　(C)商品標價不明　(D)進貨成本偏高。
傳統商店的庫存環境不良，多未重視存貨管理。

( D )2. 傳統商店沒有利用電腦會計軟體處理帳務事宜，也沒有使用POS系統處理銷貨與存貨資料。傳統商店缺乏現代化設備的主要原因為何？
(A)存貨管理不良　(B)商品標價不明　(C)促銷活動不足　(D)經營規模不大。
傳統商店大多由家庭成員出資成立，經營規模不大，較無充裕資金可購買現代化設備。

( A )3. 相較於物流中心等批發業態，傳統批發商進貨時對供應商議價能力不大，其主要理由為何？
(A)進貨數量太少
(B)傳統批發商被人輕視
(C)缺乏有利關係或管道
(D)傳統批發商經營者口才不好。

( C )4. 有關傳統商店與現代連鎖便利商店的敘述，下列何者有誤？
(A)在物資缺乏時代，傳統商店是最主要的經營型態
(B)傳統商店以小本生意經營，議價空間較小
(C)現代連鎖便利商店平均進貨成本較低，給消費者的議價空間較大
(D)傳統商店的老闆是以個人經驗來經營，與現今便利商店的電腦化大不相同。
現今連鎖便利商店平均進貨成本雖然較低，但售價採取的是不二價，沒有議價的空間。

( D )5. 下列關於傳統商店的敘述，何者正確？
(A)傳統商店的購物空間較便利商店明亮舒適
(B)傳統商店的商品種類較量販店多
(C)傳統商店的經營策略規劃較統一超商完善
(D)傳統商店的商品通常較百貨公司的商品便宜。
A：傳統商店的購物空間通常較為昏暗擁塞。
B：傳統商店的商品種類通常為少樣少量。
C：傳統商店通常由自家人經營，較無完善的經營策略。

( B )6. 面臨新興業態的威脅，下列何者不是傳統商店的因應之道？
(A)改善店內購物環境
(B)開源節流，將促銷活動的經費節省下來
(C)利用聯合採購中心降低進貨成本
(D)提供顧客退換貨服務。
店主應提撥經費來做促銷，以增加顧客的來店率與購買慾。

( D )7. 下列何者不是傳統商店購物環境不佳的現象？
(A)商品任意堆放在地上
(B)照明設備不足，燈光昏暗
(C)走道狹小，購物空間狹窄
(D)普遍裝設空調設備及電腦連線的收銀機。

( C )8. 下列何者不是傳統商店經營的特色？
(A)與左右鄰居互動頻繁　　　(B)缺乏求新求變的經營理念
(C)缺乏經營的自主權　　　　(D)資本額較小。
傳統商店擁有完全的經營自主權。

( C )9. 下列何者不是造成傳統商店經營危機的因素？
(A)缺乏經營管理的技術與知識
(B)缺乏專業人才與現代化設施
(C)無法提供商品宅配
(D)無法享受來自規模經濟所帶來的效益。
若商店與顧客的住家近，部分傳統商店仍會提供送貨到府的服務。

( D )10. 下列哪一項並不是傳統商店的特性？
(A)經營規模較小
(B)進貨效率不佳
(C)促銷活動不足
(D)商品周轉率高。

## 5-2　連鎖企業

( A )11. 哪一事件的發生使我國連鎖企業正式進入國際連鎖階段？
(A)1979年統一超商引進美國南方公司的連鎖經營技術
(B)1984年麥當勞來台開設第一家分店
(C)1991年我國連鎖暨加盟協會成立
(D)天仁茗茶發展成連鎖企業。
B：麥當勞來台正式進入連鎖企業多元發展階段。
C：我國連鎖暨加盟協會成立，正式進入整合連鎖階段。
D：天仁茗茶發展成連鎖企業屬於本土經營階段。

( C )12. 下列何者不是委託加盟的特色？
(A)小額資金也能創業　　　　(B)總部分配較多利潤
(C)加盟者擁有經營自主權　　(D)總部負責一切開店事宜。
委託加盟者無經營自主權。

( D )13. 何者不是自願加盟的優點？
(A)拓點速度快　　　　　　　(B)經營自主彈性較大
(C)總部經營風險低　　　　　(D)容易建立連鎖形象。
自願加盟的加盟者自主性高，各店差異性大，不易建立一致形象。

( D )14. 何者不是直營連鎖的特色？
(A)貫徹總部政策　　　　　　(B)經營風險較高
(C)人才留任不易　　　　　　(D)拓點速度迅速。
直營連鎖的拓店速度需視總部的資金數量而定。

( C )15. 各連鎖店的銷貨、進貨、退貨、存貨，及市場調查等工作流程，都設計有標準化的程序及表單，並交由各連鎖店去執行。請問這是屬於連鎖企業的哪一項管理制度？
(A)賣場管理　(B)商品管理　(C)工作流程管理　(D)人力資源管理。

( A )16. 設計標準化程序並由各連鎖店予以執行，是屬於連鎖企業經營管理的哪一環？
(A)營業管理　(B)行銷管理　(C)資訊管理　(D)人力資源管理。

( B )17. 連鎖企業的財務管理不包含哪一項目？
(A)現金管理　(B)工作的分派與績效考核　(C)經營績效管理　(D)營收管理。

( C )18. 下列何者不是連鎖企業經營的3S原則？
(A)標準化　(B)專業化　(C)多元化　(D)簡單化。
連鎖企業經營的3S原則是：簡單化、專業化、標準化。

( C )19. 有關特許加盟與自願加盟之店面所有權及決策管理權的歸屬情形，下列何者正確？
(A)特許加盟與自願加盟之加盟者皆擁有店面所有權及決策管理權
(B)只有特許加盟的加盟者擁有獨立的店面所有權與決策管理權
(C)只有自願加盟的加盟者擁有獨立的店面所有權及決策管理權
(D)兩種加盟方式的加盟者都沒有獨立的店面所有權及決策管理權。
特許加盟的加盟者擁有店面所有權，而無決策管理權。

( B )20. 特許加盟的缺點為何？
(A)各加盟店無法充分發揮效率
(B)特許加盟店的經營者可能只享權利不盡義務
(C)無法兼顧服務品質與拓點速度
(D)各加盟店的管理制度不同。
特許加盟店的經營者為了擁有更多的收益，常常會隱藏實際的銷售金額，以減少應支付加盟總部的各項費用。

( A )21. 就委託加盟與特許加盟而言，下列敘述何者正確？
(A)二者皆聽令於總部
(B)二者的加盟者皆有經營自主權
(C)二者的加盟者皆負擔較多費用出資開店
(D)二者皆為總部獲取較多利潤。
B：二者皆無經營自主權。
C：特許加盟的加盟者負擔較多費用，委託加盟的總部負擔較多費用。
D：特許加盟的加盟者享有較多利潤。

( A )22. 關於連鎖企業的經營管理，下列敘述何者正確？
(A)選擇自製或外購商品應先考慮商品品質的優劣
(B)連鎖企業可依據業主私人的判斷來做存貨控制
(C)加盟店要塑造自己的特色，所以店面裝潢與上架商品的種類要創新，無需遵照加盟總部規範
(D)為節省人事成本，人員教育訓練能免則免。
B：依據市場反應並利用現代化設備來做存貨控制。
C：需依照總部的規範。
D：實施員工教育訓練，可提高連鎖企業的營運績效，是人力資源管理重要的一環。

( C )23. 下列有關連鎖經營的優勢，何者錯誤？
(A)總部可大量採購以降低成本
(B)連鎖品牌易為消費者所認同
(C)連鎖店分散各地，經營成功的機率因此降低，企業風險增加
(D)提供的商品品質較為一致。

( D )24. 凡同時在各地開設許多商店，銷售同樣貨物，而受總店管理，且採用同一經營政策者，稱為
(A)郵購商店　　　　　　　　(B)百貨公司
(C)超級市場　　　　　　　　(D)連鎖企業。

( B )25. 將企業的個性或特色，透過行為、商標、符號、色彩、圖案等之規劃設計，傳達給外界知悉，使外界產生固定印象，稱為：
(A)公共關係　　　　　　　　(B)企業識別
(C)企業文化　　　　　　　　(D)企業形象。
連鎖企業設計企業識別系統（CIS），以建立一致性的品牌形象。

( A )26. 由批發商或總部發起，並由零售商自由選擇加入，各零售商可獨立經營，但需以契約明定總部與各加盟店的權利義務，以建立形象類似的商店為：
(A)自願加盟　　　　　　　　(B)合作加盟
(C)委託加盟　　　　　　　　(D)特許加盟。

( C )27. 下列哪一種連鎖經營型態的加盟主，其自主決策權最大？
(A)直營連鎖
(B)委託加盟
(C)自願加盟
(D)特許加盟。
直營連鎖、委託加盟、特許加盟：加盟者皆須依總部指示經營，決策管理權歸總部所有。

( A )28. 由總公司直接經營、投資的連鎖店型態是
(A)直營連鎖
(B)自願連鎖
(C)加盟連鎖
(D)委託加盟。

## CH5 連鎖企業及微型企業創業經營

( A )29. 就自願加盟、特許加盟及委託加盟相較,下列哪一項是特許加盟的特色?
(A)決策管理權為總公司所有,但店面為加盟者所有
(B)多半不需繳付加盟金及權利金
(C)加盟者與總公司來往只有貨源關係
(D)總公司不提供營業保證額。

B:需繳付加盟金及權利金。
C:除貨源外,總部還會提供商標、作業規範及各項經營技術給加盟者。
D:總公司對特許加盟、委託加盟者,通常會提供營業保證額;對自願加盟者,則不提供營業保證額。

( B )30. 加盟店的資本及所有權可保持獨立,但總部擁有決策管理權,在透過總部完備的支援下,可大幅提高競爭能力,此種加盟型態為
(A)自願加盟　　　　　　　　(B)特許加盟
(C)直營連鎖　　　　　　　　(D)委託加盟。

( A )31. 總部設計標準化之工作流程管理、賣場管理及商品管理等制度供各連鎖店執行,是屬於連鎖企業經營管理的哪一項管理?
(A)營業管理　　　　　　　　(B)採購管理
(C)行銷管理　　　　　　　　(D)資訊管理。

連鎖企業的營業管理項目,包括工作流程管理、賣場管理與商品管理。

( A )32. 授權者提供一套完整的經營管理制度及經過市場考驗過的優良產品或服務,加盟者則支付加盟金給授權者並簽訂合作契約,然後全盤接受授權者之經營指導與訓練,這是指哪一種加盟方式?
(A)特許(授權)加盟(Franchise Chain 1)
(B)連鎖性消費合作社
(C)自願加盟(Voluntary Chain)
(D)直營連鎖(Regular Chain)。

( D )33. 下列何者是由零售商共同發起,出資整合而成的連鎖加盟型態?
(A)委託加盟　　　　　　　　(B)自願加盟
(C)特許加盟　　　　　　　　(D)合作加盟。

( A )34. 關於連鎖加盟組織的類型,下列敘述何者有誤?
(A)合作加盟係指由性質不同的廠商結合而成的連鎖店
(B)特許加盟係指由總部傳授連鎖加盟店的管理與技術
(C)自願加盟係指連鎖加盟店各自獨立經營,而且和總部的地位平等
(D)直營連鎖係指由總部直接管理連鎖店。

合作加盟係指由性質「相同」之現有廠商結合而成的連鎖組織。

( B )35. 哪一類連鎖加盟組織在價格訂定上,加盟店主最具有自主權?
(A)特許加盟　　　　　　　　(B)自願加盟
(C)直營連鎖　　　　　　　　(D)委託加盟。

自願加盟者可自由決定商品價格,加盟者最具有自主權。

( B )36. 下列有關連鎖企業之敘述，何者正確？
(A)對自願加盟店而言，連鎖總部負責盈虧，加盟者的風險小
(B)除了直營連鎖之外，其他類型的連鎖店經營者或多或少可享有營業利潤
(C)各委託加盟店之加盟者皆擁有該店全部的決策管理權
(D)各特許加盟店必須自訂各項促銷活動，連鎖總部則提供輔導服務。
A：自願加盟是由加盟者負擔所有的盈虧，「總部」的經營風險較小。
C：委託加盟的決策管理權為「總部」所有。
D：特許加盟的促銷活動是由「總部」負責統一訂定。

( B )37. 由性質相同的獨立商店相結合，並投資設立中央管理機構，負責採購與促銷等活動的連鎖體系，是屬於下列何種連鎖類型？
(A)直營連鎖　(B)合作加盟　(C)特許加盟　(D)委託加盟。

( C )38. 一般來說，營運利潤完全歸屬於連鎖總部的是哪一種經營方式？
(A)特許加盟　(B)自願加盟　(C)直營連鎖　(D)合作加盟。
直營連鎖是由總部直接投資經營，利潤全歸總部所有。

( B )39. 小東雞排連鎖總部為使加盟店炸出的雞排品質一致，詳細規定了炸雞排時所需要的火候、時間、步驟與操作方法，此乃經營管理上所強調之：
(A)多角化　(B)標準化　(C)專業化　(D)簡單化。
每件工作都有標準的行事規則，為經營管理上所強調的「標準化」。

( B )40. 下列哪一種連鎖加盟經營型態的總公司擁有最高之經營控制權？
(A)委託加盟　(B)直營連鎖　(C)特許加盟　(D)自願加盟。

( C )41. 下列何者不是直營連鎖企業的經營本質？
(A)經營理念一致
(B)具相同的企業識別系統（CIS）
(C)分支店具獨立自主權
(D)商品服務一致。
在直營連鎖體系下，總部具有完全的控制力，分支店完全沒有獨立自主權。

( B )42. 哪一類連鎖加盟組織在價格訂定上，加盟店主最具有自主權？
(A)特許加盟　(B)自願加盟　(C)直營連鎖　(D)委託加盟。

( D )43. 分支機構的店面由總公司提供，再由內部創業員工負責經營的連鎖形態組織稱為：
(A)自願加盟　(B)直營連鎖　(C)特許加盟　(D)委託加盟。

( D )44. 下列何者不是連鎖經營須具備的要件？
(A)要有相同的經營理念　　　　(B)經營管理制度要一致
(C)企業識別系統要一致　　　　(D)商品服務各店可以發展特色。

( B )45. 甲商店準備加盟，加盟條件為甲商店需自備店面，但其供貨來源總部不進行限制，請問此屬於何種加盟型態？
(A)委託加盟　(B)自願加盟　(C)特許加盟　(D)直營連鎖。

( B )46. 下列何者不是委託加盟的特色？
(A)無須自行出資裝潢店面　　　　(B)不須支付加盟金與權利金
(C)總部的分店營業利潤分配較多　　(D)總部可直接由內部選店長。

( B )47. 連鎖咖啡店透過專業分工，採購部門負責進貨，物流部門則負責運輸及配送等，此一做法最符合連鎖經營3S原則中的那一項？
(A)簡單化　(B)專業化　(C)標準化　(D)制度化。

( A )48. 下列哪一種連鎖方式的總部對其分店的控制力最大？
(A)委託加盟　(B)特許加盟　(C)自願加盟　(D)合作加盟。

( D )49. 有關特許加盟與委託加盟之連鎖經營的敘述，下列何者錯誤？
(A)特許加盟與委託加盟之總部擁有決策管理權
(B)特許加盟與委託加盟之加盟者需負擔人事、管銷費用
(C)特許加盟與委託加盟共享營業利潤
(D)特許加盟與委託加盟之總部擁有店面所有權。

( D )50. 下列何者不是自願加盟的優點？
(A)擴展店面速度較快　　　　(B)總部經營風險較低
(C)分店自主性強　　　　　　(D)總部提供營業保證額。

( A )51. 店面所有權與決策管理權歸「總部」所有，是指連鎖組織的哪一類型？
(A)委託加盟　(B)特許加盟　(C)合作加盟　(D)自願加盟。

( C )52. 連鎖企業藉由「會員卡」來建立顧客資料庫，了解顧客的需求，這是屬於連鎖企業經營管理的哪一環？
(A)行銷管理　(B)人力資源管理　(C)顧客管理　(D)營業管理。

( B )53. 關於委託加盟的敘述，何者不正確？
(A)總部拓點時需負擔較多費用
(B)加盟者不必遵從總部的政策
(C)可提振員工士氣
(D)分店營業利潤「兩者共享」，但加盟者分配的利潤較少。

( B )54. 關於直營連鎖的敘述，下列何者不正確？
(A)總部享有百分之百的營業利潤
(B)展店速度快
(C)容易建立連鎖形象
(D)決策管理權歸總部所有。

( B )55. 「咖啡廳員工每天需接受一小時的教育訓練，因而擁有豐富的咖啡知識，可以向顧客詳細解說每一種咖啡的產品特性」，這是連鎖經營3S的哪一個原則？
(A)簡單化　(B)專業化　(C)制度化　(D)標準化。

( B )56. 決策管理權屬於「加盟者」，是屬於哪種連鎖組織類型？
(A)委託加盟　(B)自願加盟　(C)特許加盟　(D)直營連鎖。

( D )57. 連鎖經營中決定商品陳列的安排,是屬於連鎖企業經營管理的哪一環?
(A)工作流程管理　(B)存貨管理　(C)商品管理　(D)賣場管理。

( C )58. 某咖啡廳由加盟者出資開設分店,店面所有權屬加盟者,但決策管理權責屬總部,而且營業利潤雙方共享。請問此連鎖組織型態屬於哪一種類型?
(A)直營連鎖　(B)自願加盟　(C)特許加盟　(D)委託加盟。

( A )59. 下列何者不屬於連鎖經營管理的範圍?
(A)科技管理　(B)人力資源管理　(C)賣場管理　(D)顧客管理。

( B )60. 連鎖經營中決定商品需求的決定、自有品牌的決定,自製或外購的決定等,是屬於連鎖經營管理的哪一範圍?
(A)營業管理　(B)採購管理　(C)存貨管理　(D)行銷管理。

( C )61. 加盟店在何種連鎖加盟類型上,享有較高的獲利空間?
(A)授權加盟　(B)委託加盟　(C)自願加盟　(D)直營連鎖。

( A )62. 在麥當勞點餐時,其服務人員接待方式會詢問「內用或外帶」,請問這是連鎖經營的何種原則?
(A)標準化原則　(B)簡單化原則　(C)專業化原則　(D)多元化原則。

▲ 第63～70題請依據各種連鎖組織的特性敘述,填寫適合的答案。
①直營連鎖　②委託加盟　③自願加盟　④特許加盟

( C )63. 加盟者擁有店面所有權:
(A)②③④　(B)①③④　(C)③④　(D)②④。

( C )64. 加盟主需自費購入生財設備:
(A)②③④　(B)①③④　(C)③　(D)②④。

( C )65. 展店速度較快:
(A)①②③　(B)②③　(C)③④　(D)①②。

( D )66. 連鎖店的營業利潤,分配給總部的比例較高於分配給連鎖店的比例:
(A)①④　(B)①③④　(C)①②④　(D)①②。

( A )67. 連鎖店有完全的經營自主權:
(A)③　(B)①　(C)④　(D)②③。

( C )68. 總部有管理決策權:
(A)①②③④　(B)①③④　(C)①②④　(D)②③④。

( B )69. 總部的經營風險最高:
(A)③　(B)①　(C)④　(D)②。

( C )70. 連鎖店需負擔人事費用及管銷費用:
(A)①②④　(B)③④　(C)②③④　(D)②④。

( D )71. 由於設立大型連鎖量販店需要投入龐大的資金，因此家樂福量販店的分店皆由總部投資設立，由此可知家樂福量販店的連鎖加盟型態是屬於
(A)自願加盟 (B)特許加盟 (C)合作加盟 (D)直營連鎖。

( B )72. 歇腳亭餐飲連鎖公司設立顧客申訴專線，妥善處理顧客的報怨；以上的敘述與下列哪一項連鎖企業之經營管理項目有關？
(A)存貨管理 (B)顧客管理 (C)採購管理 (D)財務管理。

( A )73. 麥當勞的連鎖店遍佈全球，所有連鎖店的員工在煎漢堡的牛肉時，每20秒就要翻面一次，此種工作程序屬於連鎖體系之
(A)工作流程管理 (B)存貨管理 (C)資訊管理 (D)人力資源管理。

( B )74. 承上題，麥當勞所有連鎖店的員工在煎漢堡的牛肉時，每20秒就要翻面一次，此符合下列哪一項連鎖經營原則？
(A)簡單化 (B)標準化 (C)專業化 (D)規格化。

( D )75. 有關連鎖企業的經營與管理原則，下列敘述何者正確？
(甲)編製作業操作手冊，屬於專業化原則
(乙)將工作流程化繁為簡，屬於簡單化原則
(丙)每個特定工作項目由專人負責，為簡單化原則
(丁)商店外觀一致、員工穿制服，為標準化原則
(A)甲乙 (B)乙丙 (C)甲丙 (D)乙丁。

## 5-3 異業結盟

( B )76. 丹丹漢堡集點送墾丁渡假村折價券，以提昇雙方業績的作法，這是哪一種結盟的方式？ (A)委託結盟 (B)異業結盟 (C)同業結盟 (D)分散經營風險。

( B )77. 下列何者不是異業結盟的特色？
(A)可刺激消費者的購買慾望
(B)廠商合作不具時效性，時間愈久，賺的愈多
(C)享受結盟者的銷售通路
(D)降低行銷成本。

( A )78. 某家連鎖加油站與汽車保養廠結盟，消費者只要在該加油站加滿十次油，無論是哪一種廠牌的汽車，皆可至結盟的汽車保養場免費保養車體乙次；這是屬於哪一種結盟型態？
(A)行銷及售後服務型結盟 (B)人力資源型結盟
(C)技術研究發展型結盟 (D)生產製造型結盟。

( B )79. 下列選項何者不屬於企業間結盟較易成功的關鍵因素？
(A)結盟夥伴間須有互補資源
(B)結盟夥伴間須有互補的組織文化
(C)結盟協議應合理明確且具有相當的彈性
(D)結盟夥伴間應有適當的溝通管道。
結盟夥伴之間須有「相似或一致」的組織文化。

( B )80. 統一超商、全家便利商店等超商業者,皆有代收電信業者電話費的業務。此一業務屬於
(A)同業聯盟　(B)異業聯盟
(C)特許加盟　(D)連鎖加盟。

( C )81. 某校流通管理科與麥當勞進行建教合作,學生在二年級下學期至麥當勞全職實習半年,此種合作方式屬於哪種結盟類型?
(A)流通型結盟　(B)生產製造型結盟
(C)人力資源型結盟　(D)行銷及售後服務型結盟。

( C )82. 企業可透過企業間的合作,創造雙贏,提升競爭力,下列有關不同的行業間的結盟特性,何者錯誤?
(A)結盟雙方的合作方式是以訂定契約的方式來規範彼此的權利與義務
(B)結盟的雙方可以進行資源互補的有效利用
(C)結盟的雙方一定會共同出資進行合作
(D)結盟的雙方具有共同的合作目標。

( A )83. 旅館業者提供獎學金及實習機會給高中職學校的學生,此屬於何種異業結盟的方式?
(A)人力資源型結盟　(B)技術研究發展型結盟
(C)行銷及售後服務結盟　(D)生產製造結盟。

( B )84. 關於異業結盟的優勢,下列何者不正確?
(A)可創造綜效　(B)降低彼此的知名度
(C)增加競爭者的障礙　(D)降低風險。

( D )85. 在便利商店消費用LINE Pay結帳可享有點數回饋,這是屬於何種異業結盟方式?
(A)財務型結盟　(B)生產製造型結盟
(C)資訊型結盟　(D)行銷及售後服務型結盟。

( B )86. 汽車產業與LED燈具公司共同開發新型省電車用燈泡,請問是屬於何種異業結盟的類型?
(A)生產製造型結盟　(B)技術研究發展型結盟
(C)通路型結盟　(D)人力資源型結盟。

( D )87. 下列哪項不是異業結盟的目的?
(A)利用彼此資源、達到互補效果
(B)共同開創市場、創造雙贏
(C)明定雙方合作之目標
(D)強化企業本身優點、獨佔既有市場。

( B )88. 便利商店與臺鐵合作推出聯名鮮食,以經典滷排骨為主題,開發製成多樣化的餐點,橫跨早餐、主餐、輕食3種餐別。屬於下列何種合作型式?
(A)同業結盟　(B)異業結盟　(C)連鎖加盟　(D)委託加盟。

## 5-4　微型企業的經營

( B )89. 根據經濟部中小及新創企業署所定義的微型創業員工人數是指未滿幾人？
(A)2人　　　　　　　　　　(B)5人
(C)8人　　　　　　　　　　(D)12人。

( A )90. 下列哪一項不是微型企業的特點？
(A)風險很小，隨時可創業　　(B)內部溝通迅速
(C)工作互補性大　　　　　　(D)經營彈性較大。

( C )91. 小安因厭倦工程師朝九晚九的工作時間，決定離職自行創業。他選擇在家承接其他企業的網頁設計案來賺取薪水，請問這是屬於哪一種微型企業的經營型態？
(A)網路商店　(B)自營店　(C)個人工作室　(D)便利商店。

( A )92. 下列有關微型企業創業營運階段工作的敘述，下列何者正確？
(A)微型企業可多利用網路媒介進行宣傳
(B)微型企業的店務管理十分複雜，需要大量人力才能管控
(C)由於政府提供多樣的貸款方案，所以微型企業對於資金不需妥善規劃
(D)由於微型企業人手不足，因此不需建立完善的人事制度。

( D )93. 關於微型創業準備階段的工作，下列何者不正確？
(A)可嘗試向政府或銀行申請創業貸款
(B)進行市場分析，鎖定目標消費族群
(C)慎選開業地點，進行客流量評估
(D)評估創業模式。

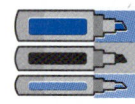

## 情境素養題

( B )1. 為因應全球運籌競爭之壓力，某工業區內的五金加工製造業者，在政府輔導下共同集資成立LL國際行銷公司，統籌處理接單、採購及廣告促銷活動，此種加盟方式屬於：
(A)委託加盟　(B)合作加盟　(C)特許加盟　(D)一般加盟。 [5-2]
現有五金加工製造業者共同集資成立總部，負責統籌處理接單、採購與促銷活動等事宜，是採「合作加盟」模式。

( D )2. 在過去，統一超商所有的連鎖店都是由總部自行出資設立，拓展至500家分店時，統一超商將部分直營門市釋出，讓內部員工加盟。試由以上敘述判斷統一超商在成立初期，分別採用哪幾種連鎖加盟型態來設立分店？
①直營連鎖　②自願加盟　③特許加盟　④委託加盟
(A)①②④　(B)①②　(C)①③　(D)①④。 [5-2]
①所有連鎖店皆由總部自行出資成立：直營連鎖。
④將部分直營門市釋出讓員工加盟：委託加盟。

( A )3. 連鎖餐飲企業為了維持經營品質的一致性，在總部設立中央廚房生產產品，再將產品配送至各加盟店，這是連鎖經營3S的哪一個原則？
(A)標準化　(B)專業化　(C)制度化　(D)簡單化。 [5-2]

( A )4. 某飲品加盟主聯合召開記者會，抗議自加盟總部所採購的飲品原料價格太高，但因合約限制，無法對外自行採購原料。依此推斷，該加盟體系最有可能屬於下列何種類型？
(A)委託加盟　　　　　　　　(B)自願加盟
(C)合作加盟　　　　　　　　(D)直營連鎖。 [5-2][104統測]
自願加盟之原料，原則上由總部進貨，但加盟者也可自行採購。
合作加盟的各加盟店與總部維持一種類似股東的關係，雖可利用集體大量採購來獲得議價優勢，但各店皆擁有決策管理權。
連鎖組織的類型可分為「直營連鎖」及「加盟連鎖」兩種，其中，「直營連鎖」係由總部直接投資經營，各店與總部並非「加盟」關係。

( A )5. 伯凱是一家咖啡店的店長，將店舖經營的有聲有色，但店面所有權、決策管理權、利潤皆歸總部所有。後來總部與伯凱協商改變連鎖方式，在支付一定費用之下，店面所有權、決策管理權仍歸總部所有，但伯凱可依比例分得四成利潤。請問該店先後各屬於何種連鎖組織型態？
(A)直營連鎖與委託加盟
(B)委託加盟與特許加盟
(C)特許加盟與自願加盟
(D)直營連鎖與自願加盟 [5-2][107統測]
店面所有權、決策管理權、利潤皆歸總部所有→直營連鎖。
店面所有權、決策管理權歸總部所有，利潤分配總部較多→委託加盟。

( C )6. 連鎖咖啡店店長要求新進員工：
①制服穿著、服務流程，促銷說明皆須與總部要求一致
②內場人員負責製作飲料餐點，外場人員負責送餐與收銀
③要求新進人員參照公司編製的指導手冊以便快速上手
請問以上敘述依序屬於何種經營原則？
(A)標準化、簡單化、專業化
(B)簡單化、標準化、專業化
(C)標準化、專業化、簡單化
(D)專業化、標準化、簡單化。　　　　　　　　　　　　　　　　　[5-2][108統測]

①：維持經營品質的一致性→標準化。
②：工作職責專業分工→專業化。
③：編製工作手冊讓新進員工快速上手→簡單化。

( C )7. 國內某英語補習班加盟體系，廣招加盟主加入，條件是加盟主擁有店面所有權及決策權，盈虧都由加盟主自負，但是總部要提供整體企業識別系統及經營管理系統給加盟主，這種型態的加盟是屬於：
(A)特許加盟連鎖
(B)授權加盟連鎖
(C)自願加盟連鎖
(D)委託加盟連鎖。　　　　　　　　　　　　　　　　　　　　　　[5-2][109統測]

加盟主擁有店面所有權及決策權、盈虧都由加盟主自負→自願加盟。
總部提供企業識別系統及經營管理系統，但加盟主有權決定是否配合或接受。

( C )8. 甲銀行與乙保險公司合作，由甲銀行提供客戶名單給乙保險公司，以作為電話行銷的對象，此種屬於何種結盟方式？
(A)人力資源型結盟
(B)行銷及售後服務型結盟
(C)資訊型結盟
(D)生產型結盟。　　　　　　　　　　　　　　　　　　　　　　　　　　　[5-3]

( B )9. 消費者使用統一超商ibon購買台鐵車票，便可以到酷聖石享有冰淇淋買一送一的優惠，這是屬於何種類型的異業結盟？
(A)流通型結盟
(B)行銷及售後服務型結盟
(C)資訊型結盟
(D)技術研究發展型結盟。　　　　　　　　　　　　　　　　　　　　　　[5-3]

( A )10. 愛金卡公司發行「icash 2.0」卡，提供7-11門市小額支付，並且也能作為搭乘捷運以及台鐵的支付工具。請問這是屬於何種合作方式？
(A)異業結盟
(B)同業結盟
(C)自願加盟
(D)特許加盟。　　　　　　　　　　　　　　　　　　　　　　　　　　　[5-3]

( B )11. 某信用卡發卡銀行推出憑卡於週一至週四期間到M飯店、N咖啡連鎖店以及L飯店喝下午茶，可享兩人同行一人免費的優待活動，請問這家銀行與飯店和咖啡店間是屬於何種合作關係？
(A)委託加盟　(B)行銷型結盟　(C)財務型結盟　(D)合作加盟。　[5-3][103統測]
以「共同進行商品企劃與促銷活動」方式所進行的結盟→行銷及售後服務型結盟。

( A )12. 百貨商場為了降低同質性，強化美食戰力，除了極力爭取國內外獨家品牌合作外，還打破營業時間的限制，擴大深夜食堂戰線。此舉吸引餐飲名店積極進駐。不同餐飲品牌也在不同樓層，推出符合該百貨定位的全新「客製化品牌」。請問百貨商場與餐飲品牌業者的合作是屬於何種異業結盟類型？
(A)行銷及售後服務結盟
(B)技術研究與發展結盟
(C)生產製造結盟
(D)財務資源結盟。　[5-3][108統測]
百貨商場與餐飲店合作，針對共同的目標顧客群提供服務→行銷及售後服務結盟。

( D )13. 高雄地區有婚紗連鎖公司、喜宴設計業者及旅遊業者互相結合，針對顧客結婚時段的各種需求，設計多種不同幸福內涵的服務供選擇，達到滿足顧客「一次購足」的便利性。這屬於下列何種異業結盟型態？
(A)人力資源型結盟
(B)財務型結盟
(C)生產製造型結盟
(D)行銷及售後服務型結盟。　[5-3][109統測]
不同業者針對共同的目標顧客群提供服務所進行之結盟→行銷及售後服務型結盟。

▲ 閱讀下文，回答第14～15題。

為了維持專業的服務品質，某連鎖企業只開放員工加盟，加盟店一切之運作須完全遵守總部的規範。此外，全省加盟店皆採用一致的企業識別系統，以塑造連鎖企業的整體形象。

( A )14. 上述案例中，該企業是採用哪一種連鎖加盟方式經營？
(A)委託加盟　(B)自願加盟　(C)特許加盟　(D)直營連鎖。　[5-2]

( C )15. 上述案例中，該連鎖企業之加盟店皆採用一致的企業識別系統，是符合哪一項連鎖經營的原則？
(A)簡單化　(B)專業化　(C)標準化　(D)客製化。　[5-2]

## 統測臨摹

( B )1. 某個連鎖體系進行年終促銷活動，但有某幾個連鎖店選擇不加入該促銷活動，則該連鎖體系最可能為下列何種型態？
(A)直營
(B)自願加盟
(C)特許加盟
(D)委託加盟。 [5-2][102統測]

自願加盟的加盟店自主性高，各加盟店皆擁有完全的決策管理權，總部不易控制其營運方式。

( C )2. 連鎖烘焙業為了掌握原物料的品質與產品風味的一致性而設立中央廚房，此一作法最符合連鎖經營3S原則中的哪一項？
(A)簡單化
(B)制度化
(C)標準化
(D)專業化。 [5-2][102統測]

企業為維持經營品質的一致性，透過中央廚房來使原物料品與產品風味均依照相同模式進行作業，符合連鎖經營3S原則中的「標準化」原則。

( B )3. 有關微型企業（Micro Enterprise）的描述，以下何者不正確？
(A)根據經濟部的定義，微型企業是指員工人數少於5人的小型企業
(B)微型企業平均規模小，風險也小，無須評估即可創業
(C)個人工作室是微型企業型態之一
(D)微型企業可以透過開設網路商店來爭取商機。 [5-4][102統測]

微型企業雖然規模小，但仍須做好創業評估，才能提高成功機會。

( A )4. 下列何者不是連鎖炸雞速食店業者對比單點的炸雞排店所擁有的優勢？
(A)在地的差異化服務
(B)採購的規模經濟
(C)作業程序簡單化
(D)行銷的規模經濟。 [5-2][103統測]

相較於講求一致性的連鎖企業，單點的商店更容易提供在地的差異化服務。

( A )5. 王志偉從某大學的餐飲系畢業後，決定利用專長創業，下列哪一項不是他在創業準備期該準備的工作？
(A)進行創業性向測驗評估
(B)進行市場分析，鎖定目標顧客群
(C)擬定創業企劃書
(D)籌措創業所需的資金。 [5-4][103統測]

創業性向測驗評估→「創業評估期」。

( B )6. 航空公司與各大飯店、租車業者合作設計相關產品，並推出各種行程供消費者選擇，請問是採取下列哪一種異業結盟的形式？
(A)資訊結盟
(B)行銷及售後服務結盟
(C)財務結盟
(D)人力資源結盟。 [5-3][104統測]
結盟雙方共同進行商品企劃與促銷活動→行銷及售後服務型。

( C )7. 在連鎖經營組織類型中，管理權集中，體系內互動效率高，各分店提供一致化產品及服務，且易建立一致企業形象者，屬於下列哪一種類型？
(A)特許加盟連鎖
(B)委託加盟連鎖
(C)直營連鎖
(D)自願加盟連鎖。 [5-2][105統測]
「直營連鎖」總部擁有各連鎖店的所有權，對各連鎖店具有完全的控制能力，各連鎖店必須充分配合並執行總部的政策。因此在各連鎖經營組織類型中，以「直營連鎖」的管理權最集中、體系內互動效率最高，也最容易建立一致的連鎖企業形象。

( D )8. 企業間可透過相互的合作，創造雙贏，提升競爭力。下列有關異業結盟特性的敘述，何者錯誤？
(A)結盟雙方是以訂定契約的方式來規範彼此的權利與義務
(B)結盟的雙方可以進行資源互補的有效利用
(C)結盟的雙方具有共同的合作目標
(D)結盟的雙方一定會共同出資成立子公司。 [5-3][105統測]
異業結盟雙方是以契約為合作基礎，且通常有一定的期限（具時效性），一旦合約到期，雙方的合作關係即告終止，因此「不一定」會共同出資成立子公司。

( D )9. 國內許多職業學校與產業間締結建教合作關係，此屬於哪一種異業結盟型態？
(A)生產製造結盟
(B)行銷結盟
(C)財務結盟
(D)人力資源結盟。 [5-3][105統測]
以共同培訓、建教合作或人才交流等方式所進行的結盟→人力資源型結盟。

( C )10. 王中年想要自行創業，但他既缺乏商業經營的知識，又想降低風險，並想擁有完整的決策管理自主權，則下列何種連鎖型態最符合他的需求？
(A)委託加盟
(B)特許加盟
(C)自願加盟
(D)直營連鎖。 [5-2][106統測]
想擁有完整的決策管理自主權，希望透過加盟來取得相關技術指導，以補足所缺乏的商業經營知識、降低風險→自願加盟。

## CH5 連鎖企業及微型企業創業經營

( A )11. 「便利超商與宅配業者合作」最符合何種類型的結盟方式？
(A)通路型結盟　　　　　　　(B)資訊型結盟
(C)財務型結盟　　　　　　　(D)行銷及售後服務型結盟。　[5-3][106統測]
企業為了將產品快速送達零售點或消費者手中，提高商品流通速度，而與物流業者合作的結盟→通路型（流通型）結盟。

( D )12. 便利商店是臺灣最常見的連鎖企業類型。下列關於便利商店連鎖企業的敘述，何者正確？
(A)管理制度因地制宜
(B)各店均各自差異化其商品與服務
(C)均採用自願加盟的方式
(D)總部負責提供技術輔導與行銷策略。　[5-2][107統測]
便利商店通常會採取「直營連鎖」、「委託加盟」、「特許加盟」等連鎖經營方式，上述三種連鎖組織型態，皆具備「總部擁有決策管理權」、「統一由總部進貨」、「提供教育訓練、技術輔導、行銷策略」等特色。

( C )13. 下列關於異業結盟的敘述，何者錯誤？
(A)異業結盟的雙方是透過企業訂定有時效性的契約作為合作基礎
(B)異業結盟是不同業種或業態之企業的合作行為
(C)雙方資源具有相似性以達到規模經濟效益
(D)異業結盟可以增加新競爭者的進入障礙　[5-3][107統測]
結盟雙方資源通常具有「互補」效果，以補自身之不足。

( B )14. 下列關於連鎖企業的敘述何者錯誤？
(A)有共同的CIS　　　　　　(B)因地制宜的管理制度
(C)商品服務標準化　　　　　(D)共同的經營理念。　[5-2][108統測]
連鎖企業通常都會有一致的管理制度，不會因為不同時間、地點而有所不同。

( C )15. 某餐飲連鎖體系，要求
①所有分店的裝潢、員工制服都要相同
②建立一套清楚易懂的標準作業流程手冊讓各分店遵守
③要求每個職務跟職責都要清楚界定
該餐飲連鎖體系依序要求做到哪三個「3S」原則？
(A)簡單化、專業化、標準化　(B)專業化、簡單化、標準化
(C)標準化、簡單化、專業化　(D)簡單化、標準化、專業化。　[5-2][109統測]

( C )16. 小方創立的文青風手搖茶飲廣受年輕族群喜愛，計劃以連鎖經營的方式開設分店。小方連鎖總部對加盟分店擁有決策管理權，而加盟分店則擁有店面所有權及大部分利潤，此屬於下列何種展店型態？
(A)直營連鎖　(B)委託加盟　(C)特許加盟　(D)自願加盟。　[5-2][110統測]

( D )17. 臺灣麥當勞與LINE FRIENDS攜手，推出「開春熊有禮」限量禮盒。特定期間於麥當勞購買任何套餐，加價即可擁有熊大帆布包或手提袋。此為何種異業結盟類型？
(A)生產製造（型）結盟　　　(B)技術研究發展（型）結盟
(C)資訊（型）結盟　　　　　(D)行銷及售後服務（型）結盟。　[5-3][110統測]

( C )18. 關於微型企業的敘述，下列何者正確？
(A)規模小、經營彈性小
(B)我國經濟部之認定標準為員工數未滿10人
(C)政府對於微型企業提供輔導方案與創業貸款
(D)員工工作職責專業化程度高，每位員工各司其職。 [5-4][110統測]

微型企業的規模小、經營彈性「大」。
我國經濟部之認定標準為員工數未滿「5人」。
微型企業的員工通常一人身兼數職，員工之間支援性高。

( A )19. 關於連鎖企業，下列敘述何者正確？
(A)合作加盟之利潤分配，加盟者分配達100%，且設備、人事費用都由加盟者負責，如：博登藥局
(B)自願加盟之利潤分配，加盟者分配達100%，且設備、人事費用都由加盟者負責，如：王品牛排
(C)特許加盟之利潤分配，加盟者分配大於總部，且設備、人事費用都由加盟者負責，如：SUBWAY
(D)委託加盟之利潤分配，加盟者分配小於總部，且設備、人事費用都由加盟者負責，如：台鹽生技。 [5-2][111統測 改編]

王品牛排→直營連鎖。
特許加盟及委託加盟之設備費用，由「總部」負責。

( C )20. 下列何者不是異業結盟的個案？
(A)Walmart與Microsoft結盟
(B)全聯與阪急BAKERY結盟
(C)雙北捷運與公車業者共同推出月票吃到飽優惠方案
(D)電信與汽車業者合作，提供購車搭配寬頻優惠方案。 [5-3][111統測]

雙北捷運與公車業者均屬於「運輸業」，其為「同業結盟」。

( B )21. 美國記憶體大廠美光於2017年指控臺灣聯電公司協助中國晉華竊取美光營業秘密，於是在美國與臺灣兩地提出訴訟。2020年除3名涉嫌員工被判刑外，聯電也遭判罰1億元罰金，隨後聯電又提起上訴。纏訟超過4年，美光與聯電於日前宣布達成全球和解協議，雙方各自撤回向對方提出之訴訟，同時聯電將支付美光和解金，化干戈為玉帛，以共創未來合作商機。

美光為記憶體的業界先驅，擁有4萬多件的全球專利，積極投入先進研發與製程；聯電為半導體大廠，提供高品質的晶圓代工服務。由於聯電擁有成熟製程與產能，正是美光出貨給客戶最需要的合作對象，雙方從互告到和解，預計應有更密切的業務夥伴關係。

依據上述合作案例之「現代商業特質」與「結盟型態」，下列何者正確？
(A)技術專業化、技術研發結盟
(B)技術專業化、生產製造結盟
(C)經營多角化、技術研發結盟
(D)經營多角化、生產製造結盟。 [5-3][111統測 改編]

美光專注於研發生產記憶體，若將量產的工作策略性外包給聯電執行，則雙方朝專業分工發展→技術專業化（分工專業化）。
若美光與聯電結盟，由美光委託聯電代工製造記憶體→生產製造型結盟。

CH5 連鎖企業及微型企業創業經營

( A )22. 小林和小陳共同出資開設文具店，除了自行負擔營業資金和費用，也要支付加盟金、保證金和權利金給總部，且由總部提供技術輔導與教育訓練。已知該文具店享有 100 % 營業利潤，則此店之連鎖經營型態，應屬於下列何者？
(A)自願加盟　(B)合作加盟　(C)委託加盟　(D)特許加盟。　[5-2][112統測]

( B )23. 小青與好友自行創業，以創立新品牌方式開設「青咖啡」實體店，兩人共同出資並對公司債務負有限清償責任。店裡共有3位員工輪班，除了提供咖啡及輕食外，也販售自家烘焙的咖啡豆。關於「青咖啡」的敘述，下列何者正確？
(A)為組織規模小的個人加盟店
(B)屬於經營彈性大的微型企業
(C)屬於資金不多的委託加盟店
(D)「青咖啡」屬於兩合公司之組織型態。　[5-4][112統測]
A、C：屬於投入小額資本、組織規模小的「自營店」。
D：由兩人共同出資、負有限清償責任之商業組織→有限公司或股份有限公司。

( A )24. 因疫情的影響，許多專門販售冷凍商品的店家興起，某創辦人鼓勵員工創業，並提供員工創業資金補助，輔導員工籌資成立分店及選定店址，總部協助商圈評估與負擔設備費用。此種連鎖型態屬於哪一種加盟類型？
(A)特許加盟　(B)委託加盟　(C)直營連鎖　(D)自願加盟。　[5-2][113統測]
由員工籌資設立店面及選定店址，總部協助商圈評估並負擔設備費用→特許加盟。

( D )25. NIKE和APPLE兩公司合作研發了運動追蹤的應用程式NIKE⁺，吸引了許多偏好運動訓練的消費者。這兩個不同產業結盟的優勢不包含下列哪一項？
(A)降低風險　　　　　　　　(B)具有互補的效果
(C)達到規模經濟　　　　　　(D)降低競爭者的障礙。　[5-3][113統測]
異業結盟的優勢包括互補以創造綜效、降低風險、達到規模經濟、提高進入障礙、提升知名度等。

( C )26. 後疫情時代生活逐漸回歸正軌，但餐飲業者卻面臨缺工問題。根據人力銀行的網路調查顯示，餐飲業缺工的問題，造成生意看得到卻未必吃得到。連鎖餐飲業者除採加薪、彈性工時，以及善用中高齡人力的多元策略之外，更在工作流程中「導入現代化管理系統」，例如：APP點餐、自助點餐機，以及線上支付等智慧服務，以降低人力需求，並提升點餐效率。此外，也有些連鎖業者為了留住人才，建置了優秀員工的創業機制，提供特惠「加盟方案」，由總部出資提供生財設備及店面裝潢費用，以降低創業初期的投資門檻。
上述連鎖業者的①導入現代化管理系統、②加盟方案，依序應屬於3S原則及加盟類型的哪一種？
(A)①簡單化、②特許加盟
(B)①標準化、②特許加盟
(C)①簡單化、②委託加盟
(D)①標準化、②委託加盟。　[5-2][114統測 改編]
導入現代化管理系統→簡單化。
總部出資提供「生財設備」及「店面裝潢費用」→委託加盟。

**NOTE**

# 素養導向題（實務導向題）示例（模擬）

## 專業科目（一）
### 商業概論、數位科技概論、數位科技應用

※ 本模擬題目係依據技專校院入學測驗中心公告之「108課綱命題精進」示例模式所編寫。
有關「數位科技概論」及「數位科技應用」之題目研析，可請教該科授課老師。

▲ 閱讀下文，回答第1～2題。

小泱投入職場工作多年後，終於賺到了第一桶金（即個人出社會工作時所設定的第一個儲蓄目標），她決定向公司提出辭呈，並且獨自出資成立個人企業，經營她所設立的「什麼都賣」網路商店，一圓創業夢。

為了節省成本，小泱將工作地點設在自己的租屋處，同時一手包辦所有經營網路商店的相關工作。小泱將「什麼都賣」網路商店定位為「讓消費者輕鬆買到生活所需的物品」，銷售各類生活用品、零食等，供消費者上網選購。

( B )1. 根據上述，請問下列何者最符合小泱的創業情形？  [商業概論]

|     | 商業組織型態 | SOHO類型 | 主要收入來源 | 電子商務模式 |
|-----|------------|---------|------------|------------|
| (A) | 獨資 | 兼差型 | 成交手續費 | C2B |
| (B) | 獨資 | 自雇型 | 銷貨收入 | B2C |
| (C) | 有限公司 | 兼差型 | 業配費 | B2C |
| (D) | 有限公司 | 自雇型 | 銷貨收入 | C2B |

獨自出資成立個人企業→獨資。
創業者一人包辦所有工作→自雇型SOHO。
經營網路商店→收入來源主要為「銷貨收入」。
企業透過網路銷售商品給消費者→B2C。

( C )2. 小泱為了拓展更多商機，希望能夠增加銷售品項，但她並不清楚哪些商品不可以在網路上銷售，因此她詢問了幾位從事網路銷售的朋友，朋友也提供了一些建議。請問以下的建議中，哪一項不正確？
(A)別在網路上賣酒，否則會觸犯菸酒管理法
(B)銷售仿冒品會觸犯商標法的規定
(C)根據藥事法，一般民眾可以在網路上銷售醫療口罩
(D)如果沒有執照的話，可別賣貓狗等寵物，會違反動物保護法。

[商業概論、數位科技概論、數位科技應用]

根據藥事法，持有醫療器材許可證之業者方可於網路上銷售醫療口罩。

▲ 閱讀下文，回答第3～4題。

台灣共有約12,000家便利商店，其中7-11（統一超商）已超過6,000家，相當於每2家便利商店就有一家是7-11。門市家數市占率高達5成的7-11，依然積極拓展新門市，除了以直營方式展店之外，也開放其他不同型態的加盟方式，並在統一超商加盟網站（https://www.7-11.com.tw/fr/index.asp）說明其加盟辦法，讓有興趣的民眾可以進行加盟前的評估，如果有疑問，還可以透過電子郵件（public@mail.7-11.com.tw）或聯絡電話進行諮詢。

( A )3. 7-11提供了甲、乙兩種加盟方式，其中，關於加盟者的部分加盟條件如下表所示。請問甲、乙應該屬於哪一種加盟類型？

| 種類 | 加盟金 | 利潤分配 | 負擔費用 | 其他 |
|------|--------|----------|----------|------|
| 甲 | 30萬元 | 63.5% | 管銷費用、人事費用 店舖租金、裝潢費用 | 店面自有或自租 |
| 乙 | 30萬元 | 最高43.5% | 管銷費用、人事費用 | 鼓勵夫妻共同經營 |

(A)甲：特許加盟、乙：委託加盟
(B)甲：自願加盟、乙：合作加盟
(C)甲：委託加盟、乙：特許加盟
(D)甲：特許加盟、乙：自願加盟。

[商業概論]

加盟者分配較多利潤、加盟者擁有店面所有權→特許加盟。
加盟者分配較少利潤、加盟者僅須負擔管銷費用及人事費用→委託加盟。

( C )4. 檢視統一超商加盟網站及7-11的電子郵件地址，下列敘述何者正確？
(A)假設7-11網站的IP位置為13.107.246.19，則可知其IP位置等級為Class E
(B)public@mail.7-11.com.tw的@mail為傳輸協定
(C)https://www.7-11.com.tw/fr/index.asp中，「https」代表的是通訊協定，「asp」則是指該網頁為ASP程式語言所開發
(D)網頁標題列為「統一超商加盟網站」，其HTML的正確語法為<head><title>統一超商加盟網站<\title><\head>。

[數位科技概論、數位科技應用]

13.107.246.19之IP等級為Class A。
使用者帳號@郵件伺服器位址。
正確語法為<head><title>統一超商加盟網站</title></head>。

▲ 閱讀下文，回答第5～6題。

胖胖飲料店自開幕以來銷售狀況一直不佳，經營者為了改變現狀，決定挖角曾在其他飲料店任職主管多年的喬瑟夫，前來擔任店長。喬瑟夫任職後，決定採用以下方法進行改善：
① 立刻引進POS系統。
② 由資深員工一對一指導新進員工，帶領新進員工從實作中學習。
③ 參考附近飲料店的價格，重新訂定商品價格，並且舉辦積點促銷活動。
經過了3個月的努力，胖胖飲料店逐漸拓展出知名度，不僅客人越來越多，業績也開始蒸蒸日上。

( D )5. 根據上述，下列何者不正確？
(A)企業對外招募員工，有助於提升企業的創新能力
(B)引進POS系統，有助於提高結帳效率、掌握商品銷售情形
(C)資深員工一對一指導新進員工的教育訓練方式，稱為現場實習
(D)參考附近飲料店價格進行商品訂價的方法，稱為認知價值訂價法。 [商業概論]
依據現有市場競爭者的訂價來訂定商品價格→現行價格訂價法。

( D )6. 某日喬瑟夫在門市結束營業後，利用POS系統輸出當天的銷售Excel報表，該報表概略如下表所示（單位：元）。若他想計算相關營業數據，則下列哪一個方法有誤？

|   | A | B | C | D | E |
|---|---|---|---|---|---|
| 1 | 時段 | 紅茶 | 綠茶 | 奶茶 | QQ咩噗茶 |
| 2 | 早班 | 500 | 400 | 600 | 1,500 |
| 3 | 午班 | 1,050 | 2,300 | 850 | 2,600 |
| 4 | 晚班 | 750 | 1,000 | 400 | 1,000 |

(A)如果想要知道全日的銷售總額，可以執行SUM(B2:E4)
(B)如果想要知道晚班時段的銷售總額，可以執行B4+C4+D4+E4
(C)如果想要知道紅茶的時段平均銷售額，可以執行AVERAGE(B2:B4)
(D)如果想要知道午班時段總共有幾種飲料的銷售額超過1,000元，可以執行COUNTIF(B2:E4,">1000")。 [數位科技應用]
午班時段銷售額超過1,000元的飲料總數→COUNTIF(B3:E3,">1000")。

## 商業概論 滿分總複習（上）

▲ 閱讀下文，回答第7～8題。

阿神下周生日，他邀請了數十位好友們一起來家裡作客，由於參加的人數不少，需要準備較多東西，因此他決定開車到位於郊區的A商店採購，因為相較於其他類型的商店，A商店的商品價格比較便宜，而且商品種類多、數量足，能夠讓他跑一趟就買到所有需要的東西。阿神挑選了佈置生日場地所需的裝飾品、以及多種不同口味的大包裝零食和箱裝飲料後，在結帳時選擇以「Google Pay」支付款項，他拿出手機，將手機的背面貼近感應式刷卡機數秒後，就輕鬆完成付款。

( C )7. 根據上述，A商店最可能是哪一種零售業？
(A)百貨公司
(B)專賣店
(C)量販店
(D)便利商店。　　　　　　　　　　　　　　　　　　　　　　　　[商業概論]

位於郊區，商品訂價較低、商品種類數量多且多採大包裝，可滿足一次購足需求→量販店。

( A )8. 阿神將手機背面靠近感應式刷卡機數秒後，就能完成付款，可知他的手機具有無線感應付款功能，則該手機規格一定是能支援下列哪一項技術？
(A)NFC（Near Field Communication）
(B)QR Code（Quick Response Code）
(C)Bluetooth
(D)GPS（Global Positioning System）。　　　　　　　　　　　　[數位科技概論]

手機必須具備NFC近距離無線通訊技術，才可透過Google Pay、Samsung Pay等應用程式來完成感應行動支付。

有關數位科技概論、數位科技應用之題目研析，可請教該科授課老師，並參考旗立**數位科技概論&數位科技應用滿分總複習**等書，即可輕鬆獲得高分。

# 114學年度科技校院四年制與專科學校二年制
# 統一入學測驗試題本

## 商業與管理群
### 專業科目（一）：商業概論

( )1. 若水國際有限公司是一家提供建築資訊建模服務的社會企業，專門訓練身障者成為建築物3D建模師，並聘雇為員工，不但創造身障者就業機會，也解決建築業資訊建模人才短缺的問題。關於若水公司之敘述，下列何者錯誤？
(A)透過營運自給自足
(B)所得投入企業營運
(C)倚賴各界捐款協助身障者就業
(D)具法人資格且股東為一人以上。 [1-3]

( )2. 知名電商平台蝦皮近年來陸續推出全年無休的無人服務「智取店」，當消費者完成付款，就能在取貨期間，於店內自助取回網購商品。針對此項「智取店」服務，下列敘述何者正確？
(A)提供消費者空間效用的生產價值
(B)此服務屬於無店舖經營型態的自動販賣
(C)智取店內沒有銷售人員及銷售行為，故屬於貨運型物流中心
(D)智取店提供賣家與買家之間的貨物配送，故屬於獨家式配銷通路。 [6-3]

( )3. 國民零食「乖乖」除原有產品外，近年來更與各地農會合作，運用當地食材共同開發出多款創新口味，例如：臺東關山米乖乖、嘉義排骨便當乖乖、屏東蜂蜜檸檬乖乖等特殊口味，不但成功吸引消費者購買，也成功推廣臺灣的在地食材。此外，乖乖在產品包裝上清楚標示產品主成分，以符合政府的法律規範。根據上述資訊，下列敘述何者錯誤？
(A)乖乖推出特殊口味乖乖，可增加產品線長度
(B)乖乖與各地農會的合作屬於技術研究發展結盟
(C)乖乖推廣臺灣在地食材，是企業社會責任的一種表現
(D)乖乖在產品包裝上清楚標示產品主成分，符合公平交易法的規定。 [9-1]

( )4. 周董舉辦巡迴演唱會，主辦單位透過電視、報章雜誌，以及Facebook、Instagram等社群媒體傳遞活動消息，指定僅以某售票平台官網系統訂票，且依據座位與舞台的視野及距離，訂定出不一樣的票價。依據上述情境，下列何者正確？
(A)推廣組合包含廣告與直效行銷
(B)通路的密度策略是採取選擇性配銷
(C)票價的訂價方法是採用認知價值訂價法
(D)透過某售票平台官網系統訂票是歸屬於數位化商品。 [6-3]

( )5. 小明計畫投資200萬元於雞排生產線,每片雞排單位成本為60元,預計賣出4萬片雞排,若目標投資報酬率為50%,則①每片雞排的訂價應為多少?此外,小方成立布偶工作室,每個布偶的單位成本為60元,若採用成本加成訂價法,當加成百分比為50%時,則②每個布偶的訂價應為多少?上述兩位業者的訂價,依序何者正確?
(A)①85元、②85元　(B)①85元、②90元
(C)①90元、②85元　(D)①90元、②90元。　　[6-3]

( )6. 關於行銷管理,下列敘述何者正確?
(A)手機提供新一代的人工智慧(AI)功能,是屬於附加產品的層次
(B)新款的高價位人工智慧(AI)手機,訂價策略是偏向吸脂訂價法
(C)明星代言產品,透過電視廣告向觀眾推銷,是屬於社會行銷導向的作法
(D)廠商為滿足消費者追求健康等益處來做為區隔市場的依據,是歸屬於心理變數。　　[6-3]

( )7. 關於勞工相關法令的規範,下列敘述何者正確?
(A)根據勞動基準法,勞工享有勞工保險老年給付的生活保障
(B)根據性別平等工作法,僱用受僱者100人以上之雇主,應提供哺(集)乳室
(C)根據勞工退休金條例,雇主每月可自願提撥本國籍勞工月薪6%以下至勞退專戶
(D)根據原住民族工作權保障法,原住民地區私人企業聘用員工應有三分之一以上為原住民。　　[7-6]

( )8. 關於工作評價方法的敘述,下列何者正確?
(A)在工作評價方法中,員工年資越長則該工作的評價也越高
(B)因素比較法將工作依權責分類,是最普遍使用的工作評價方法
(C)為了獲得精確的工作資料,完成工作評價後可接續進行工作分析
(D)評分法又稱為點數法,將工作因素加以評分,點數越高薪資也越高。　　[7-2]

( )9. 根據113年統計資料,我國工作年齡人口比率已低於七成。為了減緩少子化及高齡者退休潮帶來的產業衝擊,各企業紛紛提出人力資源的相關措施。下列敘述何者正確?
(A)回聘已退休員工屬於外部招募管道
(B)提供托老或托幼津貼屬於設施性福利
(C)與大專校院進行建教合作屬於在職訓練
(D)讓員工增加同類型的工作項目屬於工作專業化。　　[7-4]

( )10. 關於財務管理,下列敘述何者正確?
(A)一般而言,有價證券的期限越短,利率風險會越高
(B)企業願意給予客戶賒銷的最高金額,稱之為信用標準
(C)企業為支付日常營運所產生之現金需求,屬於預防動機
(D)衡量客戶履行其償債義務之意願,屬於信用5C中的品德指標。　　[8-3]

( )11. 甲、乙兩家醫美公司及其同業之經營比較分析如右圖所示，下列敘述何者正確？
(A)甲公司純益率高於同業平均
(B)甲公司速動比率低於同業平均
(C)乙公司權益比率高於同業平均
(D)乙公司應收帳款週轉率低於同業平均。 [8-2]

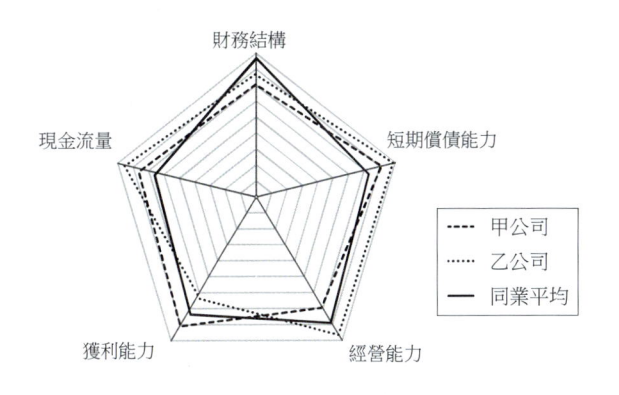

( )12. 下表是同產業的四家公司之精簡財務資訊，關於這四家公司的①酸性測驗比率、以及②權益比率之比較，下列敘述何者正確？

（金額單位：佰萬元）

| 項目 | 甲公司 | 乙公司 | 丙公司 | 丁公司 |
| --- | --- | --- | --- | --- |
| 銷貨淨額 | 18,000 | 25,000 | 28,000 | 35,000 |
| 流動資產 | 20,000 | 18,000 | 37,500 | 80,000 |
| 速動資產 | 14,500 | 16,500 | 30,000 | 60,000 |
| 流動負債 | 10,000 | 10,000 | 15,000 | 40,000 |
| 負債總額 | 30,000 | 33,000 | 30,000 | 60,000 |
| 流動比率 | 2.0 | 1.8 | 2.5 | 2.0 |
| 負債比率 | 0.60 | 0.64 | 0.55 | 0.65 |
| 毛利率 | 0.28 | 0.45 | 0.32 | 0.48 |
| 存貨週轉率（次） | 6.8 | 6.4 | 7.2 | 7.8 |

(A)①甲公司最低、②丙公司最高
(B)①甲公司最低、②丁公司最高
(C)①乙公司最低、②丙公司最高
(D)①乙公司最低、②丁公司最高。 [8-2]

( )13. 商業法律是用以規範及保障商業活動的運作，關於法律的適用性，下列敘述何者正確？
①小育離職後，將公司客戶名單交給競爭對手，恐違反公平交易法
②某餅店私自將迪士尼公仔圖案印製在餅乾上對外販售，恐侵犯著作權
③補習班逕自將學生照片及姓名公告在廣告上，恐違反個人資料保護法
④知名牛肉麵店未將湯頭秘方註冊營業秘密，恐無法規範離職員工公開秘方
(A)①、② (B)①、④ (C)②、③ (D)③、④。 [9-1]

( )14. 某豪華品牌汽車原本主攻高級燃油車市場，隨著全球減碳行動浪潮，①認為電動車市場版圖擴增，未來商機獲利可期，因此開發系列商品、②為吸引目標消費者關注，利用預約試駕活動廣告及據點傳遞電動車系列商品資訊。上述豪華品牌電動車的市場區隔準則，依序何者最為正確？
(A)①足量性、②可行動性
(B)①足量性、②可接近性
(C)①可衡量性、②可行動性
(D)①可衡量性、②可接近性。 [6-2]

▲閱讀下文，回答第15～16題。
後疫情時代生活逐漸回歸正軌，但餐飲業者卻面臨缺工問題與轉型策略等挑戰。

(一)缺工問題

根據人力銀行的網路調查顯示，餐飲業缺工的問題，造成生意看得到卻未必吃得到。連鎖餐飲業者除採加薪、彈性工時，以及善用中高齡人力的多元策略之外，更在工作流程中「導入現代化管理系統」，例如：APP點餐、自助點餐機，以及線上支付等智慧服務，以降低人力需求，並提升點餐效率。此外，也有些連鎖業者為了留住人才，建置了優秀員工的創業機制，提供特惠「加盟方案」，由總部出資提供生財設備及店面裝潢費用，以降低創業初期的投資門檻。

(二)轉型策略

餐飲業者為了開創新格局，提出研發新產品策略，例如：知名美式連鎖餐廳與國宴級飯店進行「策略聯盟」，針對喜歡嚐鮮的消費者推出新品，並以授權方式，共同冠名品牌推出中西合併風味菜，例如：手工剁椒臭豆腐漢堡、藤椒芝心歐姆蕾等。此外，又因流感緣故，在家用餐的需求上升，「為滿足不出門用餐的顧客需求」，許多業者推出即食商品、微波食品、冷凍調理包等新產品類型，並結合電商平台販售與低溫配送服務，讓顧客在家透過簡單加熱就能享用美食。

( )15. 上述連鎖業者的①導入現代化管理系統、②加盟方案，依序應屬於3S原則及加盟類型的哪一種？
(A)①簡單化、②特許加盟　　(B)①標準化、②特許加盟
(C)①簡單化、②委託加盟　　(D)①標準化、②委託加盟。 [5-2]

( )16. 上述連鎖業者的轉型策略，下列敘述何者正確？
(A)新產品剛上市時，為建立消費者品牌偏好，要多採用告知性廣告
(B)美式連鎖餐廳與國宴級飯店進行策略聯盟，是屬於人力資源結盟
(C)共同冠名品牌推出中西合併風味菜，此品牌歸屬策略是屬於私人品牌
(D)為滿足不出門用餐的顧客需求，推出即食商品等新產品，此行銷管理觀念是屬於行銷導向。 [6-3]

▲閱讀下文，回答第17～18題。
近年來，速食業者麥當勞在店面引進了自助點餐機，顧客走進店面後，可在點餐機選擇餐點，透過系統完成付費，便可獲得取餐號碼至櫃檯取餐，或是在座位上享受送餐到桌的貼心服務。因推出此服務，部份門市人員轉型為「款待大使」，負責引導顧客及提供主動服務。

麥當勞另一項便利服務-得來速（Drive-Through）外帶服務，主打「不用下車」、「快速購買」的優勢，顧客將車子開入得來速車道，在點餐機透過對講機進行點餐，再至下一個窗口確認餐點並以現金、行動支付、刷卡等方式完成結帳，最後再至第二個窗口取餐，結束購買流程。

( )17. 麥當勞將部分門市人員從點餐結帳工作轉型為「款待大使」，給予更多的自主權與責任，協助顧客使用點餐機、提供送餐到桌服務，細心觀察店內顧客需求，並提供即時服務，帶動店內用餐氣氛。上述情境應屬於下列哪一種工作設計的原則？　(A)工作擴大化　(B)工作輪調制　(C)工作豐富化　(D)工作簡單化。 [7-2]

( )18. 關於得來速的服務敘述，下列組合何者正確？
①得來速節省消費者停車的時間，屬於時間效用生產
②得來速將服務流程拆解成三部分，這是工作簡單化的表現
③消費者可透過近距離無線通訊（NFC）技術，在結帳窗口完成行動支付程序
(A)①、②　(B)①、③　(C)②、③　(D)①、②、③。 [7-2]

▲ 閱讀下文，回答第19～20題。

真香糕餅原本只是一家傳統家庭式的西點麵包店，經營糕餅事業數十年，後來致力於鳳梨酥的研發，曾榮獲十大伴手禮的殊榮，業者的系列產品包括如下表：

| 蔥軋餅 | 圓形酥餅 | 蛋黃酥 | 綠豆椪 | 手工餅乾 | 鳳梨酥 |
|---|---|---|---|---|---|
| 五辛素蔥軋餅 | 老婆餅 | 綠豆蛋黃酥 | 素綠豆椪 | 杏仁條 | 鳳凰酥 |
| | 太陽餅 | 紅豆蛋黃酥 | 蛋黃綠豆椪 | 曲奇餅乾 | 原味鳳梨酥 |
| | | | 滷肉綠豆椪 | 核桃酥餅 | 南棗鳳梨酥 |
| | | | | 鹹蛋黃酥餅 | 藍莓鳳梨酥 |

其中，「鳳凰酥」禮盒有8入、12入、20入三種，且禮盒的包裝層次如下圖中甲、乙、丙所示。

真香糕餅透過專賣店、電視購物以及電商網站等合適通路來銷售系列產品。除了設立公司官網外，也會在LINE、Facebook等社群媒體建立官方帳號，以傳達品牌形象，並藉由電視購物密集式之促銷與廣告活動，來刺激消費者的購物慾望。

( ) 19. 關於業者系列產品的敘述，下列何者正確？
(A)綠豆椪的深度為3，鳳凰酥禮盒的長度為3
(B)產品組合的寬度為6，產品組合的廣度為16
(C)圖乙屬於次級包裝，包裝兼具促銷展示功能
(D)圖丙屬於基本包裝，是為了搬運、儲存產品。 [6-3]

( ) 20. 關於業者的情境敘述，下列何者正確？
(A)專賣店通常配有專業解說人員，產品線較深且廣
(B)電視購物屬於無店鋪型態中人員銷售的經營方式
(C)透過專賣店、電視購物以及電商網站等合適通路，屬於密集式配銷
(D)藉由電視購物密集式之促銷與廣告活動的推廣策略，屬於拉式策略。 [6-3]

▲閱讀下文，回答第21～22題。
年節將近，各大飯店紛紛在官網上推出年菜促銷方案。BEST五星級飯店推出讓消費者在飯店官網上選購年菜組合的服務，除了中式、西式菜色任選外，更針對素食年菜組合推出「買年菜送汽車」的抽獎活動，推升年菜買氣熱鬧滾滾。訂購流程如下圖：

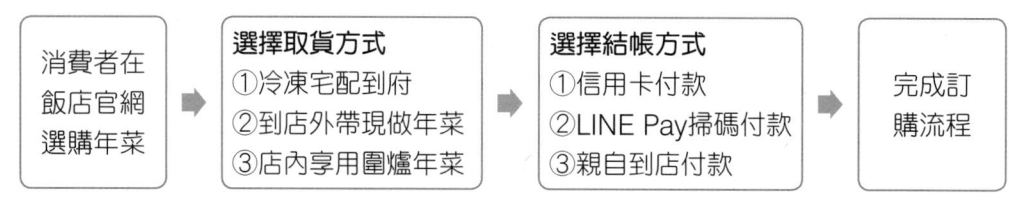

```
消費者在          選擇取貨方式            選擇結帳方式
飯店官網    →    ①冷凍宅配到府    →    ①信用卡付款         →    完成訂
選購年菜          ②到店外帶現做年菜      ②LINE Pay掃碼付款       購流程
                  ③店內享用圍爐年菜      ③親自到店付款
```

( )21. 根據BEST五星級飯店年菜銷售服務的說明，下列敘述何者正確？
(A)消費者選擇①冷凍宅配年菜，屬於C2C電子商務模式
(B)消費者選擇②到店外帶現做年菜，屬於O2O電子商務模式
(C)消費者選擇③店內享用圍爐年菜，屬於B2C電子商務模式
(D)飯店在官網進行年菜促銷活動，商業的經營策略屬於業際整合化。 [10-2]

( )22. 關於BEST五星級飯店年菜的訂購流程，下列敘述何者正確？
(A)飯店在官網銷售年菜，屬於專賣店的一種型態
(B)消費者使用LINE Pay掃碼支付，此條碼為商品條碼
(C)消費者在飯店官網選購年菜並宅配到府，屬於一階通路
(D)消費者上網選購年菜，屬於消費者保護法中的通訊交易。 [4-4]

▲閱讀下文，回答第23～25題。
進入職場十多年的阿好，在工作穩定後，決定以斜槓方式到阿國與阿斌以有限合夥方式成立的SOHO（Small Office Home Office）工作室。其中，阿國為普通合夥人，阿斌為有限合夥人。阿好利用下班時間，透過網路平台接案，幫其他企業設計活動需要的海報、看板…等。客戶可在平台瀏覽與選購阿好的作品，或是進一步討論客製化的需求。在作品確認後，客戶可以透過多種線上方式支付費用，且阿好在確認平台收到款項後，平台才開放客戶下載作品。

完成工作後，阿好常到隔壁的便利超商逛逛。任何時間只要帶張悠遊卡，就可以使用悠遊卡付款購買小點心，享受小確幸。這間超商設有座位區，阿好可以跟客戶約在這裡享用超商牌的現煮咖啡或茶飲進行討論。而且，上個月這間超商引進國際知名啤酒品牌的生啤酒機，可現場製作杯裝啤酒，因此又多了一項消費選擇。

( )23. 關於上述情境，阿好「SOHO」的類型依①工作型態、②工作性質，分別屬於下列何者？ (A)①自僱型、②資訊型 (B)①兼差型、②創意型 (C)①自僱型、②創意型 (D)①兼差型、②業務型。 [2-2]

( )24. ①客戶可以透過多種線上方式支付費用，且阿好在確認平台收到款項後，平台才開放客戶下載作品，以保障雙方之權益。②阿好使用悠遊卡付款，在超商購買小點心。關於上述情境，依序應用下列何種資訊科技？
(A)①第三方支付、②近距離無線通訊（NFC）
(B)①第三方支付、②無線射頻辨識系統（RFID）
(C)①銷售時點管理系統、②近距離無線通訊（NFC）
(D)①銷售時點管理系統、②無線射頻辨識系統（RFID）。 [3-2]

( )25. 關於上述SOHO工作室的設立與經營，下列敘述何者正確？
(A)阿好透過網路平台接案，直接賣出商品，屬於固有商業
(B)阿好幫其他企業設計與製作海報、看板…等收入，來自於廠商廣告費
(C)為了降低資金風險，阿國與阿斌要常溝通，以避免因理念、意見不合而拆夥
(D)若經營不善，在結束營業時的債務不管有多少，阿國需負連帶有限清償責任。 [2-2]

## 解 答

答 ※本試題答案為「技專院校入學測驗中心」114/04/28公布的參考答案。

| 1.C | 2.A | 3.D | 4.A | 5.B | 6.B | 7.B | 8.D | 9.A | 10.D |
| 11.A | 12.A | 13.C | 14.B | 15.C | 16.D | 17.C | 18.C | 19.C | 20.D |
| 21.B | 22.D | 23.B | 24.B | 25.A | | | | | |

## 解

1. 社會企業→透過營運自給自足；非營利組織→收受捐款或補助。

2. 智取店提供網購商品的取貨服務，其並不是自動販賣，也不屬於物流中心。
   獨家式配銷是指僅挑選一家或極少數中間商來銷售商品。

3. 食品包裝應標示項目→食品安全衛生管理法。

4. 僅以某售票平台官網系統訂票→獨家式配銷。
   依據座位與舞台的視野及距離，訂定出不一樣的票價→差別訂價法。
   售票平台官網系統訂票→線上服務商品。

5. 雞排訂價 $= 60 \times \dfrac{50\% \times 200萬}{4萬} = 85$（元）。

   布偶訂價 $= 60 \times (1+50\%) = 90$（元）。

6. 新一代的人工智慧（AI）功能→期望產品。
   明星代言、電視廣告推銷→銷售導向。
   以消費者的「使用利益」做為市場區隔→行為變數。

7. 勞工保險老年給付→勞工退休金條例。
   雇主每月自願提撥月薪6%以下→雇主每月「須」提撥「至少」月薪6%。
   原住民地區「私人企業」聘用員工應有三分之一以上為原住民→政府機關。

8. 工作評價方法中，「沒有」以年資為評價的項目。
   因素比較法將工作依「職務」分類；最普遍使用的工作評價方法是「評分法」。
   工作評價程序：分析→分級→定價。

9. 托老或托幼「津貼」→經濟性福利。
   建教合作→職前訓練。
   增加同類型工作項目→工作擴大化。

10. 有價證券的期限越「長」，利率風險會越高。
    業願意給予客戶賒銷的最高金額→信用額度。
    企業為支付日常營運所產生之現金需求→交易動機。

11. 純益率→「獲利能力」指標。速動比率→「短期償債能力」指標。
    權益比率→「財務結構」指標。應收帳款週轉率→「經營能力」指標。

## 解答

12.

| 項目 | 甲公司 | 乙公司 | 丙公司 | 丁公司 |
|---|---|---|---|---|
| 酸性測驗比率 | 1.45 | 1.65 | 2.0 | 1.5 |
| 權益比率 | 0.40 | 0.36 | 0.45 | 0.35 |

13. ①→營業秘密法。④→營業秘密「無須」註冊登記,即可享有其權利。

14. 市場版圖擴增,未來商機獲利可期→足量性。
 利用廣告提供商品訊息,透過據點提供產品→可接近性。

15. 導入現代化管理系統→簡單化。
 總部出資提供「生財設備」及「店面裝潢費用」→委託加盟。

16. 新產品上市→提高商品知名度、創造消費者需求。
 美式連鎖餐廳與國宴級飯店「共同研發」新產品→技術研究發展型結盟。
 以授權方式共同冠名品牌推出中西合併風味菜→授權品牌。

17. 賦予員工更多的自主權與責任→工作豐富化。

18. 時間效用是指「改變商品使用時間」的生產所創增之效用。

19. 綠豆椪的「長度」為3,鳳凰酥禮盒的「深度」為3。
 產品組合的「長度」為16。
 圖丙屬於「裝運包裝」。

20. 專賣店的產品線較深且「窄」。
 電視購物→直效行銷。
 選擇合適通路→選擇性配銷。

21. ①→B2C。
 ②③→O2O。
 在官網進行年菜促銷活動→商務電子化、科技化。

22. 在官網銷售年菜→網路購物。
 LINE Pay掃碼支付的條碼通常稱為付款條碼,其並「不是」商品條碼。
 在飯店官網選購年菜後宅配到府→零階通路。

23. 受雇於公司,利用下班時間另外兼差→兼差型SOHO。
 幫其他企業創意設計活動需要的海報、看板→創意型SOHO。

24. 行動支付平台確保資金安全移轉以預防詐騙→第三方支付。
 實體悠遊卡卡片、實體一卡通卡片、ETC等,均有採用RFID技術。

25. 阿好賺取的是設計作品之創作收入,而非廠商廣告費。
 避免因理念、意見不合而拆夥→合夥風險。
 阿國有限合夥企業的普通合夥人→對企業債務負「連帶無限」清償責任。